土质堤坝隐患探测与安全评价

Hidden Dangers Detection and Safety Assessment of Earth Dams

黄锦林　袁明道　叶合欣　陈　亮　著

科 学 出 版 社

北 京

内 容 简 介

土质堤坝是堤坝的主要结构型式之一，在实际运行过程中不可避免存在工程老化、渗漏、内部孔洞及裂缝等诸多隐患。土质堤坝隐患极具隐蔽性，隐患深度、位置等也难以判别，容易导致事故发生，其探测与诊断一直是水利界的技术难题。本书针对土质堤坝隐患探测难题，介绍了同位素综合示踪、热渗耦合、温度-水力层析、电磁声多源融合以及 CCTV 和三维激光重构等隐患探测方法，并针对现有堤坝安全评价标准部分指标仍以定性评判为主、缺乏定量化评价指标的问题，介绍了基于群组决策、改进 FCE 以及组合赋权和云模型的堤坝安全评价新方法。

本书可供水利水电工程勘测、设计、检测和科研人员阅读，也可作为高校相关专业师生的参考书。

图书在版编目（CIP）数据

土质堤坝隐患探测与安全评价 / 黄锦林等著. -- 北京：科学出版社，2024. 11. -- ISBN 978-7-03-079741-4

Ⅰ. TV698.1

中国国家版本馆 CIP 数据核字第 2024TG5484 号

责任编辑：郭勇斌　邓新平　仝　冉 / 责任校对：张亚丹
责任印制：徐晓晨 / 封面设计：义和文创

科学出版社 出版
北京东黄城根北街 16 号
邮政编码：100717
http://www.sciencep.com
三河市春园印刷有限公司印刷
科学出版社发行　各地新华书店经销
*
2024 年 11 月第　一　版　开本：720 × 1000　1/16
2024 年 11 月第一次印刷　印张：16 1/2
字数：318 000

定价：138.00 元

（如有印装质量问题，我社负责调换）

前 言

土质堤坝是堤坝的主要结构型式之一，我国土质堤坝大多建于 20 世纪 50～70 年代，受建设时技术、经济和环境等各种因素的制约，土料可选取条件有限、施工机械化程度低、填筑碾压质量差，加之至今已运行几十年，不可避免存在工程老化、渗漏、内部孔洞及裂缝等诸多隐患，容易导致事故发生。

土质堤坝事故中，除漫顶外，渗透破坏是最常见的形式之一，主要包括管涌、流土、接触冲刷和接触流失四种形式。渗透破坏作为土质堤坝典型的隐患形式，因其形成原因复杂，且深度、位置、渗流路径等都没有规律可循，土质堤坝渗漏的探测一直是比较复杂的难题。国际大坝委员会基于 111 个失事土坝的统计资料指出：因土坝渗流和侵蚀造成溃决失事的占到 35%。国内大量的统计资料表明：由于渗漏问题而造成土坝事故的约占全部事故的 30%以上。

土质堤坝隐患极具隐蔽性，隐患深度、位置等也难以判别，其探测与诊断一直是水利界的技术难题，为此，本书针对土质堤坝的隐患探测与安全评价问题开展研究。全书共分为 7 章，第 1 章总体介绍研究背景和国内外研究现状，第 2 章介绍基于同位素综合示踪方法的土质堤坝集中渗漏诊断技术，第 3 章介绍基于热渗耦合方法的土质堤坝集中渗漏诊断技术，第 4 章介绍基于温度-水力层析联合方法的土质堤坝渗漏诊断技术，第 5 章介绍基于电磁声多源融合方法的土质堤坝无损隐患诊断技术，第 6 章介绍基于 CCTV 和三维激光重构方法的穿堤坝涵管隐患识别与定位技术，第 7 章介绍堤坝安全评价创新理论与方法。

本书是在作者承担的国家自然科学基金项目“非稳态管涌侵蚀下土体变形过程与渐进失稳机理（20175034611）”、江苏省自然科学基金项目“变水头条件下土体渗透变形机理研究（20155024511）”、广东省水利科技创新基金项目“堤防安全状态快速机动智能监测与诊断装备研发（2024-07）”以及 200 余宗土质堤坝隐患诊断与安全评价项目成果的基础上完成的。为本书付出辛勤劳动的还有董海洲、罗日洪、徐云乾、谭彩等同志，在此对他们表示诚挚的谢意！

由于作者的学识和水平有限，书中难免存在疏漏之处，恳请读者与专家批评指正。

作 者

2024 年 8 月

目 录

第1章 绪　论

1.1 引　言

土质堤坝作为堤坝中使用最为广泛的结构型式之一，受土料性质、施工方法、水力侵蚀、固结程度、振动干扰、动物巢穴等多种因素影响，容易产生各类隐患，导致事故发生。

我国自1954年有溃坝记录以来至2016年，已溃坝数量总计达到3533座，其中大型水库2座，中型水库127座，小型水库3404座，年均溃坝56座，其中土坝溃坝占溃坝数量的93%。1954～2016年有两个溃坝高峰期，一个是1959～1961年，共计溃坝507座；另一个是1973～1975年，仅1973年就有554座大坝溃决。改革开放后，随着水库管理各项工作逐步规范，溃坝事故明显减少，溃坝多发生在小型水库。2000年以后年均溃坝为5座，达到了世界公认的低溃坝率水平。但是随着经济社会的不断发展，堤坝一旦溃决，将造成严重的生命财产损失和恶劣的社会影响。

土质堤坝事故中，渗漏是最常见的破坏形式之一，渗漏不仅导致库水漏失或漏空，还严重危害土坝的稳定性，给人民生命财产带来巨大的威胁和损失。1976年美国提堂（Teton）土坝的溃决造成下游780km^{2}的地区被淹没，14人死亡，25 000人无家可归，事后调查研究表明，右坝头上部大量张开节理发生渗流破坏是土坝失事的主要因素，右坝头键槽内的填土由于不均匀沉陷和水力劈裂而导致开裂，形成了通过粉土颗粒的初始渗流，逐渐形成管涌，终致溃决。2020年乌兹别克斯坦锡尔河州和美国密歇根州相继发生两起土坝溃坝事故，导致3座土坝溃决，造成了严重的社会影响。2001年10月3日，四川省会理县大路沟水库土坝因蚁患严重形成渗漏通道造成溃决，造成重大人员伤亡。2007年4月19日，甘肃省高台县小海子水库土坝因坝后排水沟底部的黏土层被破坏、坝前铺盖中存在的缺陷处理不当，致使坝基发生渗流破坏造成溃坝。2012年8月10日，浙江省舟山市沈家坑水库土坝因管理缺失及渗漏严重发生管涌导致溃坝，2013年2月2日，新疆乌鲁木齐市联丰水库因渗漏发生溃坝，造成下游沿线及周边部分房屋被冲毁。2013年2月15日，山西省洪洞县曲亭水库土坝因穿坝输水涵管垮塌，导致土坝在涵管处坍塌溃坝。除土坝容易出现渗透破坏外，土质堤防因渗流而出险的案例也不少。1998年6月29日，广东省十大堤围之一的樵桑联围发生溃决，其原因为该联围的穿堤水闸因施工填土质量差，洪水从穿堤水闸涵洞两侧接触面集中渗流引起失稳破坏，造成大堤溃决，导致洪水淹没佛山市的南海、三水5镇48个管理区153km^{2}范围，直接经济损失23.1亿元。

据统计，土质堤坝存在隐患造成堤坝险情或溃决的原因主要包括：

（1）堤坝填筑质量差或欠缺基础处理，发生不均匀沉降产生横向裂缝；

（2）堤坝填筑质量差，存在水平薄弱层，产生水平透水，洪水高水位作用下，水力劈裂产生水平裂缝形成集中渗漏通道；

（3）背水侧未设置反滤排水设施，或反滤排水设施不满足反滤要求；

（4）白蚁或有害生物进入堤坝繁殖，形成渗漏通道；

（5）堤坝基础存在强透水层或地基处理质量差；

（6）存在绕坝渗漏问题，造成严重渗漏或坝体与坝基接合部位发生渗流破坏；

（7）穿堤坝的管道、涵洞周边填土压实不足，施工质量差，易发生接触渗流破坏；

（8）穿堤坝的管道、涵洞存在结构损坏或渗流问题。

土质堤坝是我国水库大坝和堤防的主要型式，其安全运行关系到水库大坝和堤防的安全和效益发挥。土质堤坝隐患形成原因复杂，且极具隐蔽性，肉眼难以识别，隐患深度、位置等也都没有规律可循。因此，土质堤坝隐患诊断及探测一直是水利工程界的技术难题，准确地探测出堤坝的渗漏通道等隐患，对堤坝的安全运行和除险加固处理具有重要意义。此外，土质堤坝安全评价是保障水安全的重要措施，国家较早出台了《水库大坝安全评价导则》（SL 258—2000）①，但堤防工程在很长一段时期内都没有出台相关的安全评价标准，2015年才颁布《堤防工程安全评价导则》（SL/Z 679—2015），而且现有的水利工程安全评价标准一般仅对评价原则、程序、资料、内容、要求和分类标准等进行规定，在安全类别综合评判时主要以定性评价为主，缺乏定量依据。为科学合理地开展堤坝安全评价工作，亟需开展堤防安全评价标准制定工作，同时应加大堤坝安全评价定量化方法的研究力度。

综上所述，土质堤坝隐患诊断与安全评价关键技术研究是掌握堤坝安全状态、开展堤坝安全管理的迫切需要，是河（湖）长制日常管理工作中一项重要内容，是保障水安全的重要举措，具有十分重要的意义。

1.2 土质堤坝隐患诊断技术研究现状

现有的土质堤坝隐患诊断技术中，比较常用的探测技术有电法探测技术、磁法探测技术、弹性波探测技术、地球物理测井技术、示踪探测技术等，各类技术

① 现行标准为《水库大坝安全评价导则》（SL 258—2017）。

在堤坝隐患探测中各有优缺点，现结合本书研究内容对所涉及的土质堤坝隐患诊断技术现状及不足进行分析。

1.2.1 同位素示踪技术研究现状

在水文地质勘测中，测定地下水渗透系数最常用的方法是注水、抽水和压水试验，但这些试验技术都有各自的局限性，有时取不到可靠的数据，有时数据不能使用，因此，可采用指示剂来确定地下水和堤坝岩土层渗流参数。在各种水利工程测试技术中，示踪法占有特殊的地位，因为这种方法能直接了解地下水的运动过程和分布情况。近 60 年来，除了传统的染色示踪法和盐类示踪法外，还出现了同位素示踪法。

同位素示踪法在我国水利工程中的应用是从 1958 年开始的，最早开始研究的课题是碳-14 测龄、利用锌-65 观测长江卵石推移和利用钴-60 在室内进行掺气量测量，随后逐步扩展到水库淤泥容重和河水含砂量测量，地下水运动、渗流和泥沙运动观测，以及其他方面的实际应用。在土质堤坝渗流研究中，常需取得流向、流速、路径和渗透系数等现场观测资料，大量研究表明，测试环境同位素可以有效地确定地下水补给源、排泄关系、流向、流速、补给量等水文地质参数。

自从 Halevy 等（1967）建立了单井中测定地下水渗透流速的示踪剂点稀释定理以来，同位素示踪技术已经被广泛地应用于水利、水文地质、工程勘察、环境保护、供水、采矿等领域。国外自 20 世纪 70 年代开始将同位素示踪技术引入坝基渗流场的探测之中，Drost 等（1968）在该领域进行了多年研究，取得了丰富经验。他们利用分布在基岩岸坡中钻孔探测到的强水平流速和垂向流速来判定大坝是否存在基岩裂隙渗漏，并应用这种技术解决水库的渗漏问题。陈建生等（1999，2000）将这种技术加以改进并应用于大量工程实践之中，取得了良好效果，积累了很多宝贵经验。

土质堤坝渗漏探测研究中常用的环境同位素有两种：稳定同位素和放射性同位素，前者包括氘（D）、氧-18（^{18}O）、碳-13（^{13}C）等，后者包括氚（T）、碳-14（^{14}C）等。研究表明，不同物质中各种同位素含量不同，有的富含重同位素，有的富含轻同位素，即使是同一种物质，例如大气降水，当它所处的环境不同（如高度、纬度）或状态不同（如气态、液态、固态）时，其中的同位素含量（如 D、^{18}O）也有差异，有时差别还相当大。

在应用人工示踪方法研究地下水渗流时，通常分为标记法和钻井法两种。选用各种人工同位素对储水体或其一部分作标记后，通常观察储水体本身或其周围含水层对示踪剂脉冲作何反应。只有在水库的环境同位素富集不明显时，才需要对整个库水作标记。在所有示踪剂注入之后，不仅应对库水进行监测，而且在示踪剂可能通过的地方，也应对地下水进行监测，这样可以提供从渗漏点至观测点之间地下水流渗透模式的补充信息。使用人工放射性同位素的单井法和多井法已经在检查坝体或坝下渗漏中广泛应用，其中单井法测定的是地下水的渗透流速，多井法测定的是平均实际流速，或通常称为平均孔隙流速。多井法是在含水层的渗漏段上游某观测孔或某漏水点投入适当的放射性同位素示踪剂，然后在其下游的检查孔或出水点连续进行监测。由此可得到平均孔隙流速、流向和弥散率等水文地质参数，可以检查帷幕灌浆或防渗墙的渗漏通道，可以探测库坝及各种防渗结构和水工建筑物的渗漏通道等。

前人这些研究成果未考虑示踪剂在钻孔中的弥散影响。当钻孔中存在垂向流，特别是垂向流速远大于水平流速时，示踪剂在钻孔中垂直方向上将发生很强烈的纵向弥散，此时若不考虑其作用，将大大影响测量精度，甚至得出错误的结果。West 和 Odling（2007）考虑了钻孔中示踪剂的扩散作用，在附近有抽水井进行抽水的条件下，利用对流-扩散方程求得钻孔垂向流速、含水层的导水系数和储水系数，但没有给出含水层水平流速的表达式。当钻孔揭露多个承压含水层时，由于各含水层的补给源不同，流场的路径、介质与初始条件不同，造成各层的静水头也不同。根据混合井流理论，静水头高于混合水位的含水层都出现涌水，而静水头低于混合水位的含水层则表现为吸水，因此在钻孔中会经常出现垂向流现象。钻孔中的水位系各层含水层表现出的混合水位，它不代表任何含水层的真实水位。当涌水含水层中的地下水径向流入钻孔中时，由于示踪剂不能进入涌水含水层，不能直接采用前人成果确定渗透系数。

1.2.2 温度示踪技术研究现状

温度示踪技术是近年来国内兴起的一种新的堤坝渗漏探测技术，该技术比较清晰和直接。其原理为：温度依靠介质传递，在地层中的变化是连续的。介质的几何形状对渗透性的影响很大，但对导热系数的影响相对较小。地表以下一定深度范围，受太阳辐射等外热和地球内热作用而形成地温场，地下水运动往往是影响地温场变化或异常的重要因素之一。当地层内部存在渗流时，地层内热传导强度将因大量水在地层内迁移而发生改变，从而会导致原来温度场发生局部不规则变化。温度场探测堤坝集中渗漏通道是一种比较可行的技术方案。

国外在这方面的起步比国内要早，温度示踪技术最早可以追溯到 20 世纪 60 年代。Stallman（1963）通过温度测量数据来反演得到地下水的流速和渗透系数；Mansure 和 Reiter（1979）经过研究认为，在钻孔中放入温度传感器可以快速获得地下水温度数据；Constantz 和 Stonestrom（2003）认为温度可作为一种“示踪剂”显示地层渗漏情况。温度示踪技术也被用于监测一些土坝的渗漏。坝内渗流的存在将对热环境产生明显影响，对土坝中的温度进行一定间隔的重复测量，可以估算出渗流的速度，对于探测土坝的渗漏不失为一种有效的方法。由于水的导热系数和比热容与岩土不同，岩土中若有渗流其热学参数必然会改变。

国内在这方面的起步较晚，始于20世纪80年代末期。早期主要是收集河流、湖泊、水库等的温度数据，通过对其时序曲线、图示作定性分析，推断堤坝中可能存在的渗漏范围。一些学者借鉴热传导部分理论建立了土体温度探测理论模型；李端有等（2000）对长江中下游堤防的特点及其渗流控制的需要，研究了分布式光纤测温技术在长江堤防渗流监测中应用的可行性。上述研究大多数停留在定性分析阶段，定量分析主要集中在渗流场与温度场耦合方面，但由于问题的复杂性，边界条件过于简化，限制了在实际工程中的应用范围。董海洲等（2012，2013a，2013b）利用热源法模型研究堤坝渗漏，推导了堤坝管涌渗漏持续热源法模型以及堤坝渗漏流速虚拟热源法模型，通过研究管涌渗漏对地层温度的影响，从而计算出渗漏水流量。

通过对温度示踪技术的基础理论和国内外研究现状的分析表明，温度示踪理论的逐步发展为地下水运动的研究提供了一条新的思路，特别是在存在比较强烈“热流”或“热源”的地质区域，温度测量更具有明显的适用性。现有的温度示踪研究主要是利用温度作为示踪剂来探测地表水和通道的渗漏，并解决如何通过温度来求得地层垂向流速和渗透系数这一问题。得益于温度传感器性能的提高以及数值方法的不断发展，温度示踪方法在地下水研究方面正在得到更为广泛的应用。

近年来，国内学者发展起来的用于堤坝集中渗漏通道探测的热源法模型，基于能量守恒计算渗漏量、温度分布曲线来推测渗漏范围，确定渗漏通道半径。这种方法对探测堤坝渗漏是比较方便、经济的，也是比较有效的，特别是结合同位素示踪、连通试验以后，效果更加明显。但是基于线热源、柱热源的堤坝集中渗漏通道温度模型比较简单，通道过于简化，在比较复杂的地质条件和温度场、渗流场耦合的情况下，这些模型适用的实际渗漏情况以及精度等比较有限，同时存在以理论模型为主，缺少室内实验和现场工程实例对模型进行验证的问题。

1.2.3 水力层析技术研究现状

地层渗透性的确定早期主要采用人工锥探和机械钻探等传统地质勘察方法，虽然这些方法可以准确地测出取样点的地层参数，并通过获得有限点的地层参数进行插值计算，从而得到整个实验区域的参数分布估计，但是想要提高精度只能靠增加钻孔的数量，且受地层非均质等因素的影响较大，不能全面有效地评价工程质量，因此有必要采用更为有效的方法进行地层参数的测量。

抽水试验是目前测定地层渗透系数的常用方法。传统的抽水试验是在假设含水层均质等厚的条件下进行的，通过将试验数据代入对应的计算公式，可以得到一个平均意义上的渗透系数，并且对得到的有限点的地层参数进行插值，如线性插值或克里金插值来拟合未取样点的数据，从而得到整个地层的参数分布。毫无疑问，通过这种方法得到的结果是不准确的，尤其当地层的非均质性很大时，会造成较大的误差。

为了准确地确定非均质含水层渗透性分布，有研究者提出并发展了一种新的含水层测试方法：水力层析法。水力层析法由一系列抽水试验组成，将所有单个抽水试验的水头响应数据全部输入反演模型，能够得到高分辨率的非均质渗透系数分布。水力层析法通过多次交叉抽水或注水试验，运用监测到的水头数据反演地下水流方程，能够准确地刻画含水层渗透系数空间分布的详细信息。通过改变抽水位置，利用有限的抽水井可以获得多组水头响应数据，建立多组地下水流方程。与传统抽水试验相比，水力层析法能够获得更多的含水层信息，最终得到的渗透系数估计值更接近真实值。

在渗漏含水层中，渗漏区域具有透水性比较强、储水能力较小的特征，但周围含水层的透水性差、储水能力强。因此，只要得到含水层渗透系数和储水系数的空间分布，就可以探明渗漏通道分布情况。郝永红等（2008）运用水力层析法对裂隙含水层进行成像研究，取得了很好的效果；陈晓瑞等（2015）应用水力层析法对渗漏通道进行了成像研究，这些都是通过刻画含水层的渗透系数来对裂隙带和渗漏通道进行识别。

实际上，堤坝渗漏通道的存在体现在不同部位地层渗透性的差异上，通道所在位置的渗透性往往远大于周围地层的渗透性。由此，只要能够刻画出地层渗透性分布，就可以确定渗漏通道位置及渗漏量参数。因此，水力层析法的提出和发展为堤坝渗漏通道调查提供了一种新的途径。此外，由于现场钻孔抽水试验易于实施，并且可以充分利用许多堤坝原有的观测孔等水位监测系统，以及库水位和孔水位的长期观测资料进行水力层析探测工作。水力层析法的建立和发展对于堤坝渗漏通道调查和工程隐患排查具有重要的研究意义和推广应用前景。

目前随着实际工程对地层非均质性刻画精度的要求越来越高，仅使用一种试验数据进行反演的传统水力层析法，在非均质性较强的情况下只能提供平滑且模糊的结果，不足以满足工程的精度要求。研究表明将示踪试验（温度、示踪剂、电导等）得到的试验数据融合进水力层析法的模型中，可以更准确地得到地层渗透性的分布。

1.2.4 堤坝隐患物探技术研究现状

堤坝险情发生初期通常具有分布范围广、规模小、物性差异小、突发性和可变性等特点，险情发生后须动态监测其发展，这对探测技术的数据采集处理速度、灵敏度、分辨率以及抗干扰性均有较高的要求。

物探技术是堤坝渗漏无损探测的最优手段，目前常用的堤坝渗漏物探技术主要有电法、地震法和电磁法等。电法尤其是高密度电阻率法在堤坝渗漏探测中应用最广泛，但高密度电阻率法具有明显的体积效应，纵向探测分辨率较低，对埋深较大的小规模渗漏探测具有一定的局限性。地震法可通过探测堤防蚁穴、空洞、疏松带、裂缝和高含砂层等隐患特征推测渗漏发生部位，但普遍存在边界效应。电磁法尤其探地雷达法具有数据采集快、探测分辨率高、抗外部干扰强以及场地要求低等优势，但在高含水率区域电磁波衰减严重。上述 3 种物探技术在堤坝渗漏探测中均有一定作用，但各方法均有其局限性和多解性，无法单独实现堤坝渗漏的精确探测。为避免单一物探技术的局限性和多解性，近年来通过多种物探方法相互结合、相互补充、相互验证、相互约束的综合物探技术逐步发展。张建清等（2018）建立了一种大地电磁法、高密度电阻率法、微动法组成的综合物探技术体系，并将其应用于大坝渗漏探测，取得了良好的效果。郑智杰等（2017）采用地震折射法、地震反射法及微动法 3 种物探方法组合探明了桂林市洛潭水库岩溶渗漏带发育的位置，为灌浆加固提供了科学依据。张伟等（2019）采用电阻率测深法、音频大地电磁法和地震折射法对淮河滨河浅滩塌陷区进行现场试验，结果表明受第四系淤泥层等低阻覆盖层影响，电阻率测深法和音频大地电磁法探测结果偏小，结合地震折射法可更准确划分覆盖层、溶蚀层和基岩面的空间位置。

目前综合物探技术还只是通过多种物探技术多角度分析隐患，但综合物探技术不仅局限于几种物探技术探测结果的简单罗列，更应结合基础资料、现场检查结果综合分析验证。

1. 高密度电阻率法探测技术

高密度电阻率法是一种阵列勘探方法，经不断发展与完善，已形成了系统化的野外工作方法和资料处理解释技术，进入 21 世纪，高密度电阻率法在硬件和软件上得到进一步发展。

对高密度电阻率法的理论研究方面，国内外开展的工作主要集中在对电阻率反演成像方面。二维反演程序是基于圆滑约束最小二乘法的计算机反演计算程序，为了增进求解反演问题的速度，Loke 和 Barker（1995）采用准牛顿方法对高斯-牛顿方法进行了优化，在这个方法中，初始反演问题采用均匀介质中雅可比矩阵的解析解，在后面的迭代中只计算雅可比矩阵的变化以反映模型空间的变化，使反演问题的求解速度显著提高以及电阻率三维反演更加高效，随后又发展了平滑约束反演方法和块反演方法，这是可以分别针对地下介质电阻率渐进过渡变化和电阻率突变情况的反演技术，使电阻率的反演求解在不同的地质条件下与实际的地质结构更加吻合，提高了电阻率成像的解释精度。

目前高密度电阻率法已广泛用于各种工程勘察问题。近年来，不少单位将高密度电阻率法用于堤坝隐患探测。黄河勘测规划设计研究院有限公司将高密度电阻率法用于黄河大堤裂缝探测；中国科学院地质与地球物理研究所将高密度电阻率法用于珠海防波堤隐患探测；中国地质科学院地球物理地球化学勘查研究所应用高密度电阻率法探测病险水库大坝；湖南省水利水电科学研究所对高密度电阻率法探测堤坝隐患技术进行了分析研究，阐明了该方法用于堤坝隐患探测的可行性；东华理工大学将高密度电阻率法用于水库大坝渗漏探测；中国地质大学探讨了将高密度电阻率法用于汛期堤坝隐患监测的可行性；广东省水利水电科学研究院采用高密度电阻率法对近百宗堤坝进行隐患探测，并对其探测成果进行了系统的总结。

将高密度电阻率法用于堤坝隐患探测，拓宽了高密度电阻率法的应用领域。但高密度电阻率法用于堤坝隐患探测仍然存在一些缺陷。首先，高密度电阻率法属于体积勘探方法，体积效应影响比较明显，对浅部的缺陷比较敏感。其次，受限于电阻率法的固有缺陷，高密度电阻率法对目标体的分辨率仍然不高，据电法勘探理论推导，高密度电阻率法对二度体的最大垂向分辨率不超过深径比，对三度体的垂向分辨率不超过深径比，因此对一些埋深较大的弱小隐患可能造成漏检。最后，高密度电阻率法的理论是建立在半无限均质体上的，在堤坝这种特殊几何体上应用，视电阻率受地形影响较大，给测量结果的准确解释带来不利影响。

2. 探地雷达法探测技术

探地雷达也称之为地质雷达，是一种高效的浅层地球物理探测技术，它通过发射高频电磁脉冲波，利用地下介质电性参数的差异，根据回波的振幅、波形和频率等运动学和动力学特征来分析和推断介质结构和物性特征。

探地雷达的历史最早可追溯到20世纪初，经过一个世纪的理论和应用发展，在探测装备和解释反演技术上都有了长足的发展。探地雷达的应用领域现已覆盖考古、矿产资源勘探、水文地质调查、岩土勘查、无损检测、工程建筑物结构调查、军事等众多领域，解决了很多工程实际问题，成为浅层勘探的有力工具。

国内外对探地雷达的理论研究主要集中在数据处理和正演数值模拟。目前探地雷达数据处理技术主要有滤波、速度分析、动静、叠加、插值、频谱、偏移、成像、反褶积、反滤波、振幅恢复、道内振幅均衡、道间振幅均衡等技术，其中偏移和反褶积为两大热门技术。雷达波数值模拟的方法依据其理论基础可分为两种，一种是基于几何光学原理的射线追踪法，另一种是以物理光学原理为基础的绕射叠加法、有限差分法、有限元法、积分方程法等。

由于探地雷达具有高分辨率、探测速度快、对被测物体无损伤以及抗干扰能力强的特点，因而广泛用于各种对深度要求不高的工程勘察中。将探地雷达用于堤坝隐患探测始于20世纪90年代初。水利部黄河水利委员会在“八五”科技攻关项目“堤防隐患探测技术研究”实施过程中采用探地雷达在黄河大堤上进行了一系列堤身隐患探测的试验，结果表明探地雷达可以有效探测出埋深5米以内的大洞穴，对于直径小于1米的小洞穴探测效果不明显；中国地质大学采用探地雷达探测水库坝体结构层以及对钱塘江护堤抛石层埋深和厚度分布做了一些实验性的研究，取得了一定的成功；中国科学院广州地球化学研究所、广东省科学院动物研究所等单位将探地雷达用于堤坝白蚁巢穴的探测，实践应用表明探地雷达能够准确地确定出一定深度内白蚁巢在地下的空间位置；山东黄河勘测设计研究院将探地雷达应用于海堤防浪防渗盖板下的堤基隐患探测，对堤基的密实度、完好程度、洞穴、裂缝及陷落等隐患的位置和平面分布做出了有效的评价。国外探地雷达主要用于工程质量检测和环境监测，用于堤坝隐患探测的文献甚少。

尽管探地雷达在堤坝隐患探测中取得了一定的成功，但仍然存在很大的局限性。这是因为探地雷达反射波受堤坝几何形态和堤身介质不均匀的影响，波场较为复杂，给解释带来一定的难度。另外探地雷达高频电磁波在黏土中的衰减很大，因而有效的穿透距离短。据计算，目前几类最常用的商用雷达系统在衰减度大的黏土中探测深度最大不超过10米。由此可知，在含水量较高的堤坝上，探地雷达的有效勘探深度会更小，因此探地雷达主要适用于堤坝浅部的隐患探测或质量检测。

3. 瑞利面波法探测技术

1887年，Rayleigh首先发现了瑞利波的存在并揭示了瑞利波在弹性半空间介质中的传播特性。20世纪50年代初，人们又发现了瑞利波在波速不同的层状介质中会产生频散特征。瑞利面波法主要利用其频散曲线特征来划分地下地层，因此瑞利波测试对于分层土层的测试较为有效。目前瑞利面波法主要用于堤坝质量评价或堤坝软弱层探测。水利部黄河水利委员会根据堤坝软弱层的物性特点，选用瞬态瑞利面波法探测堤坝的相对强度和软弱层的分布范围；长安大学应用瑞利面波法检测坝基缺陷；天津市水利科学研究所采用瑞利面波法检测堤防防渗墙质量；上海市地质调查研究院等利用瑞利面波法探测堤坝管涵、土洞、白蚁巢穴、土体疏松带、滑坡体等隐患及评价坝体质量。

瑞利面波法目前遇到的困难主要有两个，第一个是振源问题，目前国内自产面波仪采用锤击振源，这种振源能量低，产生频率低，弹性波波长长，分辨率低。要想提高瑞利面波法的勘探深度和分辨率，关键的问题是要提高振源的能量和频率。第二个是频散曲线的反演不够成熟，比如软弱夹层、空洞的存在与瑞利波频散曲线的“之”字形之间的关系尚未搞清，对结果的定量解释还不够理想。由于瑞利面波法采用点测方式，需在堤身上埋设一系列传感器，因此勘探速度慢，其分辨率又受到振源的频率和能量的限制，难以探测到较小的隐患。

4. 常用堤坝隐患物探技术局限性

虽然现有的常用堤坝隐患物探技术有很多，都能够起到一定的作用，但是每种技术都具有各自的局限性（表 1.1），针对不同条件的探测环境其适应性也不同，因此，都无法单独地对堤坝隐患实现快速、精确的探测。

表 1.1　常用堤坝隐患物探技术局限性

分类	技术方法	局限性
电法类	高密度电阻率法	电极接地问题，且测线布置需够长
	自然电场法	电极接地问题，且受游散电流干扰
	电阻率 CT 法	有损探测，需多对深度至坝底的钻孔
电磁法类	探地雷达法	含水率高的区域电磁波衰减严重
	瞬变电磁法	浅层存在探测盲区
	电磁波 CT 法	有损探测，需多对深度至坝底的钻孔
	磁共振法	抗电磁干扰能力差
地震法类	地震折射法	要求波阻抗差异大且存在边界效应
	瑞利面波法	探深浅且存在边界效应
	弹性波 CT 法	有损探测，需多对深度至坝底的钻孔
	声呐法	无法确定渗漏通道分布情况

1.2.5　管道 CCTV 探测技术研究现状

土质堤坝内穿堤坝的管道、涵洞是土质堤坝的薄弱环节，管道机器人探测技术又称闭路电视（closed circuit television，CCTV）探测技术，是目前探测土质堤坝内穿堤坝管道、涵洞最有效和最安全的管道探测手段，能快速、准确和直观地识别管道结构性和功能性隐患。

目前管道内部结构探测主要采用 CCTV 内窥仪。冯成会和郑洪标（2013）研究了 CCTV 探测技术在水库排水管道中的应用，许州等（2016）基于 CCTV 探测技术对排水管道的结构性和功能性缺陷进行检测与评估，徐云乾等（2014）综合CCTV探测技术与三维激光扫描技术，提出了一种新的管道探测方法。声呐探测技术是一种简单、高效的淤积探测方法，彭艺艺等（2011）研究了声呐探测技术在截流深井淤积探测中的应用，袁明道等（2018）提出了一种基于声呐、雷达和管道内窥仪的多手段管道淤积探测技术。

受穿土质堤坝管道、涵洞内的环境条件限制，探测的图像存在光照不均匀、对比度低、细节模糊等问题，导致探测结果失真，图像分析困难，隐患难以全部探明，严重影响管道安全运行。因此，有必要对管道机器人探测图像进行增强处理。

图像增强是一种重要的图像处理方法，能有效增强图像中的细节信息，抑制噪声，提高图像质量。目前图像增强方法主要有：直方图均衡化（histogram equalization，HE）、引导滤波（guided filtering）、同态滤波（homomorphic filtering，HF）、小波变换、多尺度几何变换等。直方图均衡化运算速度快且能有效增大图像对比度，但图像局部的对比度提升能力弱，且会将不同的灰度级像素归为同一级，造成信息丢失。基于分块处理思想提出的自适应直方图均衡化（adaptive histogram equalization，AHE）能有效增强局部对比度，但同时噪声也会放大，限制对比度自适应直方图均衡化（contrast limited adaptive histogram equalization，CLAHE）采用阈值对噪声进行限制，但图像细节无法得到增强。引导滤波是一种保持边缘的图像增强方法，可有效地增强图像细节边缘信息，但对噪声敏感。同态滤波可有效改善光照不均问题，但不能较好地增强图像边缘细节信息。小波变换具有时频局域化特点，可有效捕捉图像高频信息，在图像处理中得到广泛的使用。但小波变换只有3个方向，轮廓波变换（contourlet transform，CT）可得到更多的方向，是种“正真”的图像二维表示方法，可有效捕捉图像各个方向的高频信息，但是其不具备平移不变性，存在频谱混叠现象，表现出“吉布斯”效应。非下采样轮廓波变换（non-subsampled contourlet transform，NSCT）在分解重构过程中继承了传统CT对图像表示的多方向性和各向异性，且具有传统CT不具备的平移不变性。NSCT可以有效地增强图像的细节，但不能较好提升图像整体对比度。现有的基于NSCT增强的方法主要是先使用NSCT分解，对低频信息进行拉伸，再对高频信息进行增强，因此若原图像对比度较低，则NSCT难以较好地捕捉边缘信息进而增强图像的细节信息。

1.3 堤坝安全评价研究现状

为掌握堤坝安全状态和加强工程管理，需对已建堤坝定期开展安全评价。此前国内制定了《水库大坝安全评价导则》《水闸安全鉴定规定》《泵站安全鉴定规程》等水利工程安全评价技术标准，但作为重要水工建筑物的堤防工程却没有出台相关的安全评价标准，直到2015年才颁布《堤防安全评价导则》。

此外，传统的堤坝安全评价大多是定性的方式，从偏安全的角度考虑，一般以评为最差的单项评价结论作为最终评价结果，这种方式理论简单、直接，但缺乏综合考量和定量结果。由于传统的堤坝安全评价方法部分指标采用定性评判，易对决策产生争议和分歧，而且决策时各部分的重要性没有得到很好的突出。目前，国内外很多学者针对堤坝工程安全评价进行了研究，Chauhan 和 Bowles（2003）提出了安全风险评价中的不确定性分析框架，用满足可容忍风险准则相关的置信度表示风险分析结果中的不确定性；Vuillet 等（2013）基于多准则聚合的确定性模型，采用蒙特卡罗法模拟建立每个堤段的概率分布；Park 等（2016）提出了一种能同时考虑堤防漫水、入渗、侵蚀等多种灾害因素的洪水风险指数，并对堤防安全进行了可靠的评价；Coelho 等（2018）基于材料点法重新定义了堤防抗剪破坏安全系数，并对堤防的渐进性破坏及其行为进行了分析；胡建平和刘亚莲（2013）根据突变理论，计算了土坝安全级别评价指标值；蔡新等（2012）引进灰色理论构建堤防安全风险评价指标体系及堤防安全评价数学模型；杨德玮等（2016）在划分组合堤、单元堤的基础上，通过险工险段识别与专家经验方法对堤防安全进行综合评价。以上研究中，有些仅是较为单一因素的研究，未综合考虑各种因素的影响，有些对原始数据要求较高，并且在拟合度方面存在局限，或者存在过于依赖专家主观经验的问题，无法体现出堤坝安全模糊性和概率性的特点。

第 2 章　基于同位素综合示踪的土质堤坝集中渗漏诊断技术研究

2.1　引　　言

根据示踪剂的来源不同，示踪法可分为天然示踪和人工示踪，其中天然示踪又包括温度示踪、水化学示踪和环境同位素示踪。前人进行的示踪研究很多，但是更多应用于区域水文方面，而且进行的是分散研究，本章主要针对土质堤坝问题，融合可以用于渗漏来源分析的环境同位素示踪方法和用于确定渗漏通道位置、形状等渗漏参数的人工示踪方法，通过理论分析、技术研发、信息融合等方法，进行渗漏诊断。

环境同位素是指存在于天然环境中浓度不固定的稳定同位素和放射性同位素，人们不能直接控制它们的浓度变化。以水体中的水分子为研究对象，水分子中氢元素包括一种放射性同位素氚（T）和两种稳定同位素：氕（H）和氘（D），H 和 D 的丰度分别约为 99.985%和 0.015%。氧有七种同位素，自然界中常见的只有三种：氧-16（^{16}O）、氧-17（^{17}O）、氧-18（^{18}O），它们都是稳定同位素，其丰度分别为 99.76%、0.035%和 0.2%。从严格意义上来说，观测 ^{17}O 的浓度几乎不能为我们提供任何水文信息，相关的水文信息可以通过研究 ^{18}O 的变化获得，^{18}O 的丰度较大，具有更高的可测量性，其数据准确度较好。水文学中最常用环境同位素有：稳定同位素氘、氧-18、碳-13，放射性同位素氚和碳-14。其他一些有应用前景的环境同位素在水文学中已经或正在研究之中。其中硅-32 引起人们的重视，在印度已经对其作了大量测量工作，其他还有针对氪-85 和氦-3 等的研究。由此延展而来，在渗漏研究中应用的环境同位素示踪方法，有参与组成水分子的稳定同位素氘、氧-18 和放射性同位素氚等。

环境同位素示踪方法是研究地下水运动规律的重要方法之一。在快速蒸发的湖泊和水库中，水中稳定同位素富集作用是很显著的，Payne（1970）以肯尼亚 Chala 湖为例，已经证明了这一点，他排除了湖水与某些泉水相联系的可能性。Stichler 和 Moser（1979）对莱茵河谷中一个小湖进行了同位素调查，发现它基本上是由地下水及降水补给，证实了湖泊和下游含水层之间的水力联系，并计算出了地下水的流速。放射性同位素氚作为环境示踪剂来研究水库的渗漏，其使用价值只局限于地下水中的氚含量很低或比库水要低的地区。Aksoy 等（2005）

调查了土耳其 Keban 水库蓄水后新出现的大泉，发现库水比地下水更富集氚，但在蓄水一年之后，从泉中排出的地下水氚含量有较大增长，据此认为泉水与水库相连通，而且由水库渗漏水和当地地下水的混合水所不及。显然，比库水要老得多的地下水，其起源很可能不同于库水。Burgman 等（1979）在研究赞比亚 Itezhi-Tezhi 坝区渗漏时曾指出这一点。环境同位素示踪方法要有足够的采样数目，以便查清在时间和空间上的所有可能变化。如果水库的水有不同的来源，则其同位素组成可能是不均一的，在这种情况下，只有渗漏点的水才对地下水有影响。水样的分析项目不应只局限于一种环境同位素。一般说来，综合测定氘、氧-18 和氚，可为渗漏的范围和条件提供有用的信息。在突尼斯的 Nebaana 水库、法国的 Grandes Patrues 水库、墨西哥的 Las Lajas 水库和德国的 Sylvenstein 水库，都曾采用这样的渗漏探测方法。大量研究表明，测试环境同位素可以有效地确定地下水补给源、排泄关系、年龄、流向、流速、补给量等水文地质参数。

国内在利用环境同位素研究地下水流动方面也作了大量研究工作，陈建生等（2003）利用该方法对北江大堤、新安江水库、小浪底水库等多个堤坝进行了渗漏分析，取得了良好的效果。顾慰祖等（2002）利用环境同位素示踪方法对中国西北干旱地区水资源进行了研究。

此外，针对单一的人工示踪方法的研究也很多，使用人工放射性同位素的单井法和多井法，在检查坝体或坝下渗漏中已得到广泛的应用。陈建生等（1999）利用分布在基岩岸坡中钻孔探测到的强水平流速和垂向流来判定大坝是否存在基岩裂隙渗漏，并应用这种技术解决水库的渗漏问题，可得到平均孔隙流速、流向和弥散率等水文地质参数，可以检查帷幕灌浆或防渗墙的渗漏通道，可以探测堤坝及各种防渗结构和水工建筑物的渗漏通道等。

本章仅对稳定同位素氘和氧-18，以及放射性同位素氚进行研究。在前人研究的基础上，系统分析将环境同位素应用于地下水研究的原理，特别是利用环境同位素示踪方法进行土质堤坝渗漏的探测，并对具体工程实例进行分析。主要内容包括：首先，对采取水样的要求进行总结，并分别讨论在降水、地表水、地下水中如何取样；其次，分析稳定同位素在地下水研究中的应用。在各种因素的影响下，如地形差异、季节变化或库水的同位素富集效应等，使得库水的同位素组成通常不同于地下水，因此，稳定同位素氘和氧-18 就可成为研究这些水体间水力联系的重要手段。

本章突破性地引入环境同位素作为渗漏判别的条件，利用数学方法对渗漏来源进行判别，然后选用各种人工示踪剂对储水体或其一部分作标记后，通常观察储水体本身或其周围含水层对示踪剂的反应，通过测试与分析，提供从渗漏点至观测点之间地下水流模式的信息，进而得到渗漏的路径等详细信息。

2.2　堤坝渗漏隐患的同位素综合示踪诊断技术数学模型

对于土质堤坝渗漏研究而言，可以将水样和水样特征的全体作为样本集和样本基元集，而水样类别的全体就是模式集。本节采用 BP 网络实现映射匹配，一旦网络的结构和算法等基本要素确定下来，样本和样本基元就成为网络映射和泛化能力的决定因素。样本基元有很多种，可以根据实际情况和需要选取，样本可以大致分为三类：江河上游汇集来的库水，当地大气降水和附近居民的生产、生活用水下渗形成的边坡水以及二者的混合水。从样本基元的性质来看，库水和边坡水在模式上是对立的，它们的样本基元值往往位于定义域的两个极端，而中间过渡性的基元值则属于混合水。库水、边坡水和混合水之间既有差异又有联系，混合水同时具备了库水和边坡水的特征，可以基于模糊优选的基本思想建立混合比模型，从而给出三种水样定量化界定的标准，构造可以定量化研究土质堤坝渗漏的模式集。

2.2.1　理论分析

1. 点稀释技术——测定地下水水平流速

地下水的水平流速可利用注入孔的示踪剂浓度的下降来测得。工作原理：假设一定量的示踪剂注入孔中两个止水栓之间的水体内，止水栓间的长度为 h，孔径为 d，最初浓度为 C_0。假设满足：

（1）试验点地下水模式处于稳定状态；

（2）在被标定的圆柱形水体中，被测定的示踪剂浓度始终是均匀分布的；

（3）示踪剂从该水体中逃逸仅是由于含水层中存在水平流（不存在垂向流，以及不存在由于扩散引起的明显的示踪剂的损失）；

（4）在孔外的示踪剂不引起探头的响应。

则水平流速 v_f 可按式（2.1）求出：

$$v_f = \frac{\pi\left(r_1^2 - r_0^2\right)}{2\alpha r_1 t}\ln(C_0 - C) \tag{2.1}$$

式中，C_0 为初始浓度；C 为 t 时刻浓度；t 为测量时间；r_0 为探头半径；r_1 为孔半径；α 为流场畸变校正系数。

局限性：①具有强烈的点的特征，需要多次测量；②使用止水栓并不能保证不存在垂向流。但它是最基本的方法。

2. 广义稀释定理

当被测含水层中存在垂向流干扰时（图 2.1），可以考虑全孔标记示踪剂进行测量。此时水平流速 v_f 可按式（2.2）求出：

$$v_f = \frac{\pi r}{2\alpha\left\{t - \frac{(v_A - v_B)t^2}{2h} + \frac{t^3}{3}\left[\frac{(v_A - v_B)}{h}\right]^2 - \frac{t^4}{4}\left[\frac{(v_A - v_B)}{h}\right]^3 + \cdots\right\}} \quad (2.2)$$

式中，v_A、v_B 分别为孔中 A、B 两点的垂向流速；t 为测量时间；h 为含水层厚度；r 为孔半径；α 为流场畸变校正系数。

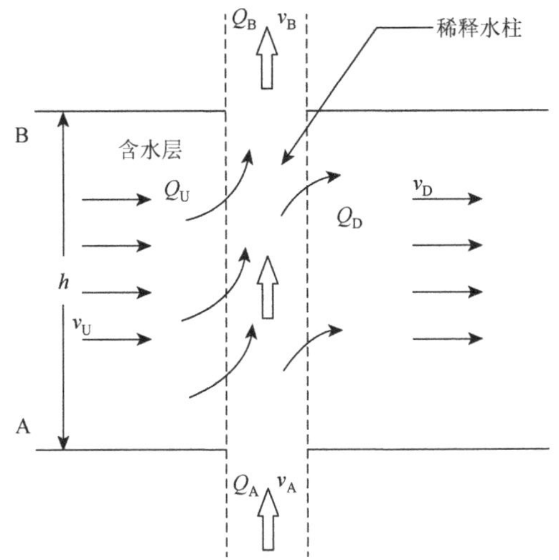

Q_A、Q_B分别为孔中A、B两点的垂向流量；Q_U、Q_D分别为含水层上、下游地下水流量；v_U、v_D分别为含水层上、下游地下水流速

图 2.1 有垂向流时孔中水的运动示意图

3. 垂向流速测定

垂向流十分常见，有下列几种情况：

（1）钻孔揭露了两个或两个以上存在不同水头的含水层或渗透层；

（2）当钻孔与承压含水层有联系时；

（3）当含水层中的流线与孔轴线倾斜时。

测定垂向流速的方法有峰峰法和累计法。但由于后者测定垂向流速需要标定，测量精度低，故一般不采用。峰峰法是将两支串联探头放置在井中示踪同位素将要通过的孔段，分别记录下两条计数率随时间变化的曲线。找出两条曲线的峰值所对应的时间 t_A 和 t_B，设两探头之间距离为 L（图 2.2），则垂向流速 v 可按式（2.3）计算：

$$v = \frac{L}{t_B - t_A} \tag{2.3}$$

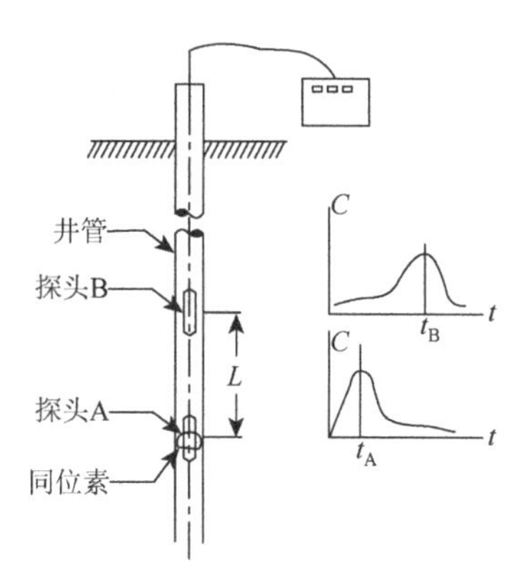

图 2.2　峰峰法示意图

4. 流向测定

通过装有 6 支探测器的流向探头在孔中进行计数率测定。将 6 支探测器测定的结果进行运算，计数率为最大值的方向就是流向（图 2.3）。

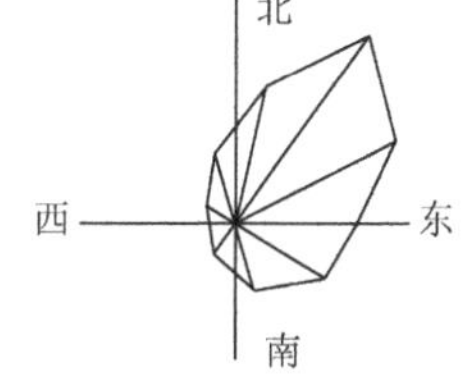

图 2.3　钻孔周壁放射性活度分布

5. 孔中分层含水层涌水量、吸水量测定

由于各含水层的静止水位不同，将造成各含水层之间的地下水会通过钻孔进行补给（图 2.4）。若静止水位高于混合水位，则含水层将向孔中涌水；反之，将吸水。各含水层涌水量或吸水量的大小，取决于各含水层静止水位与混合水位差，以及其导水系数的大小，可根据在隔水层测定的垂向流速按式（2.4）求得

$$\Delta Q_i = \pi\left(v_i r_i^2 - v_{i-1} r_{i-1}^2\right) \tag{2.4}$$

式中，ΔQ_i 为第 i 含水层的涌水量或吸水量；r_{i-1}、r_i 为孔半径；v_i、v_{i-1} 为垂向流速。

2.2.2　模型建立

土质堤坝渗漏研究中得到的地下水样本从广义上来说都可以认为是由库水和边坡水共同组成的混合水，只是因混合比例（质量比，下同）的不同才使得水样类别不同，因此可令混合比例表征地下水样本，即

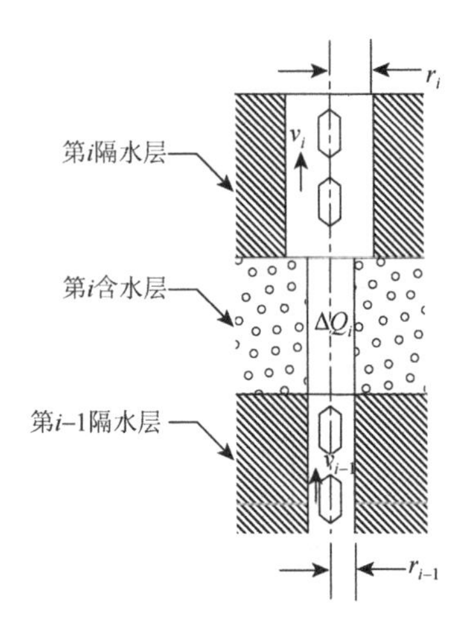

图 2.4　涌水量或吸水量测定示意图

$$\begin{cases} N_{混} = N_{库} + N_{边} \\ Q = \dfrac{N_{库}}{N_{混}} \end{cases} \tag{2.5}$$

其中，$N_{库}$为混合水样本中库水质量；$N_{边}$为混合水样本中边坡水质量；$N_{混}$为混合水样本质量；Q为库水占混合水样本的质量百分比，这里称作库水混合比例，简称混合比。

设样本集的容量为n，样本基元集的容量为m，即每个样本有m个样本基元，则样本基元矩阵为$\boldsymbol{R} = (r_{ij})_{m\times n}$。为消除量纲影响，以理想库水和理想边坡水的各个基元值为极值，采用数量积法

$$x_{ij} = \frac{r_{ij} - \bigwedge_i r_{ij}}{\bigvee_i r_{ij} - \bigwedge_i r_{ij}} \tag{2.6}$$

规格化矩阵，其中，$\bigwedge_i$和$\bigvee_i$分别表示连续取小、取大运算。规格化后得到样本基元值的规格化矩阵

$$\boldsymbol{X} = (x_{ij})_{m\times n} \tag{2.7}$$

其中，$x_{ij} \in [0,1]$可以看作是样本j的基元i对相应库水基元的混合比。显然，对于理想库水样本和理想边坡水样本而言，二者的混合比向量分别为$\boldsymbol{g} = (1,1,\cdots,1)_m^{\mathrm{T}}$和$\boldsymbol{b} = (0,0,\cdots,0)_m^{\mathrm{T}}$。

设样本基元的权向量为$\boldsymbol{\omega} = (\omega_1, \omega_2, \cdots, \omega_i, \cdots, \omega_m)^{\mathrm{T}}$，$i = 1,\cdots,m$，满足$\sum_{i=1}^{m} \omega_i = 1$，则$\boldsymbol{X} = (x_{ij})_{m\times n}$中样本$j$的混合比向量$\boldsymbol{X}_j = (x_{1j}, x_{2j}, \cdots, x_{mj})^{\mathrm{T}}$与理想库水和理想边坡水之间的加权汉明距离分别为

$$d_{jg}=\sum_{i=1}^{m}\omega_i(1-x_{ij}) \tag{2.8}$$

和

$$d_{jb}=\sum_{i=1}^{m}\omega_i(x_{ij}-0)=\sum_{i=1}^{m}\omega_i x_{ij} \tag{2.9}$$

设样本 j 的混合比为 Q_j，则边坡水含量为 Q_j^c，由余集定义知

$$Q_j^c=1-Q_j \tag{2.10}$$

将混合比作为权重，则样本 j 与理想库水之间的加权距离为

$$D_{jg}=Q_j d_{jg} \tag{2.11}$$

样本 j 与理想边坡水之间的加权距离为

$$D_{jb}=Q_j^c d_{jb}=(1-Q_j)d_{jb} \tag{2.12}$$

为求样本 j 的混合比的最优值，建立函数

$$\min\{F(Q_j)=(Q_j d_{jg})^2+[(1-Q_j)d_{jb}]^2\} \tag{2.13}$$

解 $\dfrac{\mathrm{d}F(Q_j)}{\mathrm{d}Q_j}=0$，得 $Q_j=\dfrac{d_{jb}^2}{d_{jg}^2+d_{jb}^2}$，此时

（1）若 $d_{jb}=0$，则 $d_{jg}=\sum_{i=1}^{m}\omega_i(1-x_{ij})=\sum_{i=1}^{m}\omega_i-d_{jb}=1$，$Q_j=0$，即混合比为 0。

（2）若 $d_{jb}\neq 0$，则得到样本 j 的混合比

$$Q_j=\frac{1}{1+\left(\dfrac{d_{jg}}{d_{jb}}\right)^2} \tag{2.14}$$

$$Q_j=\frac{1}{1+\left(\dfrac{1-d_{jb}}{d_{jb}}\right)^2} \tag{2.15}$$

令 $I_j=d_{jb}$，得

$$Q_j=\frac{1}{1+\left(\dfrac{1-I_j}{I_j}\right)^2} \tag{2.16}$$

其中，$I_j=\sum_{i=1}^{m}\omega_i x_{ij}$，$j=1,2,\cdots,n$，由 $\sum_{i=1}^{m}\omega_i=1$ 和 $x_{ij}\in[0,1]$，知 $I_j\in[0,1]$。将模型写成一般形式

$$\begin{cases} f(t)=0, t=0 \\ f(t)=\dfrac{1}{1+\left(\dfrac{1-t}{t}\right)^2}, t\in\left(0,1\right] \end{cases} \tag{2.17}$$

1. 模型特性及物理意义

对于 $f(t)=\dfrac{1}{1+\left(\dfrac{1-t}{t}\right)^2}$，$t\in\left(0,1\right]$，$f(t)$ 在定义域内连续且具有一阶和二阶导数：

（1）由 $f'(t)=\dfrac{2t(1-t)}{[t^2+(1-t)^2]^2}\geqslant 0$，等号在 $t=1$ 处取到，知 $f(t)$ 在 $t\in\left(0,1\right]$ 内单调增加。

（2）由 $f''(t)=2\dfrac{4t^3-6t^2+1}{[t^2+(1-t)^2]^3}$，$f''(0.5)=0$，且在 $t\in(0,0.5)$ 内，$f''(t)>0$，在 $t\in\left(0.5,1\right]$ 内，$f''(t)<0$，知 $(0.5, f(0.5))$ 是曲线的拐点。

综合（1）和（2），得到曲线 $f(t)=\dfrac{1}{1+\left(\dfrac{1-t}{t}\right)^2}$，$t\in\left(0,1\right]$，是如图 2.5 所示的 S 形曲线。结合 $f(0)=0$，知该曲线的定义域是 $[0,1]$，值域是 $[0,1]$，等号在区间端点取到；该曲线在定义域内单调增加，在 $t\in(0, 0.5)$ 时曲线上凹，在 $t\in(0.5,1)$ 时曲线上凸，点 $(0.5, 0.5)$ 是曲线拐点（图 2.5）。

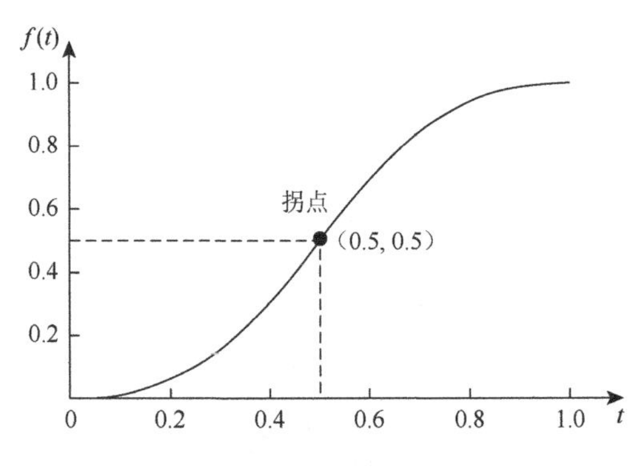

图 2.5　混合比模型曲线

可以考虑这样一个过程，原始水样为理想边坡水，水样的总质量恒定，随着库水比例逐渐增加，边坡水的比例将逐渐减少，则水样由边坡水逐渐向混合水和库水过渡，最终成为理想库水，通过研究这个“边坡水—混合水—库水”的变化过程，可以给出三种水样定量化的界定标准。

由上述混合比模型知，$f(t)$ 是混合水中的库水比例，则 $f'(t)$ 是库水比例增加的速度，$f''(t)$ 是库水比例增加的加速度。令 $g(t)=f''(t)$，则 $g'(t)=f'''(t)$ 代表库水比例增加的加速度变化趋势（可以理解为库水比例增加的加速度的速度）：$g'(t)>0$ 表示加速度增大；$g'(t)=0$ 表示加速度不变；$g'(t)<0$ 表示加速度减小。计算 $g'(t)=0$ 得到，

$$\max\{g(t)\}=g\left(\frac{\sqrt{2}}{2}\right),\quad \min\{g(t)\}=g\left(1-\frac{\sqrt{2}}{2}\right)$$

$g(t)$ 在定义域内并不是单调的，以 $\max\{g(t)\}=g\left(\frac{\sqrt{2}}{2}\right)$ 和 $\min\{g(t)\}=g\left(1-\frac{\sqrt{2}}{2}\right)$ 为界将曲线分为四个区：Ⅰ、Ⅱ-1、Ⅱ-2、Ⅲ，如图 2.6 所示。

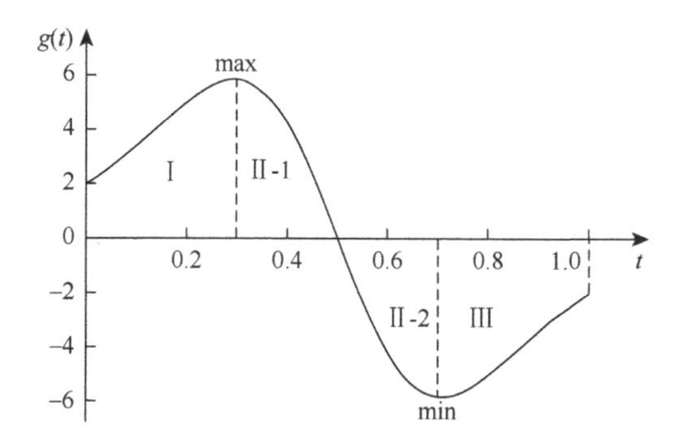

图 2.6　库水比例增加的加速度

上述这四个区反映了样本与理想样本之间的关系，这种关系随二者之间汉明距离的变化而变化。汉明距离匀速变化所带来的库水混合比变化并不是匀速的，而是符合一定规则。在 t 从 0 变化到 1 的过程中：

（1）曲线首先经过Ⅰ区，此时 $g(t)>0$，$g'(t)>0$，库水比例加速增加，直到加速度最大值 $\max\{g(t)\}=g\left(1-\frac{\sqrt{2}}{2}\right)$。在这个过程中，起点处 $f(0)=0$，即库水在混合水中所占比例为 0，水样为纯边坡水，不妨称 $f(0)=0$ 的混合水为理想边坡水。从有库水混合进来开始，水样便不再是理想的边坡水，库水的比例在这个过程中加速增加，其加速度也是一个单调增加的变量，直至最大值，此时 $f\left(1-\frac{\sqrt{2}}{2}\right)=0.15$。可见，即使在加速度最大值处的混合水中库水所占比例还是很小的，不妨称 $f(t)\in(0,0.15)$ 的混合水为边坡水。

（2）曲线越过Ⅰ区，到达Ⅱ-1 区，此时 $g(t)>0$，$g'(t)<0$，库水比例减速增加，直到加速度为 0。在这个过程中库水的比例加速增加，但加速度单调减小，直至加速度为 0，$f(0.5)=0.5$，可以看出，混合水中的库水含量从较少增加到了与边坡水相等，库水在混合水中比例不可忽视，不妨称 $f(t)\in[0.15,0.5)$ 的混合水为边坡水占优的混合水，而称 $f(0.5)=0.5$ 处的边坡水和库水等比混合的混合水为理想混合水。

（3）曲线越过Ⅱ-1 区，到达Ⅱ-2 区，此时 $g(t)<0$，$g'(t)<0$，库水比例减速增加，直到加速度最小值 $\min\{g(t)\}=g\left(\dfrac{\sqrt{2}}{2}\right)$。在这个过程中，库水的比例继续增加，但加速度已经为负值，库水比例的增加过程受到了抑制，抑制作用逐渐加强，直至抑制最大值，此时 $f\left(\dfrac{\sqrt{2}}{2}\right)=0.85$。可见，在这个过程中，库水含量已经超过边坡水，不妨称 $f(t)\in(0.5,0.85]$ 的混合水为边坡水占优的混合水。

（4）曲线越过Ⅱ-2 区，到达Ⅲ区，此时 $g(t)<0$，$g'(t)>0$，库水比例加速增加，直到区间端点。在这个过程中，库水比例仍然是增加的，加速度仍然是起抑制作用的，但这个抑制的过程逐渐减弱，直至定义域端点，$f(1)=1$。在 $f(t)\in(0.85,1)$，混合水中边坡水的含量已经很小，库水比例决定了混合水的性质，不妨称此时的混合水为库水。而 $f(1)=1$ 处的混合水其实就是纯库水，不妨称为理想库水。

①当 $t=0$ 时，$f(t)=0$，样本为理想边坡水。

②当 $t\in\left(0,1-\dfrac{\sqrt{2}}{2}\right)$ 时，$f(t)\in(0,0.15)$，样本为边坡水。

③当 $t\in\left[1-\dfrac{\sqrt{2}}{2},0.5\right)$ 时，$f(t)\in[0.15,0.5)$，样本为边坡水占优的混合水。

④当 $t=0.5$ 时，$f(t)=0.5$，样本为理想混合水。

⑤当 $t\in\left(0.5,\dfrac{\sqrt{2}}{2}\right]$ 时，$f(t)\in(0.5,0.85]$，样本为库水占优的混合水。

⑥当 $t\in\left(\dfrac{\sqrt{2}}{2},1\right)$ 时，$f(t)\in(0.85,1)$，样本为库水。

⑦当 $t=1$ 时，$f(t)=1$，样本为理想库水。

这样，就得到了理想边坡水、边坡水、边坡水占优的混合水、理想混合水、库水占优的混合水、库水、理想库水七种水样模式，这七种水样模式可以构成水样模式的全集。

值得注意的是，在实际应用中，往往很难得到理想水样作为样本，因此，从应用的角度出发，可以只取②、③、⑤、⑥作为研究对象。

2. 样本集容量

匹配集容量对于映射匹配的效果是有影响的：匹配集容量小，样本数量少，训练时间短，但结果可能达不到映射匹配要求，网络泛化能力差；匹配集容量大，样本数量多，网络泛化能力强，但会使训练时间增加，如图 2.7 所示，过多的样本会使网络训练的整体性能下降，且易出现过拟和现象，反而降低网络精度。因此，选择合适的方法以确定恰当的样本集容量很重要。

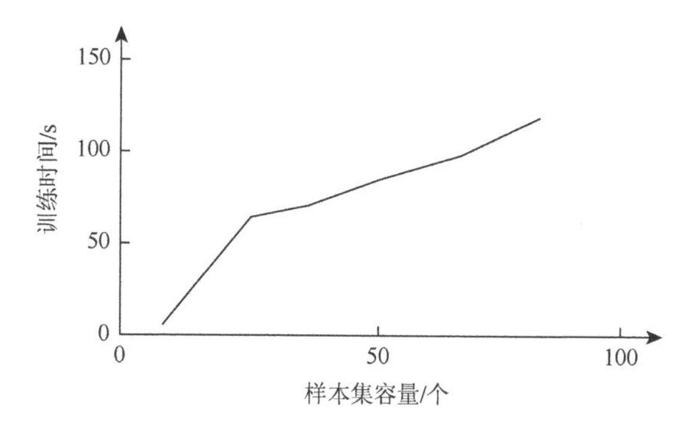

图 2.7　样本集容量与训练时间的关系

有人提出，人工神经网络训练过程中所需要的样本集容量应该满足拇指原则，即样本集中的样本数量是网络权值总数的 10 倍左右，但该原则的适用范围有待商榷，而且适用于研究土质堤坝渗漏问题的样本集容量尚无明确规则可循。基于探索性研究，以下提出几种确定样本集容量的方法供参考。

1）模糊聚类方法

设由 n 个样本组成的样本集，每个样本有 m 个样本基元，则这 n 个样本的样本基元矩阵为 $\boldsymbol{X}=(x_{ij})_{n\times m}$，样本基元规格化矩阵为 $\boldsymbol{R}=(r_{ij})_{n\times m}$ 将这 n 个样本依据每个样本的 m 个基元值分为 c 类，即模式集容量为 c，分类矩阵为 $\boldsymbol{U}=(u_{ki})_{c\times n}$，$u_{ki}$ 表示第 i 个样本归属于第 k 类的相对隶属度，类别 k 的 m 个基元值称为该类的聚类中心，则 c 个类别的基元值可以用聚类中心矩阵 $\boldsymbol{V}=(v_{kj})_{c\times m}$ 表示。

在模糊聚类中考虑不同基元对聚类的作用不同，设基元权向量 $\boldsymbol{\omega}=(\omega_1,\omega_2,\cdots,\omega_m)^{\mathrm{T}}$，$\sum_{h=1}^{m}\omega_h=1$。权重向量的确定可以采用层次分析法，首先确定各基元值两两比较的判断矩阵 $\boldsymbol{A}=(a_{ij})_{m\times m}$，其中 a_{ij} 的值可按 Saaty（1980）提出的标度法确定，再用数值代数法求出矩阵 $\boldsymbol{A}$ 的最大特征值 $\lambda_{\max}$ 及其对应的单位特征向量

$\boldsymbol{w}=(w_1, w_2, \cdots, w_m)$，最后对判断矩阵进行一致性检验，使用公式$\mathrm{CR}=\mathrm{CI}/\mathrm{RI}$计算。式中：CR为判断矩阵的随机一致性比率；CI为判断矩阵的一般一致性基元，$\mathrm{CI}=(\lambda_{\max}-n)/(n-1)$；RI为判断矩阵的平均随机一致性基元，对于4阶判断矩阵，RI的值为0.9。当CR＜0.1时，认为判断矩阵具有满意的一致性，此时最大特征值对应的单位特征向量即是权向量，否则重新调整判断矩阵。

为得到最佳划分矩阵$\boldsymbol{U}$和与之对应的聚类中心矩阵$\boldsymbol{V}$，从而确定最佳分类结果，可按式（2.18）和式（2.19）进行计算：

$$v_{kj}^{(L-1)}=\frac{\sum_{i=1}^{n}\left(u_{ki}^{(L-1)}\right)^2 r_{ij}}{\sum_{i=1}^{n}\left(u_{ki}^{(L-1)}\right)^2} \tag{2.18}$$

$$u_{ki}^{(L)}=\frac{1}{\sum_{h=1}^{c}\frac{\sum_{j=1}^{m}\left[\omega_j\left(r_{ij}-v_{kj}^{(L-1)}\right)\right]^2}{\sum_{j=1}^{m}\left[\omega_j\left(r_{ij}-v_{hj}^{(L-1)}\right)\right]^2}} \tag{2.19}$$

当满足迭代判断条件$\max\left|u_{ki}^{(L)}-u_{ki}^{(L-1)}\right|\leqslant\varepsilon$或$N\geqslant L$时，迭代结束（$\varepsilon$为事先给定的允许计算精度，$L$为允许迭代次数，$N$为实际迭代次数），从而得到最佳划分矩阵$\boldsymbol{U}$，实现对样本的分类。

在样本数量非常多的情况下，可以考虑采用这种方法将样本分类，然后从最佳划分矩阵$\boldsymbol{U}$中依据隶属度从高到低选取样本。但该方法的缺点在于：虽然将训练用样本之间的关系定量化，但聚类权值的确定过程中人为影响太重，不确定因素过多。

Zupan和Gasteiger（1993）利用具有聚类功能的Kohonen网络将样本数据空间映射到二维平面上，在二维平面上的这些点并非均匀分布，而是聚合在几个区域，即分成几个类，然后在满足遍历性的条件下从各类中任选一部分样本组成映射库，这种方法在一定程度上克服了上述缺点，但在选择样本的环节人为干涉的痕迹仍然很重。另外，Kohonen网络的结构复杂，计算量大，在样本数量较多的情况下此方法的效率并不高。

2）统计学方法

对于同类样本，在该类水样的样本基元中选择一种具有代表性的基元（如^{13}C）的全体作为原始样本$(X_1, X_2, \cdots, X_n)$，即Ω_0，其中，n为样本容量，样本的规格化值作为样本值。认为原始样本值服从某种统计规律，求得均值μ和均方差σ，然后基于Ω_0的统计特征通过给定的概率函数生成随机样本Ω，对Ω_0

和 Ω 的特征进行研究，找到 Ω_0 的统计规律之后根据区间估计的方法找到需要的样本。

（1）Ω_0 分布特征的确定。采用构造减速膨胀曲线的方法分析样本的统计特征，所谓减速膨胀就是指从所研究样本的数学期望出发，同时向区间两端同时增加对应步长若干次，每次必定有 0 个或至少 1 个样本进入这个容量逐渐增长着的样本。对于正态分布而言，样本容量增加的速度是逐渐减小的，最终样本中样本个数等于样本总体容量，该过程结束。这个样本容量逐渐增加，样本逐渐膨胀的过程即样本减速膨胀，过程线即减速膨胀曲线。具体步骤如下：

①生成 $[0,1]$ 范围内均匀分布的随机数。这里采用混合同余法，其递推公式为 $x_i = \mathrm{mod}(Ax_{i-1} + C, M)$，$\gamma_i = \dfrac{x_i}{M}$，其中 A、C、M 都是正整数，函数 $\mathrm{mod}(a,b)$ 是求 a 对 b 的余数。

②对 Ω_0 的数学期望和总体方差进行估计。采用矩法，其中方差选用无偏估计量 S^{*2}，计算公式为 $S^{*2} = \dfrac{1}{n-1}\sum\limits_{i=1}^{n}\left(X_i - \overline{X}\right)^2$，则有 $\begin{cases}\mu = \overline{X} \\ \sigma^2 = S^{*2}\end{cases}$。

③生成 Ω。以正态分布随机数 Y 为例，采用统计近似法，数学期望为 μ，方差为 σ^2，公式为 $Y = \mu + \dfrac{\sigma\left(\sum Rn_i - \dfrac{n}{2}\right)}{\left(\dfrac{n}{12}\right)^{\frac{1}{2}}}$，$i = 1, 2, 3, \cdots, n$，通常，$n = 12$ 时其近似程度已经足够好了。因此，有 $Y = \mu + \sigma\left(\sum Rn_i - 6\right)$，$i = 1, 2, 3, \cdots, 12$，式中 Rn_i 为 $[0,1]$ 上服从均匀分布的随机数，生成的一组 Y 值就是 Ω。

④构造减速膨胀曲线。以 Ω 的数学期望 μ 为起点分别向 Ω 的最小值 $K_{\min}$ 和最大值 $K_{\max}$ 靠近，生成一系列新样本 Ω_i，直至 $\Omega_i = \Omega$。这个逐渐靠近的过程使得 Ω_i 广义减速膨胀（之所以称“广义”，因为膨胀可能等速，如均匀分布），膨胀过程可以通过在相应区间内分割和累加微段实现。设 Ω 的样本容量为 N，Ω_i 样本容量为 N_i，对 Ω 进行 n 次分割和累加，即 Ω_i 共膨胀 n 次，第 i 次膨胀后的样本容量为 $N_i \in \left[\mu - (\mu - K_{\min})\dfrac{i}{n}, \mu + (K_{\max} - \mu)\dfrac{i}{n}\right], i = 1, 2, 3, \cdots, n$，然后计算 N_i 对于 N 的百分含量 $P_i = \dfrac{N_i}{N} \times 100\%, P_i \in [0,1]$，$P_i$ 可称为 Ω_i 的膨胀率，这样就得到一条 i-P 曲线，即样本 Ω_i 的减速膨胀曲线。

一般情况下，符合不同分布的样本减速膨胀曲线形状不同。为找出更优的分布曲线，可以考虑多选几种分布函数进行计算，然后将这些曲线同原始样本 Ω_0 的减速膨胀曲线（或离散的减速膨胀点）进行对比，观察它们之间的相似性，近似确定Ω_0的分布特征。

（2）区间估计。设样本总体的分布函数为$F=(X;\theta)$，其中$\theta\in\Theta$（Θ是θ的可能取值范围），对于给定值α满足$0<\alpha<1$，由样本$(X_1,X_2,\cdots,X_n)$确定两个统计量：$\underline{\theta}=\underline{\theta}(X_1,X_2,\cdots,X_n)$和$\overline{\theta}=\overline{\theta}(X_1,X_2,\cdots,X_n)$。对于任意给定的$\theta\in\Theta$，满足关系$P\{\underline{\theta}=\underline{\theta}(X_1,X_2,\cdots,X_n)<\theta<\overline{\theta}=\overline{\theta}(X_1,X_2,\cdots,X_n)\}\geqslant 1-\alpha$，则区间$\left(\underline{\theta},\overline{\theta}\right)$是$\theta$的置信水平为$1-\alpha$的置信区间，其中$\underline{\theta}$和$\overline{\theta}$分别称为置信水平为$1-\alpha$的双侧置信区间的置信下限和置信上限，$1-\alpha$为置信水平。

这里以正态分布为例，确定置信区间的具体步骤为：

① 样本Ω_0所服从的分布函数$F=F(X_1,X_2,\cdots,X_n;\theta)$已知，且不依赖于任何未知参数，$F$包含待估计函数$\theta$，而不包含其他未知函数。

②对于给定的置信水平$1-\alpha$，定出两个常数a和b，使$P\{a<F(X_1,X_2,\cdots,X_n;\theta)<b\}\geqslant 1-\alpha$。

③若能从$a<F(X_1,X_2,\cdots,X_n;\theta)<b$得到等价的不等式$\underline{\theta}<\theta<\overline{\theta}$，那么$\left(\underline{\theta},\overline{\theta}\right)$就是$\theta$的置信水平为$1-\alpha$的置信区间。

考虑到样本选择的遍历性要求，一般可以使用均值μ的置信区间$\left[\overline{X}\pm\dfrac{S}{\sqrt{n}}t_{\alpha/2}(n-1)\right]$。

2.2.3 堤坝渗漏的环境同位素示踪判别

在土质堤坝渗漏研究过程中，往往会通过各种探测手段得到诸如环境同位素、温度、水化学成分等大量与渗流水相关的信息，这也就是用来描述样本的样本基元，样本基元有着各自的特征，在不同研究领域所发挥的作用也有所不同，在具体研究过程中有必要对样本基元进行筛选，去粗取精，在去掉缺乏代表性样本基元的同时着重分析那些能够反映地下水特征的典型样本基元。以下以常见的环境同位素、温度、电导率和水化学成分为例说明样本基元的特征和在样本描述中所起到的作用。

1. 环境同位素与取样技术

地下水在地质演化过程中，除了形成其一般的物理化学踪迹外还形成了大量微观的环境同位素踪迹，环境同位素是指存在于天然环境中浓度不固定的稳定同位素和放射性同位素，人们不能直接控制它们的浓度变化，但可以通过现代测试技术和同位素水文地球化学相关理论来识别它，正是由于这些微观踪迹记录了地下水的起源及其演化的历史过程才为人们提供了用于研究地下水及其与环境介质之间关系的重要信息。

稳定同位素在整个自然界的分布情况和富集程度常用同位素丰度、同位素比值和 δ 值来表示。同位素丰度是指某一元素的各种同位素在整个自然界（或某种物质）中所占的百分含量。样本中某元素的同位素比值相对于标准样本的同位素比值的千分偏差称为 δ 值，它是表示样本中同位素相对富集度的一个基元。δ 值为正，表示样本比标准样本富含重同位素；δ 值为负，表示样本比标准样本富含常见的同位素。

$$\delta(‰) = \frac{R_{\text{sample}} - R_{\text{stand}}}{R_{\text{stand}}} \times 1000 = \left(\frac{R_{\text{sample}}}{R_{\text{stand}}} - 1 \right) \times 1000 \tag{2.20}$$

其中，R_{stand} 为标准样本同位素比值；R_{sample} 为样本同位素比值。

自然界的各种物质中，同一元素的同位素比值的不同是由它们质量不同所引起的物理、化学性质的微小差异造成的。这种某元素的同位素在物理-化学反应过程中以不同比例分配于不同物质之中的现象称为同位素分馏，分馏效应的大小与元素同位素间的质量差成正比。氢、氧、碳等同位素的质量较轻，天然分馏明显，这些环境同位素的丰度大，是水圈的重要组成部分。因此，研究它们的天然分馏过程对于解决许多水文地质问题具有重要意义。

在钻孔中某一深度取水样进行环境同位素及水化学分析，对调查研究区水文地质条件具有重要的意义。但是，目前国内尚没有出现真正意义上的定点取水器，常规的取水装置取到的水样实际上是或多或少的混合水样，或是表层水样，这大大影响了水样的应用价值，甚至得出错误的结论。作者研制了孔中定点取水器——弹簧压卡式取水器（图 2.8），并取得实用新型专利（ZL200520061353.9）。该取水器最

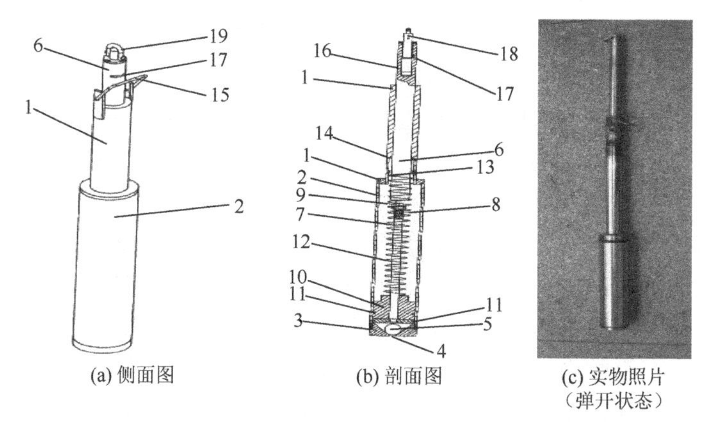

(a) 侧面图　(b) 剖面图　(c) 实物照片（弹开状态）

1—上筒体；2—下筒体；3—倒锥面；4—通孔；5—钢球；6—上直杆；7—下直杆；8—螺栓；9—螺帽；10—活塞；11—密封圈；12—弹簧；13—环形台阶；14—限位面；15—提把型活动卡条；16—空腔；17—卡槽；18—台阶式活动条；19—挂钩

图 2.8　弹簧压卡式取水器

大直径 40mm，长 600mm，可配制一定长度的钢丝绳，可在一般测压管或钻孔中进行采样。

目前国内外取水器设备比较简单，主要是利用大气压强原理，当地下水埋深超过 10m 时，就无能为力了。采样方法主要有：①在钻孔中直接取水，显然是混合水样，不能满足要求。②抽水泵取水，但要求大孔径（Φ120mm 以上），而常规的钻孔孔径一般在 Φ100mm 以下，所以难以满足要求，除非是大口径的水文地质钻井，但其造价偏高，若采用此类井作为同位素探测井，必将制约同位素的应用。③带有微小进水孔的取水器，即在取水器的上端开一小孔（一般在 Φ<1mm 以下）。取水样时，将其深入钻孔指定深度，钻孔水体通过该小孔缓慢进入取水器，然后取出取水器。该取水器在放入与提取过程中，显然与途中水体进行混合。如使混合水体足够小以至于可忽略不计，那么，该进水小孔必足够小，但这需要等待更长时间使指定点的水体装满取水器，显然这两点是相互制约的，且最终还是或多或少地混入沿程外界的水体。因此，研制成本低廉且能快速取样的定点取水器对分析堤坝渗漏具有重要的意义。

研发的取水器包括筒体，筒体由内径较小的上筒体 1 和内径较大的下筒体 2 联接而成，在下筒体 2 的底端设有倒锥面 3，其顶部设有通孔 4，以进入指定深度的水体，在倒锥面 3 内放置有用于密封通孔 4 的钢球 5，筒体还套有一可在筒体内上下移动的压杆，该压杆由上直杆 6 和下直杆 7 通过螺栓 8 和螺帽 9 的宽松配合连接，下直杆 7 的下部套接有一紧贴下筒体 2 内壁的活塞 10，活塞 10 的外壁嵌套有两个密封圈 11，压杆上套有弹簧 12，其下端抵住活塞 10 的上端面，而上端抵住上直杆 6 的环形台阶 13，上筒体 1 的上部分内径小于下部分的内径，因此在交界处形成一个由筒壁形成的限位面 14，在上筒体 1 中设有提把型活动卡条 15，在上直杆 6 内设有空腔 16，在空腔 16 对应的侧壁上贯通设有卡槽 17，空腔 16 内还设有可在空腔内上下活动的台阶式活动条 18。

使用此取水器主要的技术流程包括：在取水样前，用力把压杆往下压，同时带动活塞下移，把筒内的气体从通孔处排出，当下直杆的底端紧压钢球以密封通孔时，把活动卡条往上拨以卡入卡槽中将压杆定位，弹簧在环形台阶和活塞的作用下处于压缩状态。采集钻孔中的水样时，用绳索等缚紧压杆的挂钩 19，慢慢把取水器下放入钻孔中，当下降到预定的需要采集水样的深度时，停止下降，并用力上下抖动绳索从而带动取水器上下抖动，上直杆的空腔内的台阶式活动条在惯性的作用下也在空腔内上下跳动，其台阶将活动卡条从卡槽中碰出，此时在弹簧的作用下，压杆和活塞向上移动离开钢球，由于筒体内气压小，在水压差的作用下，钻孔中的水体顶开小钢球从通孔处进入筒体内的空腔，当筒体内的水压等于外部水压时，小钢球重新密封通孔，此时向上提起绳索，将取水器拉起，完成了在某一深度的取水工作。

2. 氢、氧同位素的应用

氢和氧是自然界中的两种主要元素，它们以单质和化合物的形式遍布全球，氢和氧不仅是参与自然界各种化学反应和地质作用的重要物质成分，也是自然界各种运动、循环和能量传递的主要媒介，同时还是生物圈中最基本的物质组成及各种生物赖以生存的基础。鉴于氢、氧元素在自然界各种物质中的广泛分布，以及它们在各种地球化学过程中所处的地位和作用，研究各种物质特别是天然水中的氢、氧同位素组成及其变化规律对于探讨各种地质作用过程的机理和解决许多水文地质问题具有十分重要的意义。

（1）判断地下水的现代补给来源：判定地下水现代补给来源的依据是克雷格降水直线，如果地下水有几种不同的降水补给来源，而且不同地区形成降水的蒸发和凝结条件各不相同，那么就会在不同地区降水来源的 δD-$\delta^{18}O$ 图上显示出不同的斜率和截距，据此就可判定地下水的不同补给来源。

（2）判定地下水与地表水流及水体间的联系：地表水流与水体由于水面暴露在大气中，存在着明显的蒸发作用，因此地表水中的 D 和 ^{18}O 含量总是高于大气降水和地下水。这样就可以根据水中 δD 和 $\delta^{18}O$ 的值以及 δD-$\delta^{18}O$ 关系直线的斜率来判断它们之间是否存在水力联系。其依据是，在通常情况下的降水转化为地表水经蒸发后其直线斜率就会发生改变。

（3）确定大气降水补给区的海拔高度：降水中的 D 和 ^{18}O 含量存在高程效应，如果地下水由河水补给，这时受河水补给的地下水中 D 和 ^{18}O 含量就会与当地由降水补给的地下水有着明显的差别。

（4）确定不同含水层之间的水力联系：不同含水层中地下水的同位素组成可能不同，故可以根据各个含水层的 D 和 ^{18}O 含量判定出它们之间水力联系的紧密程度。

当地表水或浅层地下水蒸发的时候，水中的重同位素将产生富集，水中的 δD 值和 $\delta^{18}O$ 值将不同程度地升高，但它们都是沿着蒸发线方向升高的。下水在渗流过程中的同位素分馏是可以忽略的，虽然蒸发过程不仅存在于地表水体，在埋深不大的潜水层表面理论上也存在蒸发过程，但是这对地下水氢氧同位素组成影响不大，对于没有 H_2S 矿或 H_4C 的地层，在温度不是特别高的情况下地下水和岩石之间的氢同位素交换可以忽略。另外，D 与 ^{18}O 不同，岩石中含氢的矿物很少，且 δD 值较低，因此同位素交换反应对水的 δD 值几乎不产生影响，从这一点来说，通常情况下，地下水中的 δD 值比 $\delta^{18}O$ 值更能反映水的补给来源。

库水是从上游的高地汇集而来的，由于高程效应，水中的 D 和 ^{18}O 较为贫化；而大坝所处的高程较低，降水中的 D 和 ^{18}O 较为富集。因此，我们通过测定地下

水中的 δD 值和 δ^{18}O 值就可以在一定程度上区分该地下水的补给来源究竟是河水还是大坝附近局部地区的降水。

以青海龙羊峡水库库水和尾水为例，水样同位素的 δ 值如图 2.9 所示。

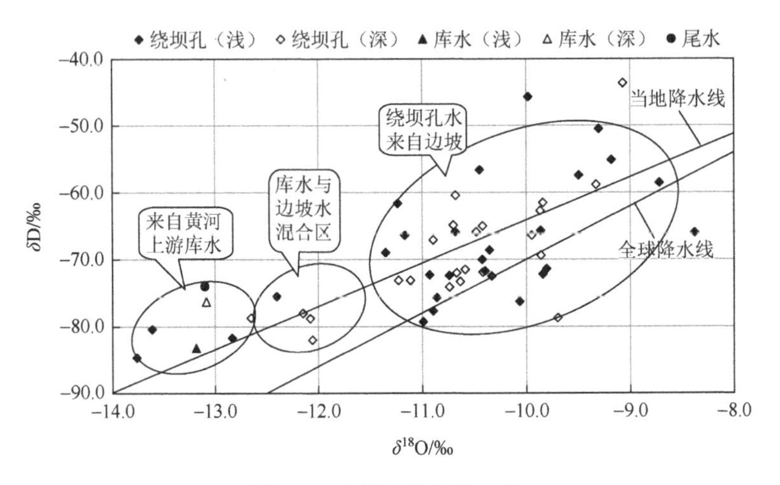

图 2.9　水样同位素的 δ 值

库水的 δD 值：整体上看，库水的 δD 值比边坡水偏负，究其原因，龙羊峡库区距黄河源头巴颜喀拉山东麓卡日曲约 1600km，上游小河支流汇入量较少，且青海省气候干燥，年平均降水量约 300mm，其中绝大部分地区年降水量不足 400mm，大气降水对库水的补给属次要因素，因此，库水来源主要依赖源头冰雪熔融，库水的同位素季节性特征与大气降水相反。样本采集时间为 10 月份，黄河上游秋汛来临，贫 D 同位素的冰雪融水东流而下汇于库中，使得库水 δD 值偏负，且对于河水而言，浅层水流动比深层快，因此浅层水成分更加接近源头来水，更加贫 D 同位素。边坡水的主要成分是大气降水以及部分生产、生活用水，而这些水又来自人工直接抽取的库水，相对库水而言，应富 D 同位素，δD 值偏正。

库水的 δ^{18}O 值：同 δD 值分析相似，库水和边坡水的来源不同，因此库水应比边坡水贫 ^{18}O 同位素，δ^{18}O 值偏负，从图上看，试验数据与理论结果符合得很好。库水浅层的 δ^{18}O 值稍偏负于深层，这是由于浅层水运动速度快而深层水运动速度相对较慢，而夏季来水源于冰雪熔融，δ^{18}O 值偏负，冬季来水 δ^{18}O 值偏正所致。

尾水同时混合了上游库水和边坡水，但由于下泄库水水量绝对占优，因而其 δD 值和 δ^{18}O 值均与库水非常接近。

3. 氚、碳同位素的应用

氚是氢元素的一种放射性同位素，包括天然氚和人工氚：天然氚生成于大气层上部，是宇宙射线冲击大气层发生核反应的产物；人工氚的主要来源是大气层核试验。无论哪种来源的氚，都同大气中的氧原子化合生成 HTO 分子，成为天然水的一部分，并随着普通水分子一起参加水循环。跟其他稳定同位素一样，在天然水的循环过程中，氚由于记录着环境的影响作用，可以当作一种理想的示踪剂来使用，另外，氚具有放射性，能够作为水文地质研究中一种重要的定年技术手段，且氚的半衰期很短（12.43 年），这一特点对于研究大气降水的地面入渗、现代渗入起源地下水的补给、流速及赋存等尤其有意义。

碳有 ^{12}C 和 ^{13}C 两种稳定同位素，相对丰度分别为 1.108‰和 98.892‰。碳在地下水中以游离的 CO_2 、 HCO_3^- 等形式存在，它们的总和称为溶解无机碳总量，地下水的同位素组成是指总溶解无机碳的组成。用 ^{13}C 同位素进行渗漏水来源分析是十分重要和有效的。其一，碳是生物圈中最重要的元素，在有机体中含量达 20%；其二，碳存在于地壳浅层圈、水圈和大气圈中，在地幔中也有分布，因此，碳虽然属于微量元素但分布广泛。另外，碳的同位素分馏现象十分明显，大气中的 $\delta^{13}C$ 值一般介于−8‰～−7‰，而土壤中的 $\delta^{13}C$ 值在−25‰左右，而对于来自深部岩层变质岩或地幔中 CO_2 中的 $\delta^{13}C$ 值一般介于−11‰～−2‰。对于地下水而言，其中的碳同位素组成受制于地下本身的形成、迁移及赋存环境，碳同位素的来源可能是大气中的 CO_2 和土壤中的生物碳或二者兼备，根据碳同位素明显的分馏现象可以清楚地推断混合水来源。库水主要源自上游冰雪熔融，冰雪融水的 $\delta^{13}C$ 值受大气中 ^{13}C 同位素的丰度控制，偏正；而坝面钻孔中的水可能部分来自库水，部分来自边坡水，边坡水渗流过程中不可避免地会有土壤中的生物碳溶入，而以库水作为生活用水的水样中含有大量有机动植物的 ^{13}C 同位素，生物碳溶入量越多则水的 $\delta^{13}C$ 值越负，因此，库水、尾水中的 $\delta^{13}C$ 值应明显高于绕坝观测孔。

值得注意的是，如果绕坝观测孔位于草坪、树林、生活区等附近，即使观测孔能够反映库水渗漏，那么流经这些地方的灌溉用水及下渗的生产、生活用水也会直接影响观测孔水样的 ^{13}C 同位素含量，可能会使 $\delta^{13}C$ 值偏负，影响计算结果的准确性，对判断产生较大干扰。因此，在水样采集过程中应该注意确保水样的典型性，如采集时间不宜选择雨季等。

4. 电导率与水化学成分的应用

地下水的电导率反映了地下水中固体物质的总溶解量，在一定的水文地质条件下，其与总固体溶解量存在某种定量关系。通过对研究区勘测孔中不同深度、不同时间地下水的测量，可以从宏观上掌握区域地下水流状况，为不同地下水系统的分析，不同地下水补排条件的研究提供有效手段。

大气降水的总固体溶解度很低，因而水的电导率也很低。坝址区的地下水和库水一般均来源于大气降水：库水的来源主要是大气降水，一般来说其矿化度较低，电导率值也非常低；地下水的来源也是大气降水，然而降水经地表入渗进入地层，通过垂向渗透缓慢进入含水层，在长期的运移过程中地下水与岩石发生相互作用（如溶滤作用、氧化还原作用等），因而地下水的总固体溶解度一般高于库水，具有较高的电导率值。简言之，电导率值的大小与地下水在地层中的停留时间有关，停留的时间越长，其电导率值也就越高（电导率值的大小还与地下水流经地层的岩石成分有关）。由此可知，如果库坝内部存在渗漏，其与堤坝相关的各种物性参数中的电导率变化应该最大。通过测定天然流场下绕坝渗流观测孔、库水与廊道灌浆孔、排水孔、扬压力孔等不同高程的电导率分布，可以确定整个库坝中不同位置、不同层位水中总固体溶解含量的分布及变化，从而确定库水、边坡水等三者之间对该层的补给关系。电导率可以作为一种非常好的天然示踪剂进行土质堤坝渗漏通道的测定，方法快速方便，它不但有助于查清土质堤坝渗漏，还可以确定地下水的流场分布及变化情况，对于检验同位素示踪效果也是非常重要的。

就土质堤坝渗漏探测而言，电导率的大小依赖于地层的特征以及地下水，一般来说，裂缝地区的水电导率值较低，这主要是由于它充当了水的渗漏通道，或者是由于黏土或其他风化的产物填充了岩石中的空洞。在石灰岩通道中的电势极性较高或电阻较大，但若通道被水或其他黏土填充，则会出现低电阻，空的通道则刚好相反。

由于补给水源的影响，电导率值常呈季节性变化：雨季电导率值低；旱季电导率值高。在雨水期，盆地表面层上的水流入水库，因此盐分低；相反，在旱季，盐分高的地区因地下水流入而使电导率值升高。利用电导率的季节性变化规律可以调查库水、钻孔中的水、下游泉水间的水力联系。位于水库附近的钻孔中的电导率值范围变化较大，通常，孔中的水流速度相对较低或很低的情况下，电导率值较高，反之电导率值较低。如果在库水、钻孔或泉水中的探测到的电导率值发生较大变化，此时应该引起足够重视。通过天然流场下测定地表水与堤基内电导率值的大小和分布，可以帮助分析地表水与地下水的补排关系，从而对堤基渗漏通道的位置、渗漏强度等进行评价。

在应用电导率进行地下水补给来源分析时，有必要注意结合当地实际情况针对数据进行筛选。电导率值偏大，并不一定说明补给水运移距离较长，混合了较多边坡水等，此时应该同时分析其他相关数据，不能武断定论。

以青海龙羊峡水库为例，28#钻孔位于主坝后不远处，2005 年 10 月 5 日所测深度方向的温度和电导率数据如图 2.10 所示。

可以看出，28#钻孔中水的电导率为 210mS/m 左右，高于库水电导率（26mS/m）近一个数量级。而温度在深度方向接近库水（8.5℃）并略有下降，这与通常情况下地温随深度增加而升高的规律不符。根据孔中人工同位素试验测得该孔水平流向北偏东，基本沿着附近两条较大断层（F_{120}和 A_2 断层）向下游排泄，另外，测得该孔存在 0.5m/min 向上的垂向流。

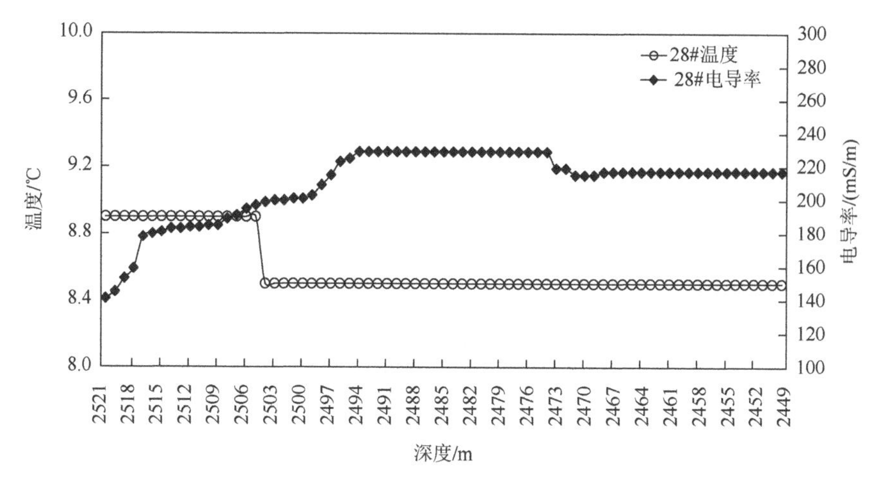

图 2.10　28#钻孔温度和电导率

地质资料显示，F_{120}和 A_2 断层属于中强透水，断裂宽度较大，钻孔中垂向流的产生与受导水断层影响的绕坝渗漏有关。由于断层深部可达数百米甚至更深，补强措施为悬帷幕，虽然悬帷幕对于大坝的安全运行没有影响，但帷幕以下的深部仍然存在库水绕坝基渗漏。

钻孔中异常的高电导率实际上反映的是库水在沿集中渗漏通道绕过悬帷幕渗漏到下游的过程中，受帷幕灌浆所用混凝土中硅酸盐的影响，溶入了较多离子，增强了水的导电性。因此，如果片面对待数据，难免造成误判。

地下水具有天然的物理性质和化学成分，其化学成分的形成是水岩间长期相互作用的结果，它包含了地下水的历史及岩土特征等许多信息，是分析地下水补排关系的重要依据。

水中常见的离子主要有Cl^-、SO_4^{2-}、HCO_3^-、CO_3^{2-}以及Na^+、K^+、Ca^{2+}等，地下水在运动过程中会发生水岩相互作用，从而引起水化学成分的复杂变化。另外，两种或数种化学成分、矿化度不同的水混合时，所发生的作用是很复杂的，形成的混合水在成分和矿化度上往往与混合前不同，不能片面地通过离子浓度来计算水的混合比例。宜选择具有较强的迁移能力、性质稳定、不易被吸附、能够反映地下水运动特征的元素或参数作为样本基元。

（1）Cl^-：Cl^-的主要来源是食盐矿床和其他含氯化物沉积物的溶解以及海相沉积物中埋藏的海水，其次来自火成岩中的一些含氯化合物，大气降水也是Cl^-的来源之一。Cl^-不形成难溶的矿物，不被胶体系吸收，也不被生物聚积，因此具有很好的迁移性能。氯化钠、镁、钙盐的溶解度很大，在地下水中的分布很广，适合作为样本基元使用。

（2）SO_4^{2-}：SO_4^{2-}的来源主要是石膏及其他含硫酸盐的沉积物的溶解，其次来源于天然硫、硫化矿物的氧化和分解，另外，有机物分解也是来源之一，因此，生活用水下渗而成的边坡水中常常可以发现SO_4^{2-}。SO_4^{2-}不被胶体吸附，但它会被生物聚积，而且它会跟水中的Ca^{2+}生成难溶的$CaSO_4$，因此SO_4^{2-}的含量受Ca^{2+}限制，在矿化度较高的水中SO_4^{2-}含量不高。一般情况下，地下水在迁移过程中，由于水岩相互作用水的矿化度会逐渐提高，SO_4^{2-}的迁移性能受影响较多，不适合作为样本基元使用。

（3）HCO_3^-和CO_3^{2-}：HCO_3^-和CO_3^{2-}的主要来源是各种碳酸岩石的溶解。HCO_3^-在天然水中是很重要的组成部分，分布广泛。CO_3^{2-}在天然水中会跟Ca^{2+}和Mg^{2+}生成难溶的化合物，因此含量有限。另外，pH 对HCO_3^-和CO_3^{2-}含量存在影响：当水的 pH 大于 8.3 时，水中CO_3^{2-}的浓度会很大；当 pH 大于 10.2 时，水中以碳化合物为主。如图 2.11 所示，左边区域以碳酸（或CO_2）为主，右边区域以CO_3^{2-}为主。一般来说，天然水的 pH 介于 6.5～9.5，碳元素主要以HCO_3^-的形式存在。

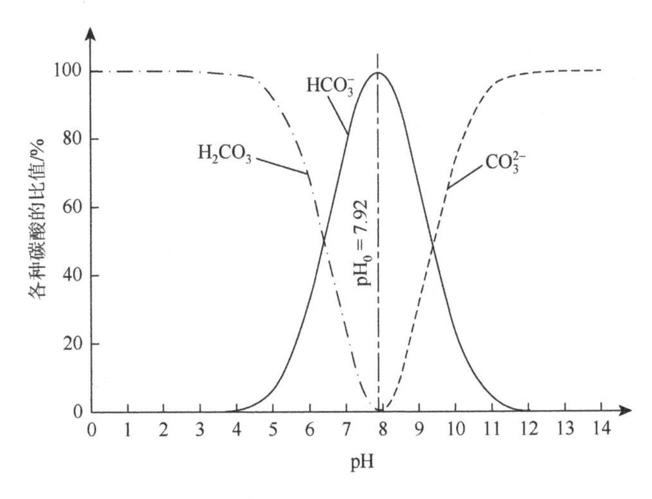

图 2.11　三种碳酸随 pH 的变化曲线（25℃，1MPa）

我国很多大型水库都建在石灰岩地区，地下水中的HCO_3^-含量较高，而且，随着地下水流经地层和停留时间的不同HCO_3^-的含量也不同，这就为分析地下水的运动过程提供了有利依据，HCO_3^-适合作为样本基元使用。

（4）Na^+：Na^+的所有盐类都具有很高的溶解性，因此Na^+在地下水中的含量同上述阳离子相比是很高的。Na^+的主要来源是含钠盐的海相沉积物和干旱环境下的陆相沉积物以及岩盐矿床的溶解，其次是火成岩铝硅酸盐矿物的风化产物。Na^+易被胶体吸附，因此它的迁移能力仅次于Cl^-，随着水的矿化度的增加，Na^+含量也会增加，Na^+适合作为样本基元使用。

（5）K^+：K^+跟Na^+有相似的化学性质，其来源主要是活成岩风化。虽然K^+

的盐类具有很高的溶解性，但由于它参与了不溶于水的次生矿物（如水云母）的生成且会大量地被植物吸收，被黏土胶体吸附，因此在地下水中的含量同 Na^+ 相比并不高。K^+ 的迁移能力不强，不适合作为样本基元使用。

（6）Ca^{2+}：Ca^{2+} 是低矿化水中的主要阳离子，其主要来源是石灰岩、白云岩和石灰质胶结的岩石及石膏的溶解，另外就是火成岩及变质岩中含钙矿物的风化和分解，还有少量来源于离子交替和大气降水。在地下水中，Ca^{2+} 随着水矿化度的升高不断生成难溶的 $CaCO_3$ 和 $CaSO_4$，Ca^{2+} 含量逐渐减少。Ca^{2+} 的迁移能力不好，不适合作为样本基元使用。

2.2.4　环境同位素渗漏分析的数学筛选法

利用环境同位素方法进行渗漏来源判别，首先进行样本采集与筛选，然后利用人工智能分析进行渗漏判别。样本基元用来描述样本特征，人工神经网络输入层神经元所接收的数据就是样本基元值。对于一个样本而言，它可以有很多样本基元，但各种基元的适用范围和在模式识别中所起到作用及重要程度是不同的。样本基元集的容量和基元类别对模式识别过程和结果存在影响：样本基元集容量过小，基元数量过少，不足以充分描述样本特征，使模式识别失真；样本基元集容量过大，基元数量过多，则可能出现学习过度，反而降低模式识别精度；样本基元缺乏代表性，则模式识别结果的可信度不高，失去意义。

1. 筛选原则

模式识别中样本基元的筛选过程就是从样本中筛选出带有样本属性的、能够反映样本特征的样本基元，这对于模式识别效果而言非常重要。样本基元的作用是描述样本，这些基元可以是预先定义的，如前述的同位素基元、温度基元、电导率基元、离子基元，也可以是根据样本属性通过特征抽取而来的，然而，无论何种基元都应该满足以下筛选原则：

（1）能够有效识别不同类别的样本，同时又能在同一类样本若干基元发生变化的情况下，样本分类保持稳定，即各样本基元之间的匹配结构具有相对于样本类别的稳定性和健壮性。

（2）易于从样本中提取，从样本中提取的样本基元应该具有单纯性和典型性。另外，就用于结构匹配的样本集而言，从中提取的样本基元应该是同一类型的，这样才能保证样本之间的可比性和结构匹配的有效性。

（3）不易被模仿，从样本中提取的各种基元所表现出来的性质有必要具备确定性和代表性，能够有效地作为识别样本类别的依据。

（4）不同样本基元之间应该具有相对独立性，样本基元之间的序列与模式识别过程无关，同时，在样本基元提取的过程中，也不会因某种基元含量的变化而对其他基元造成影响。

对于工程中得到的各种样本有必要进行筛选，只有符合条件的样本才能使用，这里基于土质堤坝渗漏研究中的水样特征给出样本筛选的几点原则：

（1）将所有待筛选的样本进行规格化处理。一般来说，用于映射匹配的样本基元有很多种，但各基元值之间可能存在不同量纲、不同数量级的情况，这会使各样本基元之间缺乏可比性，影响模式识别结果的准确性和可信度。为消除这种影响，可以针对同类样本基元进行规格化处理，即将样本基元值压缩到区间$[0,1]$。规格化的方法有很多，有数量积法、夹角余弦法、相关系数法、指数相似系数法、闵可夫斯基距离法、马氏距离法、兰氏距离法、绝对值指数法、绝对值倒数法、最大最小法、算术平均最小法、几何平均最小法、主观评定法等，本书采用数量积法，至于更加适合对应样本基元数据的规格化方法有待研究。

（2）为满足映射匹配用样本的遍历性和致密性，应该对各模式的样本都进行选择，即保证每一类水样都有对应的用于映射匹配的样本，样本数至少 1 个。库水样本对于判断土质堤坝渗漏是至关重要的，水样采集时间最好选在少雨的旱季或冬季，采集位置最好在受岸边补给水影响小的水库或河流的中心，有必要多采集几个样本。

（3）检查同类样本中是否存在异类样本，即不满足相容性的样本，这种样本往往是个别的，但不可忽视，应该删除。样本的相容性从数学角度可以这样描述：一个实现映射匹配的网络系统可以表示为$S=(U,X,Y,V_a)$，其中，U是匹配规则的集合，X是训练样本的集合，Y是期望输出模式的集合，V_a是训练样本值的集合。$\vee u \in U$，$\exists a \in X \bigcup Y$，定义一个对应关系函数$d_u : a \to V_a$。$d_u$对于$X$的约束记作$d_u|X$，即训练样本集$X$中的一个样本$u$的取值；同理，$d_u$对于$Y$的约束记作$d_u|X$。如果有$u \neq w(u,w \in U)$，即训练样本集中两个不同样本：若有$d_u|X = d_w|X$，$d_u|Y = d_w|Y$，即相同的输入会得到相同的输出结果，则匹配规则$d_u$是相容的；若有$d_u|X = d_w|X$，但$d_u|Y \neq d_w|Y$，即相同样本却有不同模式，则样本是不相容的。只有所有样本都相容的情况下，样本集才相容，对于人工神经网络而言，其训练样本集一定要相容，即保证不出现矛盾结果。

（4）对于样本相容性的检测：在水样较少，数据量较小的情况下，往往通过人工观察就可以完成；如果水样较多，数据量较大，则光凭人工观察很难完成，此时，可以考虑采用人工神经网络方法中的自组织特征映射（self-organizing feature map，SOM）网络模型，通过计算机自动实现相容性检测。自组织特征映射网络也称 Kohonen 网络，是由芬兰学者 Teuvo Kohonen 于 1981 年提出的，这是一种由全连接的神经元阵列组成的无教师自组织、自学习网络，具有聚类和很强的统计、自联想功能，可用于特征提取、模式识别和数据聚类分析。其基本思想是，网络中各神经元通过竞争来获取对输入的响应机会，最终总有一个神经元成为竞争的胜利者，并对那些与获胜神经元有关的各连接全朝着更有利于它竞争的方向进行调整。Kohonen 网络结构由输入层和竞争层组成，竞争层可以是一维、二维或多维神经元列阵（其中，二维列阵应用较多），列阵形成输入信号的特征拓扑分布，因此，该网络具有抽取输入信号模式特征的能力。Kohonen 网络的最大局限是，当样本较少时，网络的分类效果取决于样本输入的先后次序。值得注意的是，该局限性仅存在于样本较少的情况下，而在本书中，一般只有当水样数量较多时才使用这种方法，因此，应用 Kohonen 网络进行土质堤坝渗漏研究中水样样本相容性的检测是可行的。

（5）在现场探测过程中，往往会针对那些特别重要的或怀疑存在渗漏的区域进行多次测量，从而得到一系列特征相似的样本，有必要针对这些样本进行筛选，在相似度非常高的样本中选择一到两个即可，以提高工作效率。另外，对于这些特征相似的样本而言，其对应基元的基元值较接近，从统计的观点来看，基元值是相互独立的，其出现的频率具有稳定性，每一类基元值都应该服从正态分布这一自然界中最普遍的规律，因此，不妨考虑按照“3σ 规则”进行筛选。

2. 渗漏来源的同位素判别

在土质堤坝渗漏研究中，根据上述样本基元的特性进行人工筛选，然后通过人工神经网络中的连接权自动筛选重要的样本基元作为网络输入，或自动抽取样本若干共同特征组成样本基元集作为网络输入。

（1）输入层神经元与中间层神经元之间的权值占该中间层神经元总权值的百分数直接决定了该输入层神经元是否重要，可以将其定义为输入层权值百分数。但由于在筛选输入层神经元过程中每个输入层神经元总有一个或多个较大的输入层权值百分数，因而很难对输入层神经元进行筛选，即仅靠这一条标准还不能对实现输入层神经元的筛选。从统计学观点来看，某样本在整个样本空间中所占的比重越大，其对整个样本空间的贡献也就越大，即对于样本总体来说该样本越重要，由此，可以把满足输入层权值百分数大于某临界权值百分数的输入层神经元作为候选神经元。实验结果显示这个临界权值百分数为 $-\ln(3.30n-15.2)+9.2$，其中，n 为输入层神经元数。然后，在候选神经元中选择在各中间层神经元中出现次数大于某预先给定值（如中间层神经元数的一半）的那些神经元作为最终输入层神经元。

（2）人工筛选和利用连接权自动筛选的方法都是针对确定的样本基元进行筛选，此外，可以将相似样本中若干隐含的共同特征抽取出来组成网络输入，此时的样本基元并非是确定的、已知的，而是根据相似样本的内在特征归纳出来的抽象的、隐含的基元，这种方法的适用范围更广。优先度排序神经网络（PONN）是一种能体现人类大脑中知识表示的网络结构，优先度排序单层感知器（POSLP）是 PONN 的一种，排序学习前向掩蔽（SLAM）模型是用神经网络连接来等效实现优先度排序的一种模型，该算法与 POSLP 基本相同，可以基于改进的 SLAM 模型算法，应用 POSLP 结构的特征进行神经网络识别。

对于一个匹配集，分析其中样本针对待考察特征的属性，例如，渗漏的来源、渗漏路径、渗漏历时与渗漏特征这 4 个特征分别用 A 、B 、C 、D 表示，用“ + 1”表示具有该特征，“−1”表示不具有该特征，“0”表示可有可无，这样可以得到一个样本基元表。该训练算法是由 SLAM 模型算法发展来的，模型结构采用 POSLP。SLAM 模型中的神经元前向掩蔽连接只是为了用神经元之间的连接来实现神经元按优先度排序的作用，因而对神经元本身具有优先度排序的 POSLP 就不再需要神经元相互之间的连接。SLAM 模型算法中的第 3、4 步是以多分离样本为出发点，第 5 步将该神经元标以所分离样本的类别，第 6 步将被分离样本从样本集中撤去，改进的 SLAM 模型算法为：

①用各样本所具有的特征表取代 SLAM 模型算法中的样本集。

②选择神经元从所分离样本具有的某一特征行列中含 + 1（不含−1）或含−1（不含 + 1）的总数多出发，代替 SLAM 模型算法中以多分离样本为出发点。

③将神经元标以该特征名 A（如分离的样本均含此特征 + 1）或其相反 $\bar{A}$（如分离的样本均含此负特征−1），代替 SLAM 模型算法中的标以所分离样本的类别。

④把特征表中的特征行列中已分离的 + 1（或−1）更改为 0，代替 SLAM 模型算法中的把被分离样本从样本集中撤去。

⑤特征表中全部为 0 时计算结束。

⑥在学习完成的 POSLP 神经网络中每个神经元均有一个优先度序号和一个特征属性（如 A 或 $\bar{B}$ 等，$\bar{B}$ 表示反特征 B ）。在对某对象进行特征识别时，针对某特征 A 按优先度排序号，若先出现标有 A 的神经元激活则该对象具有特征 A；若先出现标有 $\bar{A}$ 的神经元激活则该对象反特征 $\bar{A}$；若 A 或 $\bar{A}$ 皆未出现则该对象与此特征不存在关联。

同理，判别特征 B 、C 、D 。从而得到渗漏的来源、渗漏路径、渗漏历时与渗漏特征。

2.3　堤坝渗漏综合示踪稀释测流物理模型研究

对于任何种类的示踪剂，当不考虑垂向流、稀释段内各点浓度保持相等、示踪剂浓度很低等假定条件时，存在如下关系（点稀释公式）：

$$v_f = \frac{\pi r}{2\alpha t}\ln\frac{N_0}{N} \tag{2.21}$$

式中，r 为孔半径；α 为流场畸变校正系数；N_0 为 $t = 0$ 时放射性示踪剂的计数率，利用核探测器测量；N 为 t 时刻放射性示踪剂计数率。

当钻孔揭露具有不同静止水位的含水层时，钻孔所表现出来的水位是混合水位，静止水位低于混合水位的含水层表现为吸水性质，反之，表现为涌水性质，因此钻孔中必然产生垂向流。此时水平流速可由广义稀释定理估算：

$$v_f = \frac{\pi r}{2\alpha\left\{t - \frac{(v_A - v_B)t^2}{2h} + \frac{t^3}{3}\left[\frac{(v_A - v_B)}{h}\right]^2 - \frac{t^4}{4}\left[\frac{(v_A - v_B)}{h}\right]^3 + \cdots\right\}} \ln\frac{N_0}{N} \tag{2.22}$$

式中，v_A、v_B 分别为孔中 A、B 两点的垂向流速；r 为孔半径；α 为流场畸变校正系数；N_0 为 $t = 0$ 时放射性示踪剂的计数率，利用核探测器测量；N 为 t 时刻放射性示踪剂计数率；h 为含水层厚度。

但示踪剂质量不守恒。当考虑示踪剂质量守恒时含水层水平流速计算公式为

$$v_f = \frac{\pi r}{2\alpha} \frac{[N(0,t)v_A - N(h,t)v_B] - \int_0^h \frac{\partial N(z,t)}{\partial t}\mathrm{d}z}{\int_0^h N(z,t)\mathrm{d}z} \tag{2.23}$$

式中，r 为孔半径；α 为流场畸变校正系数；$N(0, t)$为含水层底板处 t 时刻放射性示踪剂计数率；$N(z, t)$为含水层距底板距离为 z 处 t 时刻放射性示踪剂计数率；$N(h, t)$为含水层顶板处 t 时刻放射性示踪剂计数率。

当孔中存在垂向流，特别是垂向流速远大于水平流速时，示踪剂在孔中垂直方向上将发生很强烈的纵向弥散。此时若不考虑其作用，将大大影响测量精度，甚至得出错误的结果。West 和 Odling（2007）考虑了钻孔中示踪剂的扩散作用，在附近有抽水井进行抽水的条件下，利用对流-扩散方程求得钻孔垂向流速、含水层的导水系数及储水系数，但没有给出含水层水平流速的表达式。以下考虑示踪剂弥散作用，采用单孔测试技术，不需要附近存在抽水孔这一条件，推导含水层地下水水平流速计算公式。

2.3.1　微元法广义稀释模型建立

当被测含水层中存在垂向流干扰时，仍可以考虑全孔标记示踪剂进行测量。例如任一含水层存在向下的垂向流，将示踪剂投放在孔中，从孔中取出 AB 段进行考察。在 A、B 两点之间，连续探测包括 A、B 两点在内的示踪剂的浓度变化，并根据浓度变化曲线求出 A、B 两点的垂向流速。假设与 A、B 对应的含水层为均匀分布，水头相同，并假设每个与孔正交的截面上示踪剂各点的浓度保持相等（在孔的内径较小、流速较低时是可以近似满足的），示踪剂在垂直方向的分布可不均匀。

AB 段水柱的补给源分别来自含水层上游一侧的水平流 q_U，以及来自 A 点由上向下的垂向流 q_A；同样流出水柱的通路也有两个，流出 B 点的 q_B 和流向含水

层下游一侧的 q_D。A、B 两点间的孔水组成稀释水柱，当示踪剂由 A 运动到 B 期间，所有进入稀释水柱的水都与孔中的示踪剂混合并在每个正交截面上的各点浓度 $c(z, t)$相同（图 2.12）。

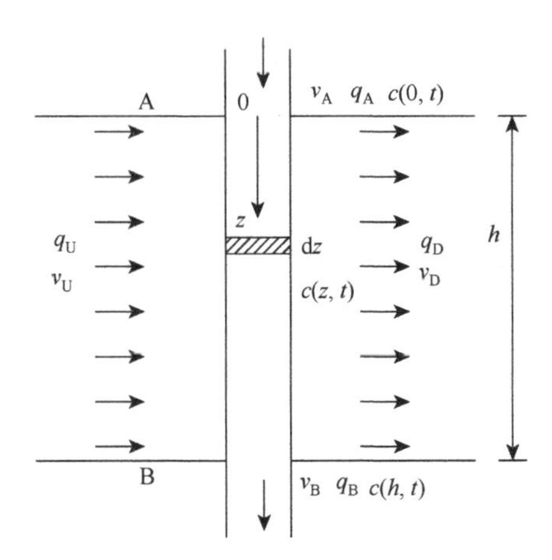

图 2.12　考虑弥散作用的水平流速计算示意图

投放在 A 点上方的示踪剂随着孔中的水从 A 点运动到 B 点，示踪剂全部经过了 A、B 两点并被测定，已知 A、B 两点的垂向流速与流量分别为 v_A 和 q_A、v_B 和 q_B，含水层上、下游的流速与流量分别为 v_U 和 q_U、v_D 和 q_D。

当井中出现不均匀垂向流时，所研究流场可视为水平流场与因垂向流造成的井周的径向流叠加产生的（图 2.13）。垂向流流入或流出 AB 段含水层，其净流入量或流出量可用 AB 两端的速度差来表达，它反映了径向流的存在。对于考察对象 AB 段，因为四周边界已确定，其中水体质量是守恒的，如果不考虑水体的压缩性，流入流出 AB 段的水的体积也是守恒的。根据任一时刻 AB 段孔内水体质量平衡原理，有

$$q_U + q_A - q_B - q_D = 0 \tag{2.24}$$

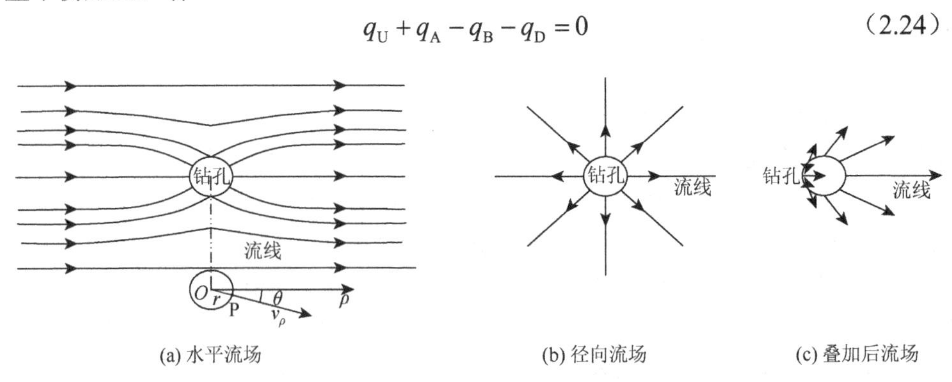

图 2.13　水平流场与径向流场叠加示意图

对于无径向流场的水平流场，流出钻孔 AB 段的流量 q_D 可按下式计算：

$$q_{\mathrm{D}} = -\int_{-\pi/2}^{\pi/2} v_\rho rh\mathrm{d}\theta \tag{2.25}$$

式中，v_ρ 为水平流场的流出钻孔的径向流速，θ 为 v_ρ 与原水平流场的夹角。

因为示踪法测到的只能是钻孔附近的等效平均流速 v_D，假设与原水平流场的方向相同，其大小按流出钻孔的真实流量来等效计算：$q_{\mathrm{D}} = -\int_{-\pi/2}^{\pi/2} v_\rho rh\mathrm{d}\theta = 2rhv_{\mathrm{D}}$。等效后的流量计算可这样来理解：底边长为钻孔直径 $2r$、高为 h、流出的长度为 v_D（单位时间内）构成的长方体的体积。同理，$q_U = 2rhv_U$（v_U 也是等效流速）。而垂直方向上的流量分别为：$q_A = \pi r^2 v_A$，$q_B = \pi r^2 v_B$。整理得

$$2h(v_{\mathrm{U}} - v_{\mathrm{D}}) + \pi r(v_{\mathrm{A}} + v_{\mathrm{B}}) = 0 \tag{2.26}$$

从而得到 v_U 与 v_D 的关系。再考察 AB 段水体从 $t \to t+\Delta t$（Δt 很小）时间段内示踪剂的质量守恒。

$$m_{t+\Delta t} = m_{\mathrm{U}} + m_{\mathrm{A}} + m_t - m_{\mathrm{B}} - m_{\mathrm{D}} + m'_{\mathrm{A}} - m'_{\mathrm{B}} + m'_x - m_I \tag{2.27}$$

式中，m_{U}、m_{D} 分别为在很小的 Δt 时间段内水平向流入、流出 AB 段的示踪剂质量，显然，$m_{\mathrm{U}} = 0$；m_{A}、m_{B} 分别为 Δt 时间段内竖直向流入、流出 AB 段的示踪剂质量；m_t、$m_{t+\Delta t}$ 分别为 AB 段 t、$t+\Delta t$ 时刻对应的示踪剂质量。m'_{A}、m'_{B}、m'_x 分别为因弥散作用在 Δt 时间段内竖直向流入、流出、水平方向流出 AB 段的示踪剂质量，因横向弥散系数常远小于纵向的，可略而不计，即 $m'_x \approx 0$。m_I 为源汇为项，示踪剂在 Δt 时间段内因放射性衰变、被吸附、分解等原因支出的质量，一般情况下，可不计，$m_I \approx 0$。

在 AB 段内沿高度 z 方向（竖直向下）任取一圆饼状微元，其厚度为 $\mathrm{d}z$，假设微元内各处示踪剂浓度均相等，为 $c = c(z,t)$，是深度 z 与时间 t 的函数。因此，

$$m_{\mathrm{A}} = c(0,t)v_{\mathrm{A}}\pi r^2\Delta t, m_{\mathrm{B}} = c(h,t)v_{\mathrm{B}}\pi r^2\Delta t, m_t = \int_0^h \pi r^2 c(z,t)\mathrm{d}z$$

$$m_{\mathrm{D}} = \int_0^h 2rv_{\mathrm{D}}\Delta t c(z,t)\mathrm{d}z, m_{t+\Delta t} = \int_0^h \pi rc(z,t+\Delta t)\mathrm{d}z$$

$$m'_{\mathrm{A}} = -D_L \left.\frac{\partial c(z,t)}{\partial z}\right|_{z=0} \cdot \pi r^2\Delta t, m'_{\mathrm{B}} = -D_L \left.\frac{\partial c(z,t)}{\partial z}\right|_{z=h} \cdot \pi r^2\Delta t, m'_x = 0, m_I = 0$$

式中，D_L 为纵向弥散系数。化简得

$$\begin{aligned}\frac{\int_0^h \pi r[c(z,t+\Delta t) - c(z,t)]\mathrm{d}z}{\Delta t} &= \pi r[c(0,t)v_{\mathrm{A}} - c(h,t)v_{\mathrm{B}}] - \int_0^h 2v_{\mathrm{D}}c(z,t)\mathrm{d}z \\ &\quad - \pi rD_L\left[\left.\frac{\partial c(z,t)}{\partial z}\right|_{z=0} - \left.\frac{\partial c(z,t)}{\partial z}\right|_{z=h}\right]\end{aligned}$$

令 $\Delta t \to 0$，两边对 Δt 取极限，整理得

$$\int_0^h \pi r \frac{\partial c(z,t)}{\partial t}\mathrm{d}z = -\pi r\left[cv - D_L\frac{\partial c}{\partial z}\right]\Bigg|_{z=0}^{h} - \int_0^h 2v_\mathrm{D}c(z,t)\mathrm{d}z \tag{2.28}$$

因 v_D 为常数，考虑到 $v_f = v_\mathrm{D}/\alpha$，$D_L = \alpha_L v P_e^{m_1}$，这里 α_L 为纵向弥散度，P_e 为佩克莱（Peclet）数，m_1 为常数，通常情况下，可按下式近似：

$$D_L \approx \alpha_L v \tag{2.29}$$

这样，可从式（2.28）直接解出 v_f，即得到含有示踪剂浓度的表达式：

$$v_f = \frac{v_\mathrm{D}}{\alpha} = \frac{\pi r}{2\alpha}\left\{\left[\alpha_L\frac{\partial c}{\partial z} - vc\right]\Bigg|_{z=0}^{z=h} - \int_0^h \frac{\partial c}{\partial t}\mathrm{d}z\right\}\Bigg/\int_0^h c\mathrm{d}z \tag{2.30}$$

注意到，

$$c = N\cdot c_0/N_0 \tag{2.31}$$

设 $N = N(z,t)$ 为连续可导函数，得到以示踪剂计数率表示的计算公式：

$$v_f = \frac{\pi r}{2\alpha}\left\{\left[\alpha_L\frac{\partial N}{\partial z} - vN\right]\Bigg|_{z=0}^{z=h} - \int_0^h \frac{\partial N}{\partial t}\mathrm{d}z\right\}\Bigg/\int_0^h N\mathrm{d}z \tag{2.32}$$

式（2.32）即为考虑弥散作用的示踪稀释水平流速计算新公式。若不考虑弥散作用，可令 $\alpha_L = 0$，式（2.32）即改写为

$$v_f = -\frac{\pi r}{2\alpha}\left\{[vN]\Big|_{z=0}^{z=h} + \int_0^h \frac{\partial N}{\partial t}\mathrm{d}z\right\}\Bigg/\int_0^h N\mathrm{d}z \tag{2.33}$$

上式与式（2.23）完全相同。

2.3.2　微元法广义稀释模型结果

式（2.32）右边包含纵向弥散度 α_L、两边界垂向流速 $v|_{z=0}$ 与 $v|_{z=h}$ 共三个未知数。垂向流速可通过后面介绍的峰峰法求得。对于 α_L 的取值，影响因素很复杂，室内外试验结果相差甚远，所以现场试验更为可靠。

前已述及，因孔径很小，孔内水平向浓度可视为均匀的，这样就转化为一维水动力弥散问题弥散度的求解。孔中示踪剂浓度（浓度 c 改用计数率 N 来表示）受下面方程控制：

$$\frac{\partial N}{\partial t} = \alpha_L v\frac{\partial^2 N}{\partial z^2} - v\frac{\partial N}{\partial z} + \lambda N \tag{2.34}$$

式中，λ 为放射性同位素衰减系数，如在较短的时间内完成测量，上式最后一项可略去不计。现在已知 $N(z,t)$，求 α_L，而 v 可视为未知数，也可按峰峰法求解。因实测中 $N(z,t)$ 是离散点，考虑用稳定性较好的隐式差分代替微分。

$$\frac{N_{i,n+1} - N_{i,n}}{\Delta t} = \alpha_L v\frac{N_{i-1,n+1} - 2N_{i,n+1} + N_{i+1,n+1}}{(\Delta z)^2} - v\frac{N_{i+1,n+1} - N_{i-1,n+1}}{2\Delta z} \tag{2.35}$$

式中，$N_{i,n}$ 为第 i 测点 n 时刻测到的计数率，Δt 为两次测量时间间隔，Δz 为两相邻测点距离，实测中常采取 1m。这样就可得到关于 α_L 和 v 一系列二元二次方程，然后通过优化方法求解即可。

式（2.32）右端的 $\int_0^h \frac{\partial N(z,t)}{\partial t}\mathrm{d}z$ 及 $\int_0^h N(z,t)\mathrm{d}z$ 也可用类似方法得到处理。

2.3.3　微元法广义稀释模型与传统点稀释公式对比

考虑了垂向流后，式（2.32）中的 α 值是否还与式（2.21）中的相同呢？对于因垂向流造成的径向流场，考察某一特定的含水层，由于假设为均质等厚各向同性的多孔介质，不存在（的取值问题。对于水平流场，由于没有径向流场的存在，与式（2.21）假设的条件是一致的，因此，叠加后的流场仍然与仅有水平流场造成的值是一样的。下面讨论式（2.32）与传统点稀释公式（2.21）之间的联系。

令 $h \to 0$，则 $v\big|_{z=h} \to v\big|_{z=0}$，$N\big|_{z=h} \to N\big|_{z=0}$，所以，

$$
\begin{aligned}
v_f &= \lim_{h\to 0}\left\{\frac{\pi r}{2\alpha}\left\{\left[\alpha_L\frac{\partial N}{\partial z} - vN\right]_{z=0}^{z=h} - \int_0^h \frac{\partial N}{\partial t}\mathrm{d}z\right\}\bigg/\int_0^h N\mathrm{d}z\right\} \\
&= -\frac{\pi r}{2\alpha}\cdot\frac{\partial N(0,t)}{N(0,t)\partial t} = -\frac{\pi r}{2\alpha}\cdot\frac{\mathrm{d}N(t)}{N(t)\mathrm{d}t}
\end{aligned}
\tag{2.36}
$$

考虑到 v_f 为常数，所以 $\frac{\mathrm{d}N}{N\mathrm{d}t}$ 也为常数，令 $\frac{\mathrm{d}N}{N\mathrm{d}t} = \xi = \mathrm{const}$，变形积分可得 $\int_{N_0}^{N}\frac{\mathrm{d}N}{N} = \int_0^t \xi\mathrm{d}t$，从而求得 $\xi = \frac{1}{t}\ln\frac{N}{N_0}$

整理得

$$
v_f = \frac{\pi r}{2\alpha t}\ln\frac{N_0}{N} \tag{2.37}
$$

上式与式（2.21）完全一致，表明后者是前者的一个特例。

2.3.4　垂向流速的计算

式（2.32）中 v 还可采用峰峰法进行计算。该方法是用两个相邻时间计数率曲线的峰值对应的孔深长度差除以时间差，就得到该段孔深的垂向流速。峰值位置的确定可以采用计数率曲线的面积积分中心的方法，根据峰值的相对位置判断垂向流是向下还是向上的，具体求解如图 2.14 所示。可以近似将两个峰之间的含水层作为一层，厚度为两峰之间的距离。在层比较薄、含水层性质较接近时，可将一段距离测定到的平均垂向流速近似作为两峰连线中点的垂向流速。因为垂向

流速对计算结果有很大的影响，为了提高垂向流速计算的精度，应对其进行修正。将两峰值之间计算出的垂向流速看作其连线中点的流速，然后用多项式来拟合各个中点的值，利用得到的多项式关系来推求峰值深度对应的垂向流速值。

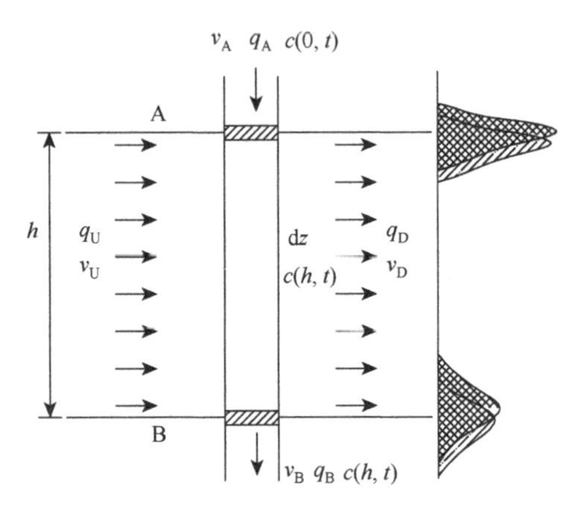

图 2.14　垂向流速测量原理图

2.4　渗漏涌水含水层综合示踪稀释技术水文地质参数的测定

当渗漏测试的钻孔揭露堤坝以及基础多个地层时，由于渗漏存在，各含水层的补给源以及压力不同，流场的路径、介质与初始条件不同造成各层的静水头也不同。根据混合井流理论，凡是静水头高于混合水位的含水层都出现涌水，而静水头低于混合水位的含水层则表现为吸水。因此，在钻孔中会经常出现垂向流现象。钻孔中的水位是各层含水层表现的混合水位，它不代表任何含水层的真实水位。当涌水含水层中的地下水径向流入孔中时，由于示踪剂不能进入涌水含水层，不能直接应用上述公式在孔中进行示踪试验来测定该层的渗透系数。因此在涌水含水层中如何通过示踪稀释来测定其渗透系数，一直是备受相关工程技术人员关注的问题之一。放射性同位素由于具有很多优点，在工程中常被应用。

2.4.1　放射性同位素示踪剂的选择、防护及示踪仪器

1. 放射性同位素示踪剂的选择

按理化性质可把示踪剂分为：水温、固体颗粒、离子化合物、稳定同位素、放射性同位素、有机染料、气体、碳氧化合物。与其他示踪剂相比，放射性同位素有种种优点，如：只要极低的、对水力条件不造成干扰的浓度，检测灵敏度就很高；在滤水管内相对大的体积中能均匀混合，单井法测定地下水流向时放射性

辐射有助于定向；示踪剂稳定；不改变水的天然流向；便于深井测试等。在示踪剂的选择上，应注意以下几方面：所选的示踪剂的半衰期应稍长于预测的测试工期，但不需要“长寿命”的同位素，以免污染地下水或干扰重复试验，一般测试可在 4～6 个半衰期内进行。在“短寿命”的示踪剂内，^{82}Br 具有卓越的性质，半衰期 35.4h，灵敏度较高。^{94}Au 一般作为标记颗粒介质的示踪剂被选入水文地质研究内容，半衰期 2.7d，在地下水研究中需要考虑其吸附问题。^{131}I 半衰期 8.05d，适合于 2 个月的现场研究。在我国所能购买到的 ^{131}I、^{82}Br 是 Na^{131}I、Na^{82}Br 形式的溶液，而前者还用于临床口服。

2. 放射性同位素示踪剂的防护

放射性同位素产生的射线主要有 α、β、γ。α 射线的外照危害很小，一张纸就可阻挡其穿透，但内照危害很大。β 射线可构成外部危害，少量的 β 射线即可穿透皮肤角质层而损伤活组织，但体内危害相对较小。γ 射线主要危害是外照射。机体所受的射线辐射过量就会对其产生不利影响。

在测流过程中，采用放射性同位素（如 ^{131}I）的操作步骤一般为：①装测量元件；②取源；③运源；④开瓶、分装、配制；⑤吸入注射器；⑥装入投源器；⑦投源；⑧测量；⑨取出测量元件等。其中，①⑧⑨没有直接接触同位素，②③⑦有外照射问题，④⑤⑥有内外照射问题。因此，适当防护是必要的。

外照辐射主要采用屏蔽（如包装瓶、防护服等）、距离（如采用长柄工具或机械手等）、时间（减少操作时间或在有放射性场所的滞留时间）三种防护办法。

以 ^{131}I 为例，衰变时放射出 γ、β 两种射线。当无屏蔽时，点源产生的 γ 射线外照射量 X_γ 可由下式计算：

$$X_\gamma = f\frac{kt}{r^2}A_0\mathrm{e}^{-0.693t/T_{1/2}} \tag{2.38}$$

产生的 β 射线外照量 X_β 按正式计算：

$$X_\beta = \frac{0.3t}{r^2}A_0\mathrm{e}^{-0.693t/T_{1/2}} \tag{2.39}$$

式中，X_γ、X_β 分别为 γ、β 两种射线照射量（Sv）；r 为点源距计算点的距离（m）；A_0 为 $t=0$ 时刻的活度（Bq）；t 为照射时间（h）；k 为系数，如 $k(^{131}\mathrm{I}) = 0.06\times10^{-10}$ [R.m^2/(Bq.h)]；f 为系数，9.566×10^{-10}（Sv/R）；$T_{1/2}$ 为核素的半衰期。

由式（2.38）和式（2.39）可见，操作熟练、迅速，距源越远受照剂量就越小。表 2.1 给出了以 3.7×10^{-10}Bq（即 1mCi）^{131}I 为例，测试各过程所受 γ 外照射剂量当量。在一个总量 50mCi^{131}I 的场所工作一个星期，所受总剂量当量为 75μSv，远低于国标限制随机性效应和防止非随机性效应眼晶体的周剂量控制限值（按年有效剂量当量限值折算周剂量分别为 961μSv 和 2885μSv），因此 ^{131}I 外照射是安全的。

表 2.1　放射性同位素 ^{131}I 测井过程所受 γ 外照射剂量当量

步骤	步骤②	步骤③	步骤④	步骤⑤	步骤⑥	步骤⑦
X_γ/μSv	0.19	0.14	42	0.19	0.14	0

内照辐射防护措施主要有包容、隔离、通风，以防止放射性物质对人体或器具物品的污染。对于野外作业，最突出的问题就是防止污染与及时去污。普通肥皂水与清水洗涤，对一般器具的去污率达到 80%，对手的去污率可达 100%。

总之，在放射性同位素测井中，只要严格遵守各项规则，对人体是不会产生危害的，对周围环境的危害也是微乎其微的。

3. 智能型同位素示踪仪器

智能型同位素示踪仪器是陈建生主持研制的新一代同位素流速流向示踪仪，它与德国 Drost W 主持研制的地下水流速流向仪相比，具有更强的实用性，可以测定的渗透流速上限更高，提高了近一个数量级，探头更加小巧（直径最小至 30mm），可以由一人携带操作，基本上所有观测孔都可以用其来探测。

该仪器探头构造如图 2.15 所示，由投源器、搅拌器、止水塞、定位器、盖革

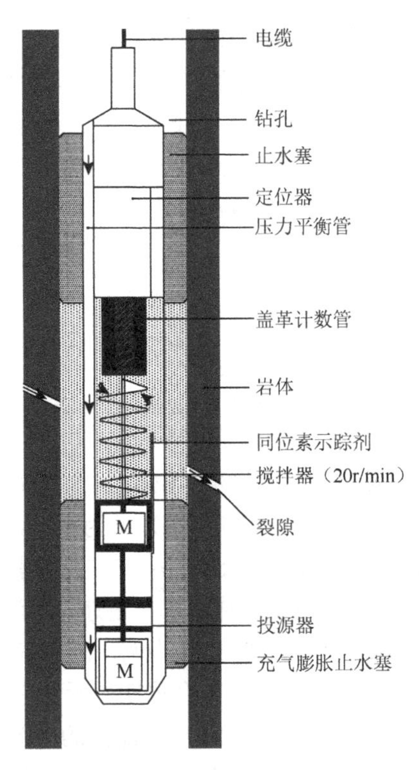

图 2.15　同位素示踪仪器

计数管、压力平衡管、带导气管的电缆等构成，可进行连续投源测量，并与笔记本电脑直接连接，在现场就可以对采集到的数据进行处理。

2.4.2　含水层涌水性质的分类及参数测试手段

含水层是具有吸水还是涌水性质，可通过其上下边界的垂向流速大小及方向来判断（图 2.16）。垂向流速大小及方向可通过投入的全孔示踪剂及点投示踪剂浓度变化曲线来判定。设 A、B 分别为该含水层的下、上边界，v_A、v_B 分别为其垂向流速，设 A 和 B 点探测器所探测到示踪剂浓度的总量分别记作 $\bar{N}_A=\int_0^\infty N(t)\mathrm{d}t$ 和 $\bar{N}_B=\int_0^\infty N(t)\mathrm{d}t$。根据垂向流速可分为如下几种情况：

（1）当 v_A、v_B 方向均指向该含水层时，含水层显然具有吸水性质。

（2）当 v_A、v_B 方向均背离该含水层时，其显然具有涌水性质。

（3）当 v_A、v_B 同向，从 A 流向 B，且 $v_A > v_B$ 时，其具吸水性质。

（4）当 v_A、v_B 同向，从 A 流向 B，且 $v_A < v_B$ 时，其具涌水性质。

（5）当 v_A、v_B 同向，从 B 流向 A，且 $v_A < v_B$ 时，其具吸水性质。

（6）当 v_A、v_B 同向，从 B 流向 A，且 $v_A > v_B$ 时，其具涌水性质。

（7）当 v_A、v_B 同向，且 $v_A = v_B$ 时，含水层具有透水性或相对隔水性。①若 $\bar{N}_A = \bar{N}_B$，属不透水层；②若 $\bar{N}_A \neq \bar{N}_B$，属透水层。

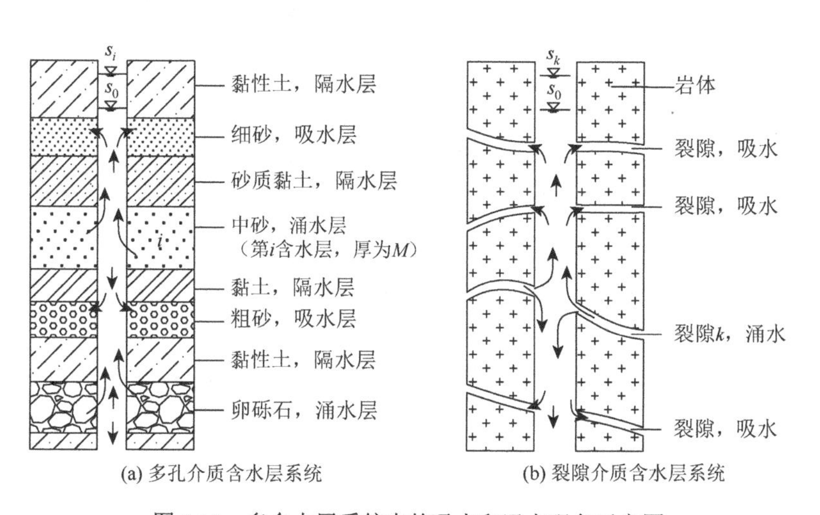

(a) 多孔介质含水层系统　　(b) 裂隙介质含水层系统

图 2.16　多含水层系统中的吸水和涌水现象示意图

对于（1）、（3）、（5）、（7）四种情况，理论上均可用作者推导的基于示踪剂质量守恒、考虑孔中示踪剂弥散作用的稀释公式（2.32）来计算该含水层的水平流速。

对于存在涌水性质的（2）、（4）、（6）三种情况，又分为两类（图 2.17）：一类是该涌水含水层上游的流量 q_U 通过钻孔只有一部分流入了自己下游的含水层中，另一部分流入孔中成为垂向流，此时可用稀释公式（2.23）来计算，然后计算出含水层上游的流速 v_U，再经钻孔附近流场畸变校正系数 α 进行校正即可得到该含水层的真实地下水流速 v_f。这里称之为第一类涌水含水层。另一类是，该含水层在钻孔上下游的地下水均流入钻孔，即呈辐射状流入孔中，称之为第二类涌水含水层，此时用稀释公式（2.23）计算出的流速与实际地下水的水平流速 v_f 完全不同，即不能通过该方法计算涌水含水层的地下水流速。对于这两类涌水含水层的判断，只要比较一下 A、B 点探测到的计数率和就很容易判断，显然，当 $\bar{N}_A = \bar{N}_B$ 时，属于第二类。

诚然，含水层的渗透系数 K 可以通过抽水或注水试验来测定，但抽水试验需要在该含水层上下边界进行有效止水，且试验耗时长，费用高，一般情况下难以实现，同时破坏了天然流场，不能观测到各含水层中地下水的真实运动情况。而注水试验设备简单，现场较为容易实施，人工附加水头不大，但有效的分层止水仍然很困难或费用很高，或可进行全孔段混合注水试验，但只能得到全孔段的平均渗透系数 K，显然不能满足工程要求。

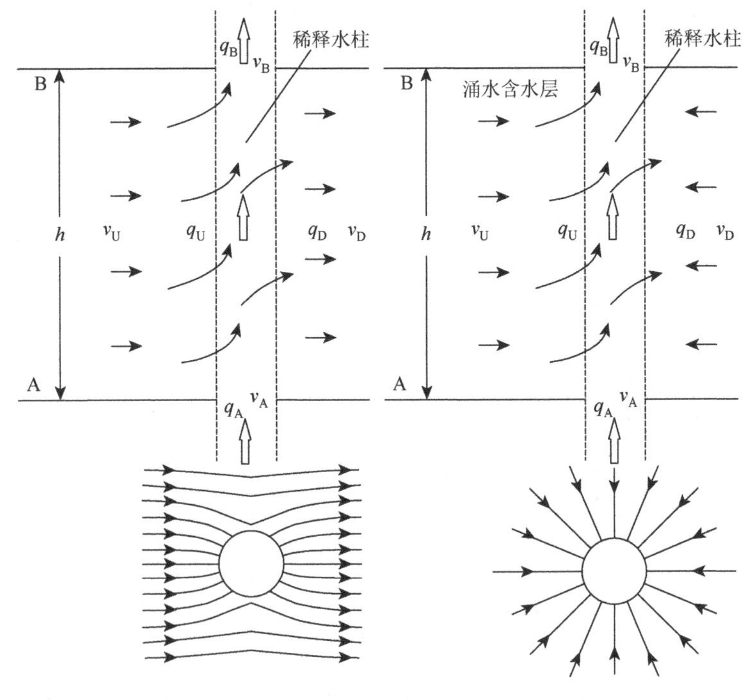

图 2.17　涌水含水层孔中水流动示意图

为求得涌水含水层渗透系数，试图采用注水试验与示踪测试相结合的方法，只需一个孔，集注水试验的现场操作易行性及示踪测量的方便与准确性等优势于一体，不需考虑涌水含水层在钻孔中相对所处的位置，也不需要分层止水，巧妙地解决了测定涌水含水层渗透系数 K 的问题。该方法还可推广到吸水含水层。

2.4.3　涌水含水层渗透系数 K 测定方法

1. 考虑具有天然水力坡度的涌水含水层涌水量的计算

假设钻孔揭露 m 个承压含水层，每个含水层均质等厚各向同性，考察其中的涌水含水层 i（$i \leqslant m$），其厚度为 M_i，渗透系数为 K_i。该含水层天然地下水力坡度为 J_i，对于钻孔揭露的任一涌水含水层都可以将它等效为单一含水层中的抽水情况，参见图 2.18。等效后的孔水位为第 i 层的静水头 s_i，抽水量等于涌水量，可以通过示踪方法测得。“抽水”期间稳定的降水位为 s_0。与单一含水层抽水试验所不同的是，s_i 是未知数，且考虑天然地下水力坡度的影响。

下面来计算涌水量。当进行“抽水”时，钻孔附近的地下水位 H_i 可由天然水位与因“抽水”造成的水位叠加而得

$$H_i = \left(H_{0i} - s_i\right) + H_{1i} \tag{2.40}$$

式中，H_{0i} 为第 i 层天然地下水位（与平面位置有关）；s_i 为第 i 涌水含水层在钻孔位置处的地下水位；H_{1i} 为对第 i 层“抽水”时的地下水位，由以下方程组给出（以孔为坐标原点，建立柱坐标，r 为自变量，距钻孔径向距离）：

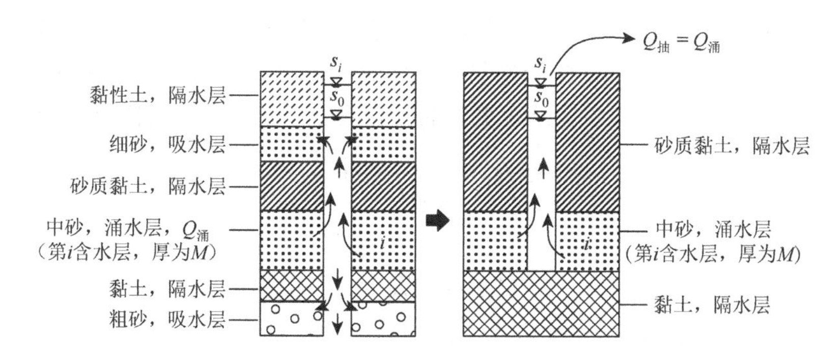

图 2.18　涌水含水层等效为单一含水层抽水试验示意图

$$\begin{cases} \dfrac{1}{r}\dfrac{\mathrm{d}}{\mathrm{d}r}\left(r\dfrac{\mathrm{d}(KMH_{1i})}{\mathrm{d}r}\right) = 0 \\ r = R, H_{1i} = H_{0i} \\ r = r_w, H_{1i} = s_0 \end{cases} \tag{2.41}$$

式中，s_0为孔中混合水位；r_w为钻孔半径。

从而可解出具有天然坡度 J_i的第 i 层涌水含水层在“抽水”条件下的任一点（x，y）水位 H_i：

$$H_i = -J_i x + \frac{Q_i}{2\pi M_i K_i}\ln\frac{\sqrt{x^2+y^2}}{r_w} + s_0 \tag{2.42}$$

式中，x，y 为直角坐标系表示的平面上某一点的坐标，天然地下水流向为 x 正方向；Q_i为“抽水”量，即该含水层涌向孔中的流量。

为求得孔中第 i 层的“抽水”量，令 $x \to R_i, y=0$，则 $H_i \to (s_i - J_i R_i)$，化简得

$$Q_i = 2\pi M_i K_i (s_i - s_0)/\ln\frac{R_i}{r} \tag{2.43}$$

上式表明涌水含水层在具有天然水力坡度条件下，其“抽水”量仍可用相关井流公式计算。

2. 涌水含水层渗透系数的求取

在第 i 层靠近隔水层的上下边界上，设通过示踪法测到边界上的垂向流速别为：$\boldsymbol{v}_{i\text{A}}$、$\boldsymbol{v}_{i\text{B}}$，它们可通过前述的峰峰法来计算。

求出垂向流速后，就可以确定井中第 i 层的涌水量为

$$Q_i = \pi r^2 \left|\boldsymbol{v}_{i\text{A}} - \boldsymbol{v}_{i\text{B}}\right| \tag{2.44}$$

式中，$\boldsymbol{v}_{i\text{A}}$、$\boldsymbol{v}_{i\text{B}}$为注水试验前孔中天然流场造成的垂向流速，为矢量，当同向时取同号，异向时取异号。

式（2.43）中还含有两个未知数 s_i，K_i，还需另找一个含有此两个未知数的方程。前已述及，由于注水试验简便易行，考虑向孔内注水，当注水时间较长时，可近似认为满足稳定流条件。设注水后的孔内混合水位为 s_0'，同样可得一个方程：

$$s_i - s_0' = \frac{Q_i'}{2\pi M_i K_i}\ln\frac{R_i}{r} \tag{2.45}$$

其中，

$$Q_i' = \pi r^2 \left|\boldsymbol{v}_{i\text{A}}' - \boldsymbol{v}_{i\text{B}}'\right| \tag{2.46}$$

式中，Q_i' 为注水试验过程中孔中人工流场造成的流量；$\boldsymbol{v}_{i\text{A}}'$、$\boldsymbol{v}_{i\text{B}}'$ 为注水试验过程中孔中人工流场造成的垂向流速（矢量）。

联立可解得

$$\begin{cases} K_i = \dfrac{Q_i' - Q_i}{2\pi M_i \left(s_0' - s_0\right)}\ln\dfrac{R_i}{r} \\ s_i = s_0 + \dfrac{Q_i}{Q_i' - Q_i}\left(s_0' - s_0\right) \end{cases} \tag{2.47}$$

考虑 R_i 是承压水的影响半径，可近似选用 Sihardt W 公式进行迭代计算：

$$R_i = 10\left|s_0 - s_i\right|\sqrt{K_i} \tag{2.48}$$

式中，K_i 单位为 m/d；R_i、s_0、s_i 的单位为 m。

为了提高计算精度，可进行多次注水试验，每次的注水量各不同，产生的水头也不相同。现场操作时，可采用流量由小到大的顺序，但同一注水试验产生的水头应维持较长一段时间，以使地下水达到近似稳定状态。这样，便得到多组关于 s_i、K_i、R_i 的数据，进行优化分析，最后提出一组较为可靠的数据。

如果在地下水流向上布置两口井，井距 $D > 2R_i$，即为多含水层稳定流非干扰混合双井模型。根据第 i 层静止水位差 Δs_i 及达西定律，按下式计算其水平流速：

$$v_{fi} = \Delta S_i K_i / D \tag{2.49}$$

实际上，式（2.49）对于吸水含水层同样可用。该方法的实质就是测量示踪剂随时间的浓度变化来计算含水层垂向流速（包括大小及方向）、流量，然后根据向孔内注水产生不同的水头而得到另一种状态下的该含水层的垂向流速，进而可求出含水层的渗透系数。

如果因为条件不许可而导致第 i 含水层达不到稳定渗流状态，可考虑采用非稳定流井流理论雅可布近似公式来计算。

$$\begin{cases} s_i - s_0(t_1) = \dfrac{0.183Q_i(t_1)}{M_i K_i}\lg\dfrac{2.25M_i K_i t_1}{rS_i} \\ s_i - s_0(t_2) = \dfrac{0.183Q_i(t_2)}{M_i K_i}\lg\dfrac{2.25M_i K_i t_2}{rS_i} \\ s_i - s_0(t_3) = \dfrac{0.183Q_i(t_3)}{M_i K_i}\lg\dfrac{2.25M_i K_i t_3}{rS_i} \\ Q(t_1) = \pi r^2\left|\boldsymbol{v}_{iA}(t_1) - \boldsymbol{v}_{iB}(t_1)\right| \\ Q(t_2) = \pi r^2\left|\boldsymbol{v}_{iA}(t_2) - \boldsymbol{v}_{iB}(t_2)\right| \\ Q(t_3) = \pi r^2\left|\boldsymbol{v}_{iA}(t_3) - \boldsymbol{v}_{iB}(t_3)\right| \end{cases} \tag{2.50}$$

式中，$s_0(t_j)$为注水试验过程中孔中混合水位（$j = 1, 2, 3$）；$Q_i(t_j)$为第 i 含水层的上下底板流量；t_j 为每次注水试验持续的时间；S_i 为储水系数。式（2.50）共有 6 个未知数：s_i、K_i、$Q(t_j)$（$j = 1, 2, 3$）、S_i，6 个方程刚好可全部解出。

2.4.4　误差分析

从模型的推导过程可知，最大的误差来源于垂向流速的测量，它直接影响含水层上下边界的垂直方向上的流量。其次来源于含水层的厚度，这可结合地质钻孔资料及示踪剂浓度变化曲线来减少误差。另一来源为含水层的影响半径，这里是以经验公式给出，但由于其用对数的形式出现，对数值计算结果影响较小。还有一个因素为孔中水位测量，对于注水前孔中混合水位的测量误差较小，但在注水试验过程中，如果注水量的稳定时间不足够长，不能形成近似的稳定渗流，但由此带来的误差可以通过延时间来减小。对于非稳定流，式（2.49）的主要误差来源与式（2.46）一样。

当前，利用示踪剂稀释技术探测地下水参数的方法已得到了较为广泛的应用，对于含水层水平流速的计算，从要求孔中无垂向流的影响，发展到只要含水层地下水不是径向涌入钻孔即可，后来又考虑了示踪剂的弥散作用，其测试技术在实践中得到了不断的完善。本书根据示踪剂浓度及垂向流速变化对含水层涌吸水性质进行了分类，讨论了稀释定理的适用性。对于不能直接应用稀释定理的涌水含水层，提出了其地质参数的求取方法（也可推广到吸水含水层），即采用注水试验与垂向流测量相结合的方法，并给出了在稳定流、非稳定流状态下渗透系数的计算公式，最后对误差来源进行了分析。该方法思路简明，可操作性强，拓宽了示踪技术的应用范围。

2.5　工 程 应 用

某示踪剂探测钻孔位于广东省北江大堤石角段。该堤段虽经过多次加固，但堤内险情时有发生。地层分布自上而下分别为：人工填土、冲积黏性土、粉细砂、中粗砂、卵砾石、红层基岩等。堤内观测孔中地下水与江水同步性非常好，不同地层之间存在密切的水力联系。图 2.19 绘出了钻孔示踪剂浓度实测曲线，表明孔中垂向流很明显。表 2.2 为试验钻孔示踪探测结果。

将相邻峰值之间的含水层作为一层，该稀释孔段分为 5 层，各层计算出来的垂向流速进行拟合，代入式（2.35）计算出 α_{L1} 的均值为 1.01m，仅用式（2.35）计算出来的 $\alpha_{L2}=0.64\text{m}$。采用峰峰法及式（2.35）计算的垂向流速均值分别为 0.24m/min、0.26m/min，二者较为一致。这里取 $\alpha_{L1}=1.0\text{m}$，垂向流速采用峰峰法计算结果。

垂向流速修正前后数值有些相差较大，显然修正后的流速更真实。这是因为垂向流速为各“含水层”中点的流速，修正后的流速是各“含水层”上下边界 A、B 两点的流速，二者的意义是不同的。但后者是依靠前者数据的拟合曲线计算的，因此存在差异，并且当两相邻的“含水层”平均垂向流速相差越大，采用前述方法计算的 A、B 两点的流速值也与 AB 段的平均值相差越大。减小此误差的方法有，缩小两次测量的时间间隔，但现场操作中其值不可能无限小，因此总会存在一定的误差。对于两相邻“含水层”垂向流数值相差较大者，可以在拟合时考虑分段拟合或插值，以减小此误差。

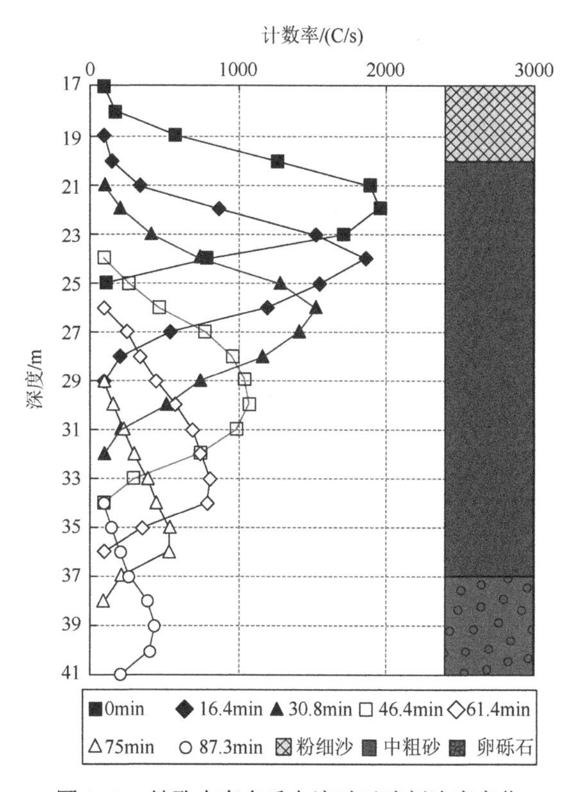

图 2.19　钻孔中存在垂向流时示踪剂浓度变化

表 2.2　试验钻孔示踪探测结果（$r=0.035$m，$\alpha=2$）

"含水层"		1	2	3	4	5	
浓度峰值对应井深/m	21.64	23.66	26.96	28.80	31.20	33.80	37.90
两峰值中点对应井深/m	22.65	25.31	27.88	30.00	32.50	35.85	37.90
各层含水层厚度/m		2.02	3.30	1.84	2.40	2.60	4.10
两峰值时间间隔/min	0	16.40	14.40	15.60	15.00	13.60	12.30
垂向流速/(m/d)（向下）	177.37	330.00	169.85	230.40	275.29	480.00	
修正后垂向流速/(m/d)（向下）	316.67	287.79	288.63	314.98	377.19	480.15	
扣除本底后的总计数率/(C/s)	8575	8439	8395	6794	5199	2966	2116
水平流速/(m/d)[式（2.21）]		0.04	0.01	0.54	0.71	1.63	
水平流速/(m/d)[式（2.22）]		0.05	0.02	0.54	0.65	1.41	
水平流速/(m/d)[式（2.23）]*		0.94	1.46	1.32	1.91	4.58	
水平流速/(m/d)[式（2.32）]*		0.79	0.46	0.76	0.56	0.53	
式（2.32）比式（2.23）减少的百分比/%		16	68	42	71	88	

*此两行数据分别由式（2.23）、式（2.32）计算出的众多流速数据中在相应的深度处内插而得。

孔中存在较强的向下的垂向流，修正后流速值达 0.20～0.50m/min，数值上远大于各公式计算的含水层的水平流速（0.01～4.58m/d）。模型计算结果与传统方法的计算结果比较接近，但同一含水层的水平流速最大值与最小值之比分别达到 163、70.5，计算结果沿深度变化很大（图 2.20）。这是因为式（2.21）是在没考虑垂向流的情况下推导出来的，其计算结果自然不能反映垂向流的影响。式（2.22）在建模及推导过程中存在不足之处，其计算结果与式（2.21）的很为接近，也不能反映实际情况。而相应之比分别为 4.9、1.7，体现了同一含水层水平流速总体上的均匀性。地质资料表明，该含水层系堤基冲积中粗砂层，含水层性质较为均匀。因此，综合示踪方法更能体现含水层的性质，且得到的水平流速数据信息远较其余两个的丰富，更能真实反映含水层水平流速随深度的变化情况。

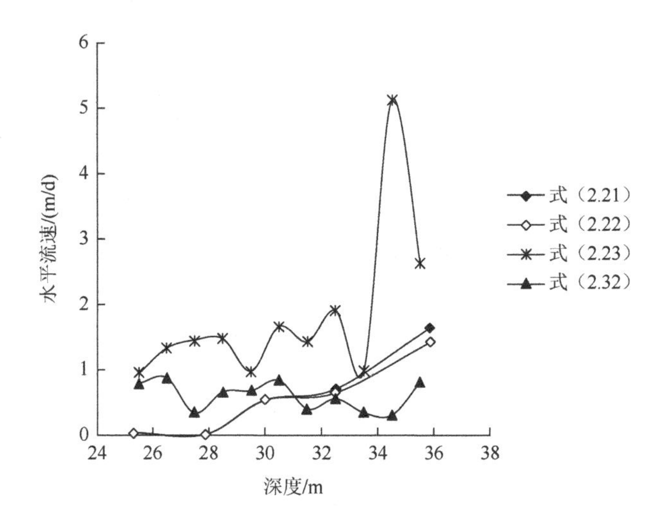

图 2.20 各公式计算结果比较

新模型考虑了示踪剂在孔中的弥散作用，水平流速值较传统理论值减小了 19%～88%。地质资料表明，该含水层系堤基冲积中粗砂层，含水层性质较为均匀。因此，考虑弥散作用的新模型较为真实地反映了含水层水平流速随深度的变化情况，体现了同一含水层的相对均一性质及局部的差异性。以上表明，当存在较强的垂向流时，弥散作用对水平流速计算结果影响很大，不能忽略。新模型考虑的影响因素较为全面，物理概念清晰，数学公式推导严密，采用相同原始数据前提下，计算结果更为可靠。

采用示踪方法测量地下水水平流速，传统的点稀释公式受到垂向流等条件的干扰，使其应用受到限制。后来发展的广义稀释定理经过多次修正，日趋成熟，但仍然存在不足之处。在前人工作的基础上，重新建立了物理概念清晰的模型，考虑了示踪剂弥散作用的影响，严密推导了 v_f 计算公式。在数据处理结果上，能得到更为丰富的含水层水平流速变化信息，并能与实际的地质情况相一致，继承并发展了前人的广义稀释定理，揭示了修正后的广义稀释定理计算公式与传统点稀释法测流公式之间的逻辑联系，并在工程实例中得到验证。

2.6　本章小结

（1）研发土质堤坝渗漏来源的环境同位素示踪方法与精细化取样技术。在前人研究的基础上，利用环境同位素示踪方法进行堤坝渗漏的探测，并对土质堤坝工程的渗漏问题进行了分析，建立了成套的示踪判别法：在采取水样要求高的情况下，针对在降水、地表水、地下水中如何取样问题，开发了系列的定位定深投源与取样装置；分析了各种因素的影响，如地形差异、季节变化或库水的同位素富集等，利用库水的同位素组成与地下水的不同，采取稳定同位素氘和氧-18 作为研究这些水体间水力联系的重要手段，融合了环境中现有的微量放射性同位素氚并将其应用在堤坝渗漏研究中，确定了区域地下水的来源、绕坝渗漏通道参数等。

（2）建立堤坝渗漏隐患的同位素综合示踪诊断技术的数学分析模型。采用 BP 网络实现映射匹配，确定网络的结构和算法等基本要素，将江河上游汇集来的库水、当地大气降水、附近居民的生产和生活用水下渗形成的边坡水以及二者的混合水等样本和样本基元作为网络映射和泛化能力的决定因素。基于模糊优选的基本思想建立混合比模型，从而给出三种水样定量化界定的标准，构造可以定量化研究土质堤坝渗漏的模式集。

通过各种探测手段与渗漏研究得到诸如环境同位素、温度、水化学成分等大量与渗流水相关的信息，这也就是用来描述样本的样本基元，将测量数据规格化后得到样本基元值的规格化矩阵，将混合比作为权重，计算样本与理想库水之间的加权距离，得到混合比模型，通过研究这个“边坡水—混合水—库水”的变化过程，可以给出三种水样定量化的界定标准。并将曲线分区，得到理想边坡水、边坡水、边坡水占优的混合水、理想混合水、库水占优的混合水、库水、理想库水七种水样模式，这七种水样模式就可以构成水样模式的全集。利用模糊聚类和样品筛选法，在满足样本集容量要求的基础上，给出用于映射匹配的样本所应具备的三个要素：相容性、致密性、遍历性。

（3）提出堤坝渗漏综合示踪稀释测流物理模型，革新渗漏测试技术与方法。针对渗漏探测的地下水流速测试，建立微元法广义稀释模型。考虑被测含水层中存在垂向流干扰时的流速测量难题，通过改进的孔中稀释模型，利用全孔标记示踪剂方法进行有效测量。建立考虑弥散作用包含纵向弥散度、两边界垂向流速的示踪稀释水平流速计算新公式。

针对堤坝渗漏涌水含水层，革新了综合示踪稀释技术水文地质参数与渗漏测定方法。当渗漏测试的钻孔揭露堤坝以及基础多个地层时，由于渗漏存在，各含水层的补给源以及压力不同，流场的路径、介质与初始条件不同造成各层的静水头也不同。含水层是具有吸水还是涌水性质，可通过其上下边界的垂向流速大小及方向来判断，为求得涌水含水层渗透系数，采用注水试验与示踪测试相结合的方法，只需一个孔，集注水试验的现场操作易行性及示踪测量的方便与准确性等优势于一体，不需考虑涌水含水层在钻孔中相对所处的位置，也不需要分层止水，巧妙地解决了测定涌水含水层渗透系数 K 的问题。该方法还可推广到吸水含水层。上述模型与技术方法也可以应用到各种复杂的渗漏探测工况中。

第3章　基于热渗耦合的土质堤坝集中渗漏诊断技术研究

3.1　引　　言

温度依靠介质传递，在地层中的变化是连续的。土质堤坝以下一定深度范围，受地表水、太阳辐射等外热和地球内热等作用而形成温度场，渗漏水运动是影响堤坝温度场变化或异常的重要因素之一。当堤坝内部存在渗漏时，堤坝内热传导强度将因大量水在堤坝内迁移而发生改变，从而会导致原来温度场发生局部不规则变化。因此，通过测量堤坝温度，以监测堤坝的渗漏，对于探测堤坝的渗漏不失为一种有效的方法。由于目前的研究大多数停留在定性分析阶段，定量研究较少，且由于热传导问题的复杂性，边界条件过于简化，限制了在实际工程中的应用范围。因此，本章提出基于热渗耦合作用下的土质堤坝集中渗漏传热模型，并开发堤坝渗流-集中渗漏-传热模型实验测试平台，进一步揭示热渗耦合作用下土体传热规律，并通过实际案例进行验证，反映复杂条件下堤坝渗漏传热的实际情况，准确地诊断出堤坝集中渗漏通道。

堤坝发生集中渗漏后，特别是土坝的渗漏，通道位置埋深比较大，相比较地层温度，从上游进入通道的库水温度是比较低的，在通道中的流动过程，同时伴随热量的迁移，进而导致通道周围岩土体温度场分布的变化。在对病险堤坝的实际勘察中，发现发生异常渗漏的堤坝，其中不仅有集中的渗漏通道，而且在通道周围的岩土体中存在比较稳定的渗流，也就是说堤坝中本身还存在一个渗流场。这是因为上游蓄水后，由于上下游水位差导致的渗流，这些渗流是影响岩土体的温度场分布的重要因素。现有的堤坝探漏热源模型都是基于纯导热模型，虽然研究者和工程技术人员认识到堤坝中的渗流可能对岩土体的导热性质存在重要影响，进而影响到温度场的分布，也涉及到这一方面的分析。但总体来讲，由于该问题的复杂性，深入的理论分析比较少，大都未考虑渗流的影响。

本章在综合分析现有堤坝隐患探测技术优缺点的基础上，对堤坝渗漏探测温度示踪的理论进行系统的研究。根据实际情况，考虑大坝稳定渗流场的影响，根据多孔介质中有渗流时的能量方程，利用热源法中关于移动热源的模型，解析求解得到由稳定渗流时线热源引起的三维传热模型。由于得到了解析解，可以比较方便地分析模型中各参数的影响，同时相比较于数值解，可以直接与现有工程的模拟和计算相结合；有渗流下的堤坝渗漏传热模型应用移动热源法进行求解，得到可以方便应用的解析解表达式，可以比较方便应用于快速计算、反演分析模型和实际工程。由于实际土质堤坝存在的渗流场和温度场耦合（比如渗流水与介质之间的对流换热作用、渗流水的热扩散等），对模型提出了更高的要求，需应用数值模型进行模拟，以期对该问题进行数值优化，更加深刻地揭示有渗流下的渗漏传热机制和坝体内温度场的发展变化过程。因此，通过设计实验进行模拟不同工况的传热，研究稳定渗流速度、集中渗漏通道水流速和水温等因素对于岩土体传热的影响，着重分析存在稳定渗流场情况下的岩土体的温度响应规律，验证模型的准确性，最后应用于具体的工程。

3.2　稳定渗流时堤坝集中渗漏热渗耦合传热模型

3.2.1　基于移动有限长线热源法的三维理论解析模型

1. 稳定渗流时多孔介质的能量方程

有集中渗漏的堤坝的传热是一个复杂的、非稳态过程，所涉及的时间尺度也比较大，而且该传热所涉及的物理过程和几何条件也非常复杂。因此，为了便于分析，需要对这些问题进行简化。在以下的分析讨论中假定岩土体为一个均匀的多孔介质，由于渗流所涉及的流速比较低，忽略流体的动能和扩散，热量的传递仅由多孔介质的骨架其中流动的水体的导热以及孔隙中水体的对流传热来实现。有渗流时的多孔介质能量方程的建立需要综合考虑固体骨架和孔隙中流体的能量方程。

设固体的密度、比热容和导热系数分别为ρ_{s}、$(c_p)_{\mathrm{s}}$和λ_{s}，不考虑内热源，则固体介质的微分形式的能量方程为

$$\frac{\partial}{\partial \tau}(\rho c_p \Delta t)_{\mathrm{s}} = \nabla \cdot (\lambda_{\mathrm{s}} \nabla t) \tag{3.1}$$

假定热力学过程中压力变化很小，设流体的密度、比热容和导热系数分别为ρ_{f}、$(c_p)_{\mathrm{f}}$和λ_{f}，则流体介质的能量方程为

$$(\rho c_p)_{\mathrm{f}} \frac{\partial t}{\partial \tau} + (\rho c_p)_{\mathrm{f}} \cdot (\boldsymbol{V} \cdot \nabla t) = \nabla \cdot (\lambda_{\mathrm{f}} \nabla t) \tag{3.2}$$

这是普通的固体能量方程和流体能量方程，在研究实际渗流中，须将两者结合起来构成统一的能量方程。在本研究考虑的情况下，假定热容和导热系数均为常数，而且单位体积中固体和流体占据的空间分别为ϕ和$1-\phi$，则方程（3.1）和方程（3.2）分别写成：

$$\phi(\rho c_p)_{\mathrm{s}}\frac{\partial t}{\partial \tau}=\phi\lambda_{\mathrm{s}}\nabla^2 t \tag{3.3}$$

$$(1-\phi)(\rho c_p)_{\mathrm{f}}\frac{\partial t}{\partial \tau}+(\rho c_p)_{\mathrm{f}}\cdot(\boldsymbol{V}\cdot\nabla)t=(1-\phi)\lambda_{\mathrm{f}}\cdot\nabla^2 t \tag{3.4}$$

将以上两式相加，并令总热容、总导热系数分别为

$$\rho c=(1-\phi)(\rho c_p)_{\mathrm{f}}+\phi(\rho c_p)_{\mathrm{s}} \tag{3.5}$$

$$\lambda=(1-\phi)\lambda_{\mathrm{f}}+\phi\lambda_{\mathrm{s}} \tag{3.6}$$

由此可以得到堤坝存在稳定渗流时岩土体介质的能量方程：

$$\rho c\frac{\partial t}{\partial \tau}+\rho_{\mathrm{w}}c_{\mathrm{w}}\cdot(\boldsymbol{V}\cdot\nabla)t=\lambda\nabla^2 t \tag{3.7}$$

式中，ρc 是岩土体介质（包括水）总的容积比热；$\rho_{\mathrm{w}}c_{\mathrm{w}}$ 是水的容积比热；$\boldsymbol{V}$ 是渗流的速度场。由于已假定导热系数不随温度变化，即是常物性的，记 $a=\lambda/(\rho c)$，为介质的热扩散率，即

$$\frac{\partial t}{\partial \tau}+\frac{\rho_{\mathrm{w}}c_{\mathrm{w}}}{\rho c}\boldsymbol{V}\cdot\nabla t=a\nabla^2 t \tag{3.8}$$

在堤坝渗流中，假定一种比较简单的状况，即：整个渗流区间渗流速度均匀、稳定，而且仅沿着 z 方向，记作 u，则式（3.8）简化为

$$\frac{\partial t}{\partial \tau}+U\cdot\frac{\partial t}{\partial z}=a\nabla^2 t \tag{3.9}$$

式中，$U=u\cdot\dfrac{\rho_{\mathrm{w}}c_{\mathrm{w}}}{\rho c}$。

2. 移动热源问题

移动热源导热是一个比较复杂的问题，热源法可以用于对由移动热源引起的整个导热过程作统一的分析。需要指出的是，在分析移动热源导热时，热源与物体之间的相对运动关系既可以是热源移动，介质静止；也可以是介质移动，热源静止，这需要视情况而定。为了与渗流问题作比较，本研究把热源看作是静止的，而介质是移动的。

求解移动热源导热时既要考虑热源位置空间的变化，又要顾及其在时间上的延续，为了便于分析，在无限大区域中，建立动坐标系为 (x',y',z')，时间为 τ'，动坐标系的温度场为 $t(x',y',z',\tau')$。设静坐标 (x,y,z) 时间为 τ。假设无热源条件下，动坐标区域中的导热微分方程为

$$\frac{\partial t}{\partial \tau'}=a\left(\frac{\partial^2 t}{\partial x'^2}+\frac{\partial^2 t}{\partial y'^2}+\frac{\partial^2 t}{\partial z'^2}\right) \tag{3.10}$$

为了求解方便，假定介质的移动仅沿着 z 方向进行，且速度为 u 。静止坐标系与动坐标系之间的坐标转换关系为 $x=x'$ ， $y=y'$ ， $z=z'+u\tau'$ ， $\tau=\tau'$ 。坐标转换后可得静坐标系下的导热微分方程：

$$\frac{\partial t}{\partial \tau}+u\frac{\partial t}{\partial z}=a\left(\frac{\partial^2 t}{\partial x^2}+\frac{\partial^2 t}{\partial y^2}+\frac{\partial^2 t}{\partial z^2}\right) \tag{3.11}$$

比较式（3.9）和式（3.11）的形式，除了两式中第二项不同外，其他各项均相同，若令式（3.9）中的 $U=u\cdot\rho_{\mathrm{w}}c_{\mathrm{w}}/(\rho c)$ 代替（3.11）中移动介质的速度 u ，可见这两个微分方程描述的问题是相同的。

无限大多孔介质中有稳定的渗流 u 时，根据上述理论，折合成介质当量移动速度 $U=u\cdot\rho_{\mathrm{w}}c_{\mathrm{w}}/(\rho c)$ ，故而解决了用移动热源法来研究堤坝存在稳定渗流时的渗漏热模拟问题。

3. 有限长线热源在稳定渗流中的温度响应

无限长线热源模型未考虑渗漏通道的有限长特性，故而跟有限长模型相比，未能像有限长模型那样，比较真实地描述岩土体中渗漏通道的传热。在得到有限长线热源模型的解后，随之利用虚拟热源法，考虑地表作为一个边界的影响，之后导出的堤坝渗漏的有限长线热源模型。实际上，移动线热源的问题根据上述的函数关系，导出堤坝中存在稳定渗流情况下，有限长线热源在岩土体介质中的温度响应。下面对这一问题进行分析。

1）移动点热源在无限大区域产生的温度场

一无限大的物体，其初始温度 t_0 ，时间 $\tau>0$ 时，一个功率热源的强度为 $q_p(\tau)$ 的点热源开始持续发热，并同时以恒定速度 u 沿 z 轴向运动，如图 3.1 所示。点热源在无限大介质中引起三维非稳态导热。

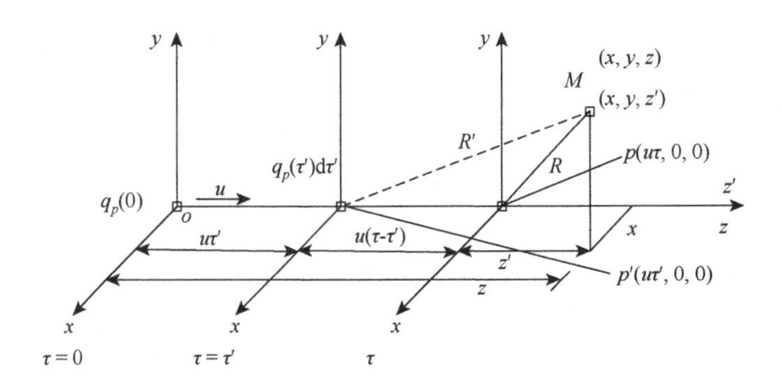

图 3.1　移动点热源的温度响应

对于固定在介质上的静止坐标系(x, y, z)，介质中的过余温度为$\theta(x, y, z, \tau) = t(x, y, z, \tau) - t_0$，动坐标系位于点热源上，为$(x', y', z')$，在图3.1所示的情形上，$x = x'$，$y = y'$。动坐标系可用$(x, y, z')$来表示。把0～$\tau$整个时间段分为无数个微小的时间间隔，并取$\tau = \tau'$时刻的瞬间进行分析。

在$\tau = \tau'$时刻，点热源移动到$p'(u\tau', 0, 0)$点处，并在$\mathrm{d}\tau'$瞬间释放热量形成介质中位于p'点处的一个瞬时点热源，引起介质温度变化$\mathrm{d}\theta$，对于动坐标系中的点$M(x', y', z')$，$\mathrm{d}\theta$由下式确定：

$$\theta = \frac{q_p}{8(\pi a\tau)^{3/2}} \exp\left(-\frac{(x-x')^2 + (y-y')^2 + (z-z')^2}{4a\pi}\right) \tag{3.12}$$

用$\tau - \tau'$代替τ并结合式（3.12），得

$$\begin{aligned} \mathrm{d}\theta &= \frac{q_p(\tau')\mathrm{d}\tau'}{8\rho c(\pi a)^{3/2}} \frac{1}{(\tau-\tau')^{3/2}} \exp\left(-\frac{R'^2}{4a(\tau-\tau')}\right) \\ &= \frac{q_p(\tau')\mathrm{d}\tau'}{8\rho c(\pi a)^{3/2}} \frac{1}{(\tau-\tau')^{3/2}} \exp\left(-\frac{x^2 + y^2 + (z-u\tau')^2}{4a(\tau-\tau')}\right) \end{aligned} \tag{3.13}$$

静止坐标系z轴与动坐标系z'轴有如下关系：

$$z = z' + u\tau \qquad z - u\tau' = z' + u(\tau - \tau') \tag{3.14}$$

式（3.14）代入式（3.13）得

$$\mathrm{d}\theta = \frac{q_p \mathrm{d}\tau'}{8\rho c(\pi a)^{3/2}} \frac{1}{(\tau-\tau')^{3/2}} \exp\left(-\frac{x^2 + y^2 + \left[z' + u(\tau-\tau')\right]^2}{4a(\tau-\tau')}\right)$$

以上为介质固定，热源移动时的无限大介质的温度响应。在本节讨论的情况中，假设点热源静止而介质是移动的，则介质沿平行于z轴的负方向以速度u移动和点热源沿平行于z轴的正方向以速度u移动的效果是一样的。考虑一个固定于原点的点热源，假定介质沿平行于z轴正方向以速度u移动，与上述点热源以速度u沿平行于z轴的正方向移动的效果刚好相反，只需将u改为$-u$即可。热源强度q_p为常数，此时它与所考虑的点的相对位置为$[z - u(\tau - \tau')]$。由叠加原理可得

$$\theta(x, y, z, \tau) = \frac{q_p}{8\rho c(\pi a)^{3/2}} \int_0^\tau \frac{1}{(\tau-\tau')^{3/2}} \exp\left(-\frac{x^2 + y^2 + [z - u(\tau-\tau')]^2}{4a(\tau-\tau')}\right) \mathrm{d}\tau' \tag{3.15}$$

若点热源位于z轴上$(0, 0, z')$，记$R' = \sqrt{x^2 + y^2 + (z-z')^2}$，令

$$\psi^2 = \frac{R'}{2\sqrt{a(\tau-\tau')}} \tag{3.16}$$

有

$$\tau' = \tau - \frac{R'^2}{4a\psi^2} \qquad \mathrm{d}\tau' = \frac{R'^2}{2a\psi^3}\mathrm{d}\psi$$

则式（3.14）可改写为

$$\begin{aligned}\theta(x,y,z,\tau,z') &= \frac{q_p}{2R'\lambda\pi^{3/2}}\exp\left[\frac{u(z-z')}{2a}\right]\int_{R'/(2\sqrt{a\tau})}^{\infty}\exp\left(-\psi^2-\frac{u^2R'^2}{16a^2\psi^2}\right)\mathrm{d}\psi \\ &= \frac{q_p}{2\lambda\pi}\exp\left[\frac{u(z-z')}{2a}\right]\cdot f(z')\end{aligned} \tag{3.17}$$

$$f(z') = \frac{1}{\sqrt{\pi[x^2+y^2+(z-z')^2]}}\cdot\int_{\sqrt{x^2+y^2+(z-z')^2}/(2\sqrt{a\tau})}^{\infty}\exp\left(-\psi^2-\frac{u^2[x^2+y^2+(z-z')^2]}{16a^2\psi^2}\right)\mathrm{d}\psi \tag{3.18}$$

当$\tau\to\infty$时，温度场趋于稳态，

$$\theta(x,y,z,z') = \frac{q_p}{4\pi R'\lambda}\exp\left[\frac{u(z-z'-R')}{2a}\right] \tag{3.19}$$

2）有限长线热源在稳定渗流的无限大介质中的温度响应

等温边界下的无限大介质，初始温度为t_0，在z轴$(0,0,z')$有无数个点热源分布在$z=0$到$z=L$范围的有限长线段上。记有限长线热源的强度为q_l(W/m)，则该有限长线热源在稳定渗流的无限大介质中引起的温度响应是前述无数个点热源顺序发热的共同结果，由式（3.18）进行积分可以得到

$$\theta(x,y,z,\tau,z') = \frac{q_p}{2\lambda\pi}\exp\left[\frac{u(z-z')}{2a}\right]\int_0^L f(z')\mathrm{d}z' \tag{3.20}$$

稳态问题由式（3.19）积分得到

$$\theta(x,y,z,z') = \int_0^L \frac{q_p}{4\pi R'\lambda}\exp\left[\frac{u(z-z'-R')}{2a}\right]\mathrm{d}z' \tag{3.21}$$

3.2.2　基于固-液耦合作用的堤坝渗漏传热数值模型

如图 3.2 所示的堤坝渗漏传热的二维几何物理模型，其中 A、B 为正常渗流区域，C 为渗漏区域，D 为非饱和渗流区域。集中渗漏通道内流体的流动比较特殊，一般是由于管涌侵蚀作用把细颗粒带出，通道中仅剩下大颗粒作为支撑。因为通道的渗透系数相比于周围岩土体的渗透系数一般大了 2 个数量级，依然可以把其流动看作符合达西定律。

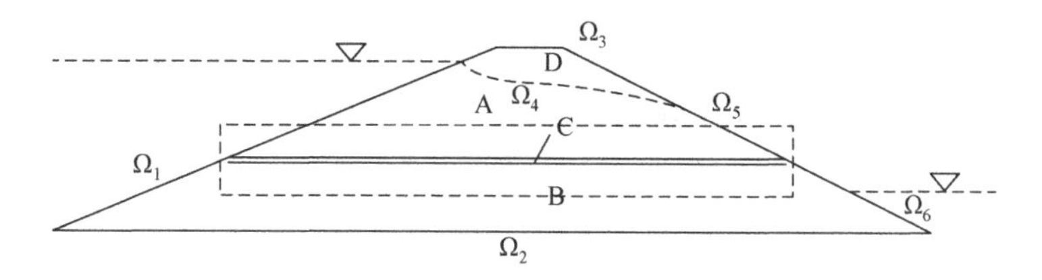

图 3.2　堤坝渗漏传热二维几何物理模型

（1）渗流场控制方程为

$$\nabla\left(K\frac{\partial H}{\partial x_i}\right)=0,(x,y)\in A、B$$

式中，K 为堤坝的渗透系数。

渗漏区域的控制方程为

$$\nabla\left(K_e\frac{\partial H}{\partial x_l}\right)=0,(x_l\in C)$$

式中，K_e 为渗漏通道的渗透系数。

（2）温度场的控制方程为

$$\nabla\left(K_{ei}\frac{\partial T}{\partial x_i}\right)=c\frac{\partial T}{\partial t}+\boldsymbol{V}\cdot\nabla(c_{\mathrm{w}}T),(x_i=x,y)\in A、B、C$$

式中，$\boldsymbol{V}$ 为渗流速度场；K_{ei} 分别表示在不同区域的渗透系数，在 A、B 区域时为堤坝的渗透系数 K，在 C 区域时为通道的渗透系数 K_e。

（3）边界条件。图 3.2 中上游 Ω_1 边界为常水头 Dirichlet 边界条件：

$$H(x,y)_{\Omega_i}=H_i$$

式中，Ω_i 为 Ω_1、Ω_6。

a. 浸润面上的边界条件 Ω_4 有

$$\eta\frac{\partial H}{\partial n}\Big|_{\Omega_4}=0,H=y\qquad(x,y)\in\Omega_4$$

b. 底部不透水边界为

$$K\frac{\partial H}{\partial n}\Big|_{\Omega_2}=0$$

c. 渗出面边界为

$$H\Big|_{\Omega_5}=y$$

d. 对于温度场边界而言上游坡面温度等于水温，根据第 1 章介绍，水库的水温是随着深度及位置的变化而变化的，所以采用函数形式为

$$T = T_0(x, y), (x, y) \in \Omega_1$$

e. 堤坝底部为地温控制的温度与热流边界，稳态时：

温度

$$T\Big|_{\Omega_2} = T_1$$

热流密度

$$\lambda \frac{\partial T}{\partial n}\Big|_{\Omega_3} = q_0$$

其余的为对流换热边界条件

$$\lambda \frac{\partial T}{\partial n} - hT\Big|_{\Omega_3} = hT_\infty$$

其中，h 为对流换热系数；T_∞ 为环境温度。

f. A 和 C、B 和 C 之间的边界一方面要保持流量平衡和水头平衡

$$H_{\mathrm{A}} = H_{\mathrm{C}}, H_{\mathrm{B}} = H_{\mathrm{C}}$$

$$v_{\mathrm{A}n} = v_{\mathrm{C}n}, v_{\mathrm{B}n} = v_{\mathrm{C}n}$$

另一方面也要保持热量平衡和温度相等

$$T_{\mathrm{A}} = T_{\mathrm{C}}, T_{\mathrm{B}} = T_{\mathrm{C}}$$

$$q_{\mathrm{A}} = q_{\mathrm{C}}, q_{\mathrm{B}} = q_{\mathrm{C}}$$

为了模拟存在渗流时的堤坝渗漏的传热，将堤坝的整体二维几何物理模型简化为一个堤坝深部集中渗漏通道渗漏-流动-传热的二维几何物理模型，只取图 3.2 中的虚线框所示进行研究。该模型仅考虑浸润线下方饱和岩土体的区域。

为了便于分析，在实验的二维几何物理模型中抽出一个剖面，该剖面是经过通道所在的竖直平面，建立如图 3.3 所示的二维几何物理模型进行数值模拟。图 3.3 中的通道简化为管流形式的层流流动，并且不考虑通道和岩土体交界面上的水量交换和热量交换，在此界面上作无流动处理；同时为了与实验进行对接和相互验证，设定了渗流意义上的无流动边界、传热意义上的绝热边界。

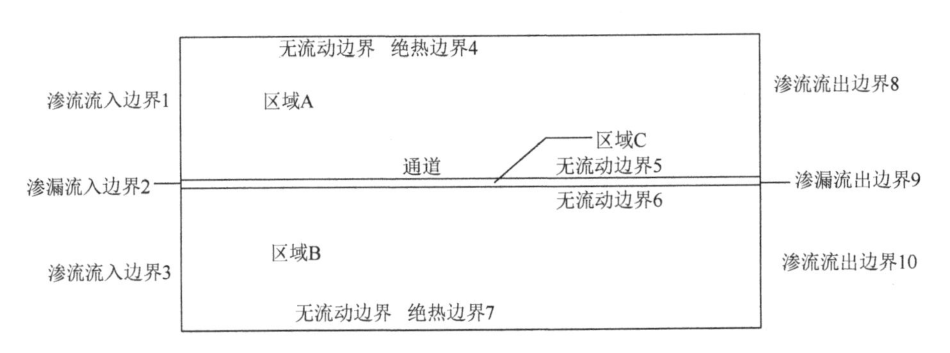

图 3.3　数值模拟二维几何物理模型

（1）渗流场（区域 A、B）假定介质是均匀各向同性介质，流体的流动符合达西定律，对于无源非稳态渗流，其流动控制方程为

$$\frac{\partial(\rho\varepsilon_p)}{\partial t}+\nabla\cdot(\rho\boldsymbol{u})=Q_m$$

$$\boldsymbol{u}=-\frac{k}{\mu}\nabla p$$

式中，ρ 为流体的密度（kg/m^3）；ε_p 为介质的孔隙率；Q_m 为源汇项[$kg/(m^3\cdot s)$]；p 为流体的压力（Pa）；$\boldsymbol{u}$ 为达西流速（m/s）；k 为多孔介质渗透率（m^2），$\frac{k}{\mu}=\frac{K}{\rho g}$（$K$ 为介质的渗透系数，m/s）；μ 是流体的运动黏滞系数（Pa·s）。

（2）渗漏场（区域 C）通道中的流动为管流，在应用时，其雷诺数 Re 需经过计算以确定管中的流动属于紊流或者层流。$Re=\rho vd/\eta$，其中 v、ρ、η 分别为流体的流速、密度与黏性系数，d 为一特征长度。本研究中取为管道的直径。

在实验中，取实验中的参数，经过计算 Re≤797.3，故可认为管流以层流形式流动。Navier-Stokes 方程可以很好地模拟紊流的流动，类似地，也可以用来模拟层流的流动，具体是在 Navier-Stokes 方程的基础上，假设雷诺数不是随时间和空间变化的，而是在时间和空间尺度下一个平均了的常数。则 Navier-Stokes 方程变为平均雷诺数 Navier-Stokes 方程，如下：

$$\rho\frac{\partial\boldsymbol{u}}{\partial t}+\rho(\boldsymbol{u}\cdot\nabla)\boldsymbol{u}=\nabla\cdot[-p\boldsymbol{I}+\mu(\nabla\boldsymbol{u}+(\nabla\boldsymbol{u})^T)]+\boldsymbol{F}$$

$$\rho\nabla\cdot\boldsymbol{u}=0$$

式中，$\boldsymbol{I}$ 为单位张量；$\boldsymbol{F}$ 为体积力矢量（N/m^3）。

（3）固-液二相系传热模型（区域 A、B）在该实验中，传热模型涉及到多孔介质传热和流体传热，分别对应的是存在渗流的砂箱中的砂子和通道中的水体。传热采用以下数学模型进行描述：

$$(\rho c_p)_{cq}\frac{\partial T}{\partial t}+\rho c_p\boldsymbol{u}\cdot\nabla T=\nabla\cdot(\lambda_{cq}\nabla T)+Q$$

式中，ρ 为流体的密度；c_p 为流体的定压比热容；$(\rho c_p)_{cq}$ 为等效常压容积比热；λ_{cq} 为等效导热系数（本研究中假定为标量）；$\boldsymbol{u}$ 是流体的速度场（这是渗流和渗漏场与温度场耦合的关键所在，即把渗流和渗漏的速度代入传热方程）；Q 是热源或者热汇。

固-液二相系的等效导热系数 λ_{cq} 与流体的导热系数 λ 和固体的导热系数 λ_q 相关，表示为

$$\lambda_{cq}=(1-\varepsilon_p)\lambda_q+\varepsilon_p\lambda$$

固-液二相系等效常压容积比热 $(\rho c_p)_{cq}$ 的计算如下：

$$(\rho c_p)_{cq} = (1-\varepsilon_p)\rho_p c_p + \varepsilon_p c_p$$

（4）通道中流体传热模型（区域 C）。通道中流体的传热模型表示为

$$\rho c_p \frac{\partial T}{\partial t} + \rho c_p \boldsymbol{u} \cdot \nabla T = \nabla \cdot (\lambda \nabla T) + Q$$

式中，$\boldsymbol{u}$ 为层流速度场。

（5）边界条件。

a. 渗流边界条件（边界 1、3、8、10）在常水头下，渗流的流速保持不变，渗流流入（出）边界设定为速度势边界，即

$$\boldsymbol{n} \cdot \rho \frac{k}{\mu} \nabla p = \rho U_0$$

式中，U_0 表示流向内部的达西流速，流入为正流出为负；$\boldsymbol{n}$ 为水流流向矢量。

b. 渗漏边界条件（边界 2、9）。层流流入（出）的边界条件为

$$\boldsymbol{u} = \mp U_0 \boldsymbol{n}$$

c. 无流动边界（边界 4、5、6、7）。无流动边界表示为

$$-\boldsymbol{n} \cdot \rho \boldsymbol{u} = 0$$

d. 温度边界（边界 1、2、3、8、9、10）。其中边界 1、2、3 为流体的流入边界，在此设定温度边界表示流入水的温度，即

$$T = T_0$$

边界 8、9、10 为流体的流出边界，也是具有一定温度流体的流出边界，与绝热边界（边界 4、7）一样，表示为

$$-\boldsymbol{n} \cdot (-k \nabla T) = 0$$

e. 区域 C 与区域 A、B 之间的温度边界实验中通过紫铜管的管壁向周围介质放热，在数值模拟中，为了简化，把铜管中的水温与介质的水温看做是相等的。因此，若设区域 C 的边界 5、6 温度为 T_{C}，区域 A 的边界 4、区域 B 的边界 7 温度分别为 T_{A}、T_{B}，则在边界 4、7 上的温度表示为

$$\delta T_{\mathrm{C}} = T_{\mathrm{A}} = T_{\mathrm{B}} \qquad \in \Omega$$

式中，δ 表示对 C 区域边界传给 A、B 区域边界温度的一个折减系数，$0 < \delta < 1$ 因为实验中由于一定厚度紫铜管的存在，铜管内外壁的温度并不相等，而是内壁比外壁的温度大，具体根据实验所测数据确定，一般取 $\delta = 0.55 \sim 0.65$。

（6）设定初始值。渗流与渗漏的初始值设定如下：

$$\boldsymbol{u} = \boldsymbol{u}_0 \quad p = p_0$$

传热的初始值设置为

$$T = T_0$$

3.3　渗流-集中渗漏共同作用的堤坝传热模拟实验研究

目前国内关于渗流对堤坝渗漏的影响研究得比较少，相关实验研究基本空白。所以本节考虑到该问题的复杂性，通过实验的方法对渗流影响下的堤坝渗漏进行研究。在提出稳定渗流下堤坝渗漏传热的三维理论解析模型和数值模型的基础上，设计一个针对堤坝渗流-集中渗漏-传热模型问题的室内实验平台，对已建立的模型进行验证，进一步地，通过分析实验数据在本质上揭示其传热规律。

3.3.1　实验理论基础及方法

1. 理论基础

实验传热方面的研究采用前述导出的模型。在渗流场的理论方面，本节考虑的是单相液体的稳态渗流。稳态渗流是指多孔介质渗流场中各空间点上的物理量如压力、流速等均与时间无关，在实际问题中一般都是非稳态渗流，例如，地层一旦被破坏，流场中各点的压力、流速等就随时间不断地变化。稳定渗流可以在以下情形中出现：

（1）在实验室中，人为地制造某种稳态渗流的条件；

（2）在无限大地层中，以恒定不变的流量开采，经过较长时间可以认为渗流是稳态的；

（3）在流入端和流出端均保持恒定不变的流量和压力，经过长时间以后可近似认为渗流是稳态的。

由于堤坝中的渗流速度比较慢，其流动状态大多属于层流范围。此时，土中水的流动符合达西定律。在本实验中，稳态渗流为上述的第三种情况，可以认为流线是一组相互平行的直线，这一类问题属于平行流，设介质的长度为 L，截面积为 A，流入端压力为 p_r，流出端压力为 p_c，如图 3.4 所示。则方程的定解条件可为

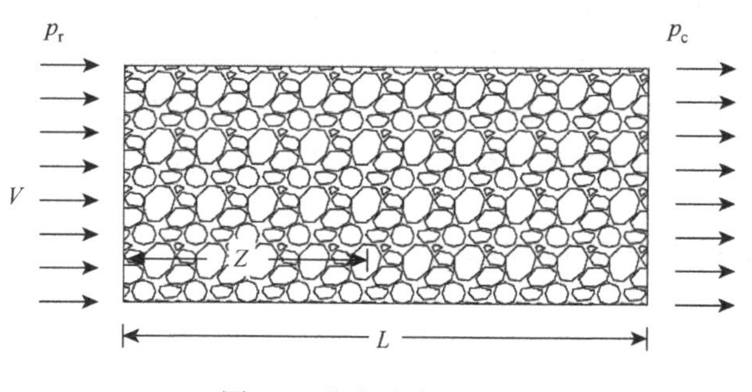

图 3.4　稳态渗流示意图

$$\frac{\mathrm{d}^2 p}{\mathrm{d}z^2}=0$$

$$p(z=0)=p_{\mathrm{r}}$$

$$p(z=L)=p_{\mathrm{c}}$$

易求解得压力分布、截面流量Q和渗流速度V分别为

$$p(z)=p_{\mathrm{r}}-(p_{\mathrm{r}}-p_{\mathrm{c}})\frac{Z}{L}=p_{\mathrm{c}}-(p_{\mathrm{r}}-p_{\mathrm{c}})\frac{1-z}{L}$$

$$Q=\frac{AK(p_{\mathrm{r}}-p_{\mathrm{c}})}{\mu L}$$

$$V=\frac{Q}{A}=\frac{K(p_{\mathrm{r}}-p_{\mathrm{c}})}{\mu L}$$

式中，μ为水的黏度（Pa·s）；K为岩土体介质的渗透系数（m/s），其物理意义是当水力梯度$i=1$时的渗透速度；L为渗透路径（m）；A为过流面积（m^2）；Z为介质距流入边界的距离（m）。以上方程表明，其压力沿流动方向呈线性分布，流量和流速是与两端压差成正比的常数。

2. 实验方法

渗流水温及其速度是影响堤坝温度场的重要因素，还有热源强度（主要受渗漏水温及其速度的影响），对这些不同因素对堤坝内部温度场的影响进行定量化分析具有比较高的价值，不仅可以更好地模拟堤坝渗漏时的运行状况，也可以对土体在上述条件下的传热规律进行深入研究。

实验的材料为砂土，这是一种典型的多孔介质，假设任何一点砂土骨架和流动水都符合热力学平衡。由于导热和渗流问题的复杂性，因此，在进行实验研究之前应对一些基本问题作假设：把渗流作用下的砂土看作是饱和、各向同性的均一化多孔介质材料；饱和砂土只存在固体骨架和骨架以外的孔隙，且互相连通；水在砂土中的流动属于层流范围，符合达西定律；砂土骨架和其周围的流体的热平衡是瞬间达到的，即它们瞬间达到相同温度。

因此，基于达西定律考虑存在稳定渗流情况下设计实验模型。把砂子装入砂箱中，充满水，通过改变高位水箱的位置来调节渗流速度。在砂箱的中间加一条导热良好的管道，在管道入口流入的是较高温度的水，以此来模拟渗漏线热源（在真实的堤坝深层渗漏中，与实验情况相反，渗漏是一个线热汇，但是机理是一样的）。

3.3.2　实验平台设计及基础参数测定

1. 实验设计和调试

实验平台设置在位于地下室的实验室，室内温度比较稳定，波动的幅度比

较小，非常适合该类实验研究。具体设计见图 3.5。各个设备的名称、尺寸与规格见表 3.1。

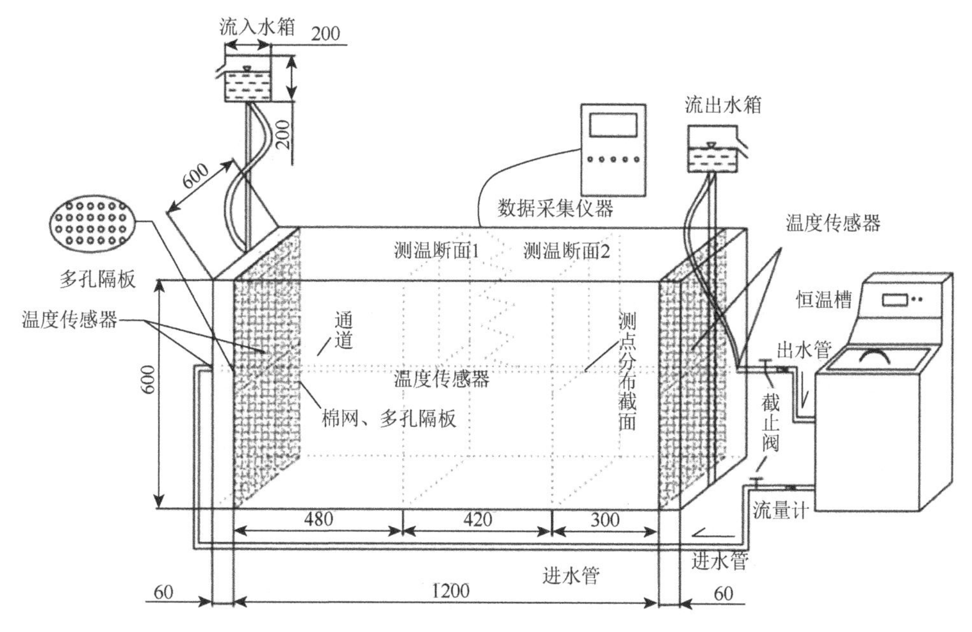

图 3.5　实验装置示意图（单位：mm）

表 3.1　设备名称、尺寸与规格汇总表

设备名称	尺寸与规格
砂箱	1200mm×600mm×600mm
上游水箱	200mm×200mm×300mm
下游水箱	200mm×200mm×200mm
砂箱左右连接水箱	60mm×600mm×600mm（×2）
SC-15 数控恒温槽	调节温度范围为室温至 100℃，温度波动幅度为±0.05℃，数显分辨率为 0.1℃
LZB-10 玻璃转子流量计	测量范围为 60～160L/h，精度等级为 2.5
LM35DZ 温度传感器	适用范围为–55～150℃，精度为 0.1℃（在 25℃时）
SY-5 温度电导仪	温度读数精度为 0.1℃，温度补偿误差在±2%范围之内

各分项系统的用途分别为：

1）主系统

为了模拟堤坝渗漏通道所处的区域的渗流，制作如图 3.6 所示的箱子。在箱体的四周都贴上保温棉以模拟绝热边界条件。考虑到加入砂子和水后箱体受土体侧向压力增加，在整个箱体的侧立面用角铁进行加固，防止因箱体变形过大产生破坏从而影响实验的正常进行。

为了模拟通道的传热，在箱子的中间设置了一根紫铜管，在砂箱中的长度为1.2m（计算时取的长度），内径为 1.7cm。它在穿过砂箱两端的连接水箱时，与其中的水是不接触的，在连接水箱中有一个塑料套管，隔绝了铜管和水的接触（图 3.7）。实验时在铜管内有比周围温度高的循环流动水。通过改变循环水的温度模拟不同热源强度下的砂土温度响应。

砂箱两端的连接水箱与砂箱之间设置了多孔隔板，水通过多孔隔板流入到砂箱中。在与砂子接触的一侧有高渗透性的土工膜与砂子隔离，既保证了砂子不会从砂箱被带到水箱里，还可以使整个断面上的渗流更加均匀。砂子的填筑按照边填筑边饱和的方法进行，每填 5cm 然后饱和。填完后（预留 5cm）静置两天。为了不让水从箱体盖板和砂子的缝隙之间流过，沉降后在上部铺上 5cm 厚的黏土，最后盖上带有肋板的盖板，拧紧螺丝。肋板的作用一方面可以增强在水头下盖板的抗变形能力；一方面可以增加渗径，目的是阻止渗流水从盖板和黏土的缝隙中穿过。

整个砂箱的关键在于它的密闭性，因此，在盖板和箱体之间先贴上一层胶皮，然后再均匀抹上一层凡士林。另一个重要的防漏点是盖板预留孔（温度传感器的导线从这里穿出），在水头的压力下比较容易发生渗水，具体处理方法是在孔中的缝隙注入 704 硅胶，待其凝固后再在上部涂抹一层 AB 胶。在高水头差下检验实验系统的防渗，整个实验过程没有发现渗漏现象。

图 3.6　砂箱内部

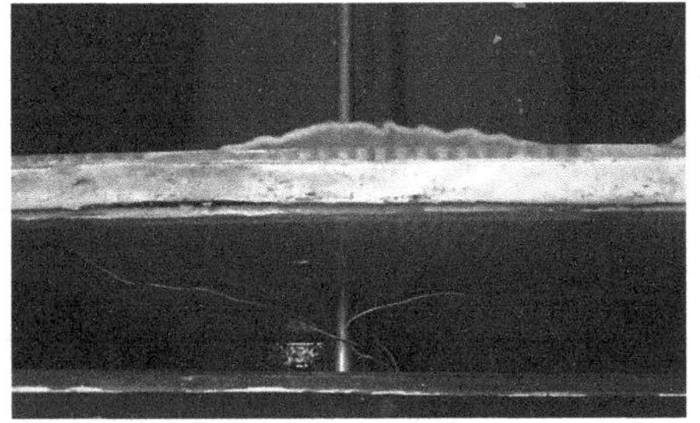

图 3.7　紫铜管与水箱连接

2）渗流控制系统

实验设置两个水箱（上游和下游），模拟实际工程中的水头差（图 3.8）。两个水箱分别与砂箱两端的两个连接水箱分别连通。固定流出水箱的高度，控制上游水箱的高度就可以调节箱体内渗流的速度。通过称重法可以测定渗流的流量，多次测量取平均值以减小误差。因为渗流的流量较小，用流量计来测量误差较大，而采用电子天平（精度为 0.1g）和秒表（精度为 0.01s），可以比较精确地计算出渗流速度。已知过流断面截面积，最终计算出渗流速度。实验前，通过调节进水箱的高度、维持水面的高差以获得需要的渗流速度，每隔一段时间用称重法计算流量，直到渗流稳定后开始实验。渗流稳定的判据是两次称重法计算的流量相等。实验中也要经常称重，检查渗流是否稳定。

图3.8　水头差控制水箱

3）渗漏通道控制系统

恒温槽通过软管与模拟渗漏通道的紫铜管相连，软管用保温棉包裹起来以避免热量的散失。恒温槽里面充满水进行循环，水循环的动力由恒温槽本身提供。恒温槽可以提供温度稳定的渗漏水，也可以设定不同的温度，参见图3.9。在通道的流入端设置一个流量计，流量计的连接见图3.10。不仅可以测量渗漏的流量（通道内径已知，可以求出渗漏速度），还可以改变流入通道里面的流速。

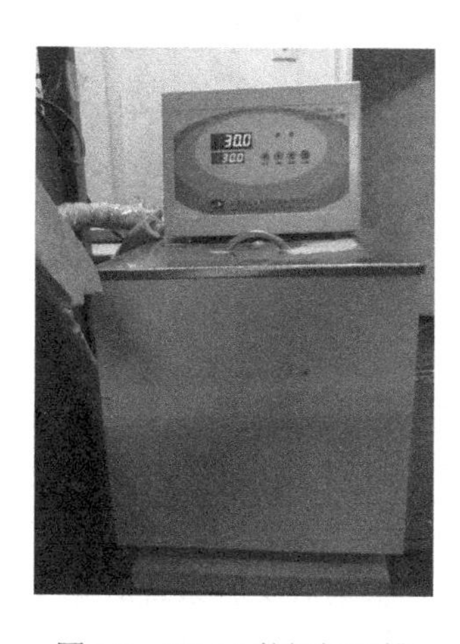

图3.9　SC-15数控恒温槽

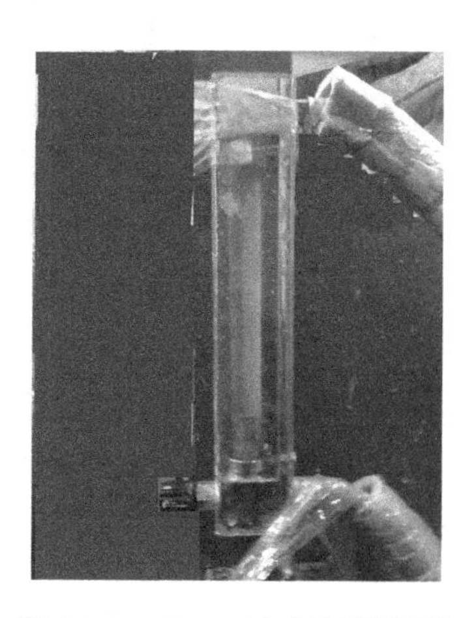

图3.10　LZB-10玻璃转子流量计

4）温度监测系统

砂箱内部布置两个温度监测断面，用于监测实验开始后箱体内部的温度。布置的原则模拟工程实际中对钻孔温度的测量，在竖直方向排成一条线，模拟实际工程中的测温钻井，测定竖直方向若干点的温度值，以期通过温度异常区域来寻找渗漏通道的位置，因此在竖直方向有四条测线，每条测线上面有若干个测点。再者，为了兼顾断面水平方向温度的差异，在水平方向也布置了传感器。竖直和水平方向都是按照距通道（热源）的远近布置温度传感器，每个断面上有 21 个传感器（图 3.11～图 3.14）。

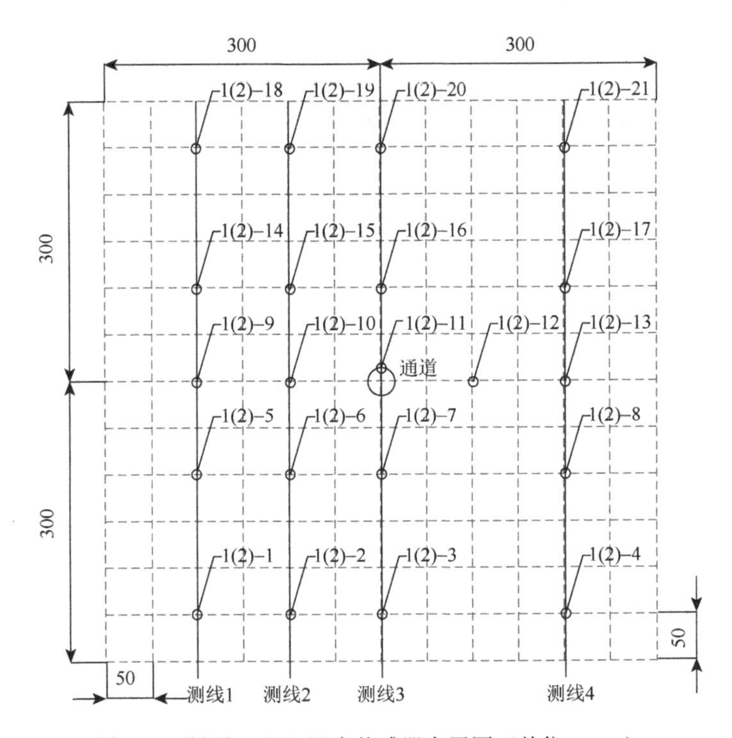

图 3.11　断面 1（2）温度传感器布置图（单位：mm）

2. 实验参数测定

在堤坝渗漏的传热系统中，渗漏、渗流速度的大小，渗流和渗漏水温是影响其变化的主因之一，这在实验过程中通过比较容易得到。还有一些参数也比较重要，比如渗透系数、导热系数等。这些参数是砂土的特性参数之一，与实验系统的导热性能密切相关，砂土的渗透性和热物性综合影响着实验系统的温度响应，是实验系统成功使用的前提和基础，其中在实验开始之前的渗透性实验是为了验证砂箱中渗流是否正常发生。因此砂土渗透特性和导热特性对于总的实验系统来

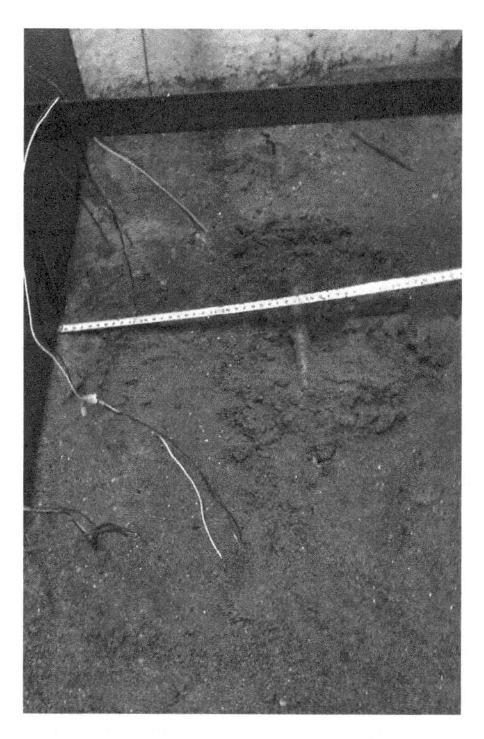

图 3.12　温度传感器的埋设

图 3.13　LM35DZ 温度传感器

图 3.14　SY-5 温度电导仪

说是十分重要的，因此在实验之前应该先进行砂土渗透性和导热性的实验，还有一些相关的实验参数比如密度、比热容等参数也需事先测定好，具体结果见表 3.2。

表 3.2　实验基础参数测定

材料	实验参数	实测或计算数值
饱和砂土	密度/(g/cm^3)	2.37
	比热容/[J/(kg·K)]	1.71×10^3
	渗透系数/(cm/s)	0.0346
	导热系数/[W/(m·K)]	1.56
	导温系数/(m^2/s)	3.87×10^{-7}

3.3.3　实验过程及结果分析

为了掌握堤坝传热在不同渗漏水温、渗漏速度 v_1、渗流速度 v_2 下的温度响应，整个测试共 9 个工况，参见表 3.3。实验条件参数根据大量的实测资料、公开发表的文献资料等进行选取。实验开始前，先调节进水箱维持稳定水面高差，获得稳定渗流并使砂箱内的初始温度均匀一致，同时打开恒温槽的开关，把水加热到需要的温度后，实验开始。先测定箱体中砂子的初始温度场，然后打开恒温槽的输水开关，恒温槽中的水开始循环的同时开始计时。读数的间隔按照实验前期密集，后期根据情况适当加大的原则进行。在实验期间，不仅要定时量测渗流出水箱的水量以保证流量的稳定，还要根据读数观察砂箱中的温度场是否达到稳定，而且要随时监测靠近箱体边界温度的变化情况。在箱体的温度场基本达到稳定的情况下结束实验。

表 3.3　堤坝渗漏热模拟实验安排

工况	流入端水温	流入端流速	
	渗漏水温与初始温度之差/℃	平均渗漏速度/(cm/s)	平均渗流速度/(cm/s)
1	5	2.26	0
2	5	2.26	2.32×10^{-3}
3	5	4.69	2.36×10^{-3}
4	5	2.26	5.80×10^{-4}
5	5	4.69	5.95×10^{-4}
6	10	2.26	6.09×10^{-4}
7	5	2.26	1.11×10^{-4}
8	5	4.69	1.23×10^{-4}
9	10	2.26	0.89×10^{-4}

1. 断面温升图

在恒温槽向紫铜管通热水以后，紫铜管不断向周围的饱和砂土放热，初期因为铜管中的水的温度与周围介质的温度差较大，砂子的温度升高较快，故而测量的频率也比较高。随着铜管放热的进行，由于砂箱四周近似为绝热，箱中砂子的不断蓄积热量，温度升高，与铜管中水的温度差越来越小，导热升温缓慢，并逐渐趋于稳定。图 3.15～图 3.20 为工况 2 从实验开始到结束六个阶段断面 1 的温升图。其他工况也有相似的规律。

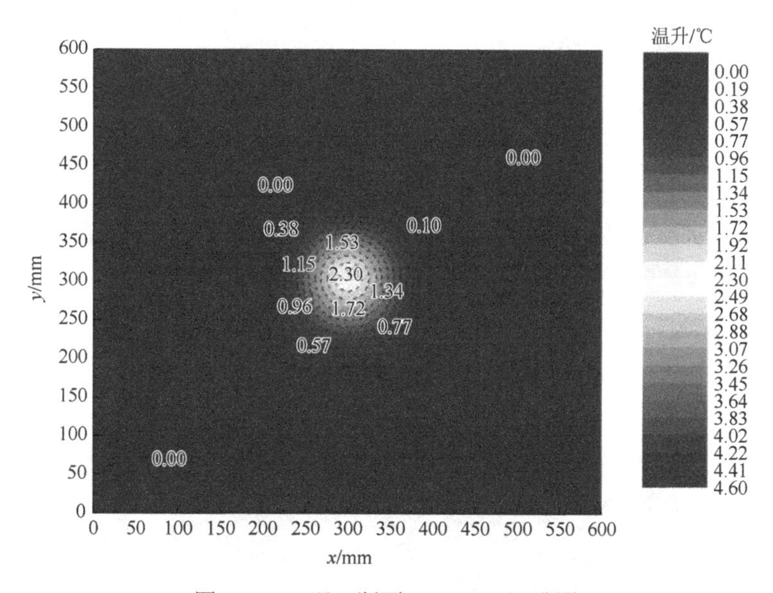

图 3.15　工况 2 断面 1（0.5h）温升图

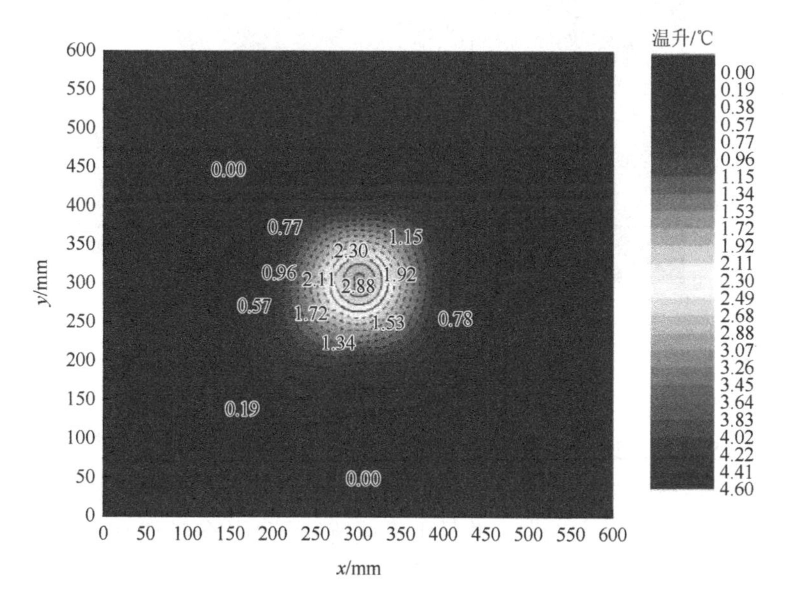

图 3.16　工况 2 断面 1（2h）温升图

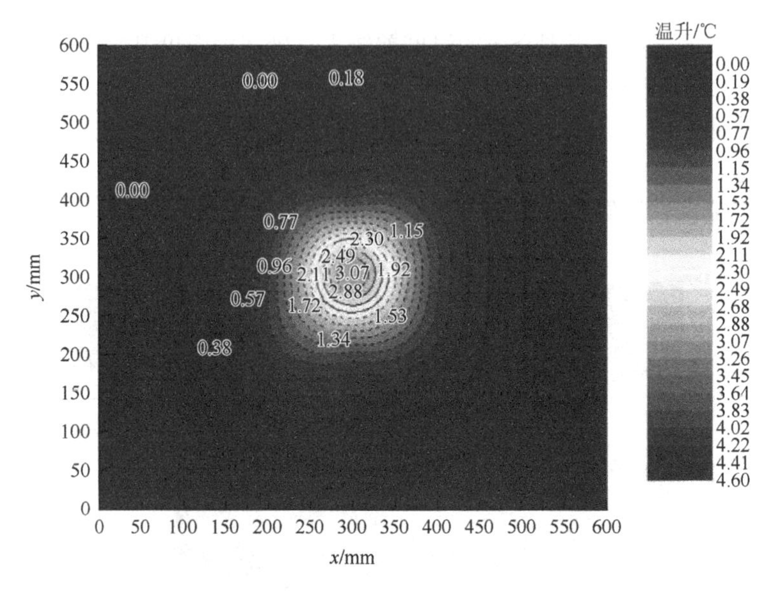

图 3.17　工况 2 断面 1（5h）温升图

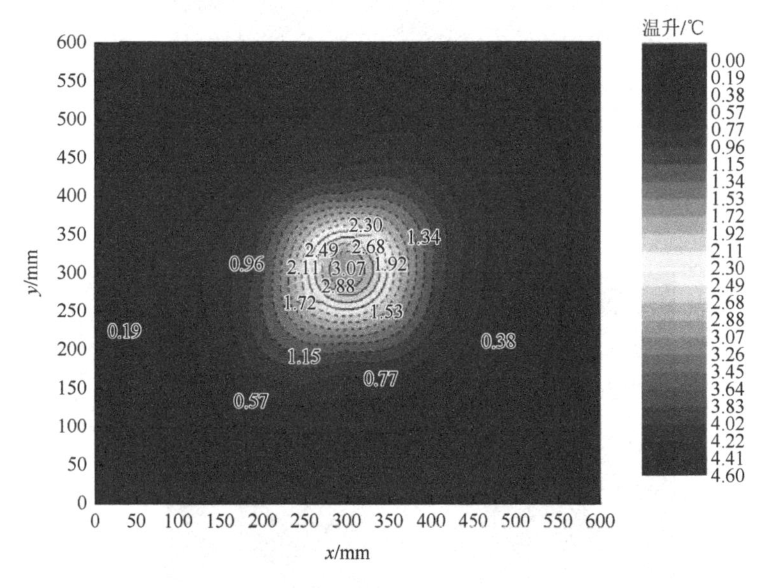

图 3.18　工况 2 断面 1（11h）温升图

从图 3.15～图 3.20 中可以看出，实验开始以后，紫铜管向周围介质散热，离铜管近的介质温度首先升温，热量由近及远逐渐传递，距离通道越近的地方温升等值线越密集，温度梯度越大。并且由于填筑砂子不均匀造成孔隙率不均一，导致水体的流动和砂粒骨架的传热也不是很均匀，再加上到达边界区域受绝热边界的影响，等温线并不是完全圆形分布，这种现象离边界越近越明显。断面 1 从 0.5～

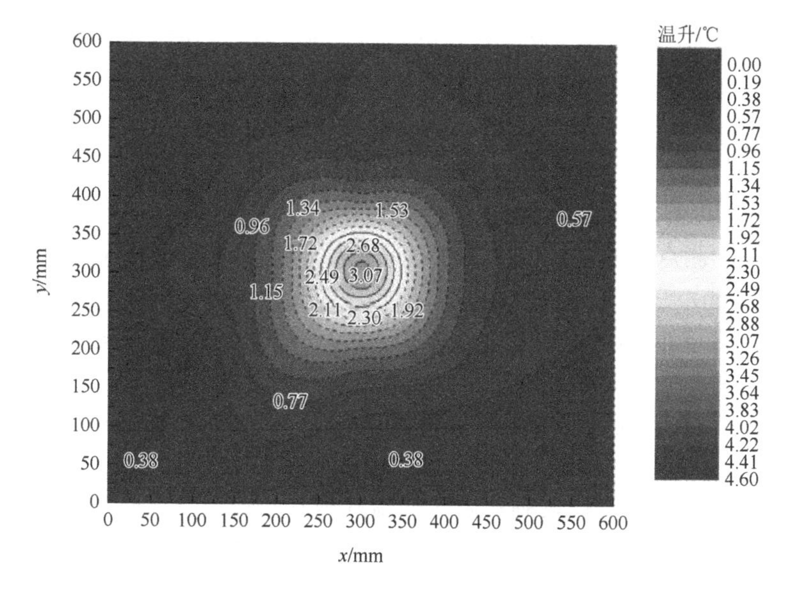

图 3.19　工况 2 断面 1（59h）温升图

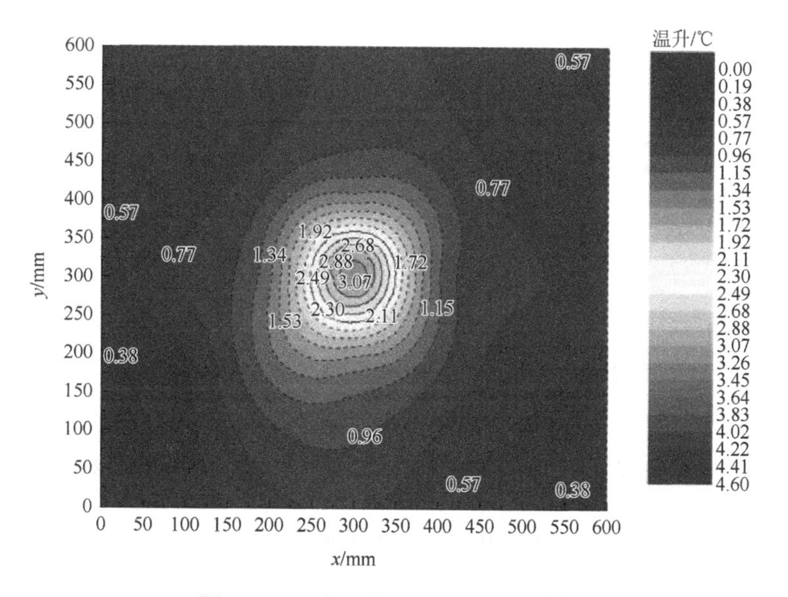

图 3.20　工况 2 断面 1（69h）温升图

11h 为温升迅速增大阶段，并在 11h 左右，由紫铜管发出的热量传递到边界区域，在这个阶段还可以认为热源是在无限大介质的瞬态温升过程。之后边界区域的热量不断积聚，温升增大，进入边界近似绝热的有限大介质温升过程，此时通道周边的核心区域温升放慢，而边界区域的温升速度稳步提升后也逐渐变慢，59～69h

之间的温升即为这一过程。随着放热的继续，热量继续积聚，最终在一定的时间间隔之内温度场的变化非常小，即可认为整个砂箱的温度场达到准稳态阶段。

2. 测点的温升曲线

以工况 4 为例，选出一些代表性测点，作出其温升曲线，分析其温升规律。

在断面 1 测点温升曲线中（图 3.21），测点 7、10、12、16 到通道中心的距离都为 100mm，它们的温升曲线大致相同，相互之间最大的差值为 0.2℃左右，说明这四个测点的实测的温度是可靠的。在 0～11h 之间为快速升温阶段，11～60h 温升速度有所放缓，为稳步温升阶段，之后逐渐达到准稳态。图 3.22 为断面 2 中一些测点的温升情况，图中测点 5、8、14、17 距通道中心的距离都为 224mm，测点 7 为 100mm，测点 18 约为 320mm。由图 3.22 可以看出，距离通道中心距离相等的测点在达到稳态时的温升基本一致。距离通道中心越近温升越大，如测点 7；反之温升越小，如测点 18，并且距离远的测点，温升有一定的滞后性，如测点 5、8、14、17、18。特别是测点 18 在 5h 以前温升基本为零，是因为距离通道中心较远，热量还未传到此处。这与 3.3.3 小节断面温升图所揭示的规律相一致。

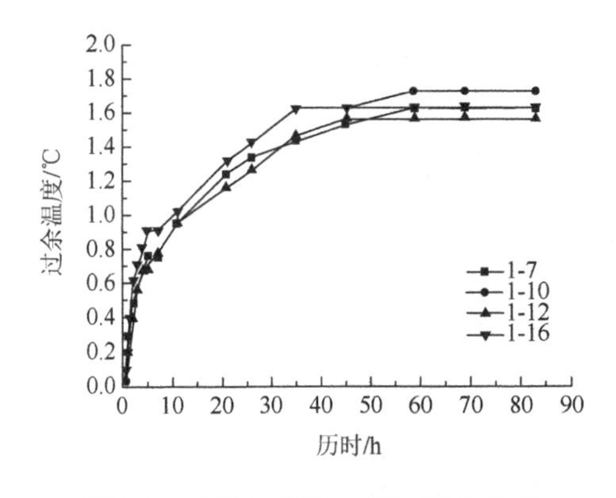

图 3.21　工况 4 断面 1 测点温升曲线

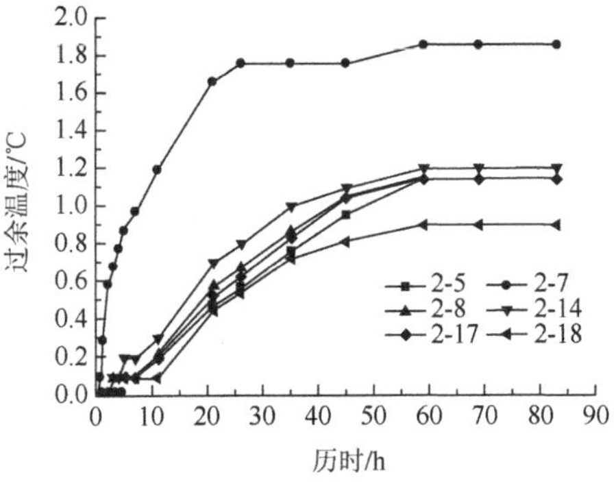

过余温度/℃
历时/h
2-5　2-7
2-8　2-14
2-17　2-18

图 3.22　工况 4 断面 2 测点温升曲线

再比较断面 1、2 相同位置测点的温升曲线。从图 3.23 和图 3.24 中可以看出，同一工况下，断面 1、2 相同位置测点的温升曲线是不一样的。在断面 1、2 中都取出 3 个测点进行比较，断面 1 测点的温升都要比断面 2 测点的温升低。这是因为，断面 1 在断面 2 的上游位置，渗流水流从断面 1 流到断面 2 的过程中不断地被加热，在断面 2 的质点，不但有断面中心铜管的加热，而且还有上游流过的渗流水所携带的热量，两者共同作用，导致断面 2 的某些相同位置测点的温升要比断面 1 高。

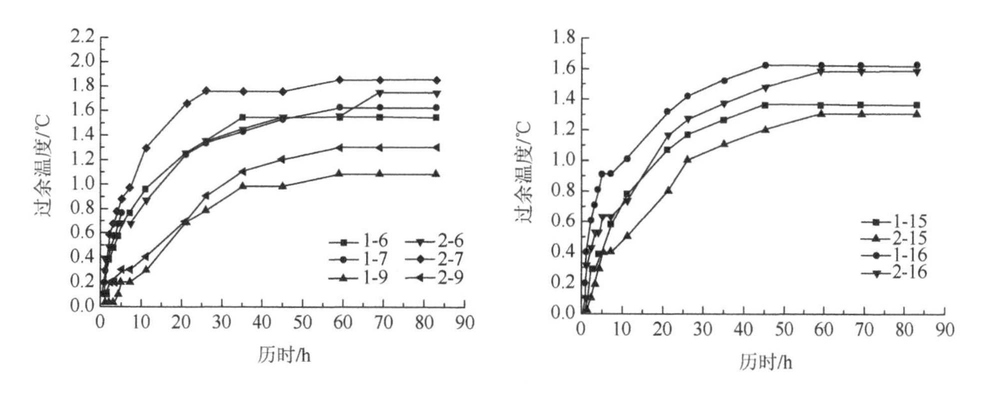

图 3.23　工况 4 断面 1、2 相同位置测点温升曲线比较　图 3.24　工况 4 断面 1、2 相同位置测点温升曲线比较

另一方面，在无渗流工况 1 下，为了与有渗流工况比较，仍选用同样测点的温升曲线进行比较，如图 3.25 所示，所相同位置有断面 1 的测点的温升均要比断面 2 测点的温升高。结合工况 2，这从另一方面说明了渗流对上下游的质点温升有比较重要的影响。

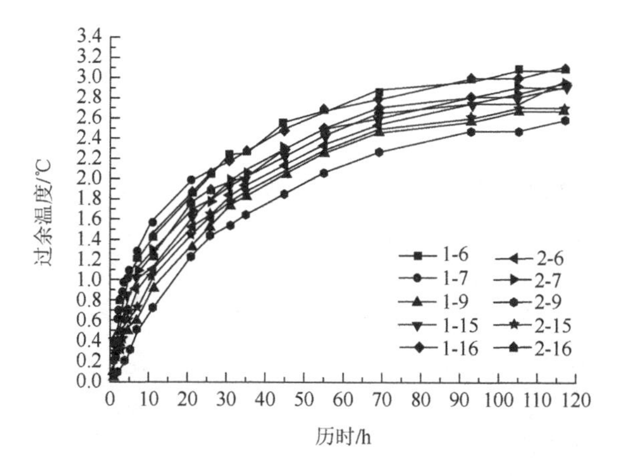

图 3.25　工况 1 断面 1、2 相同位置测点温升曲线比较

3. 渗流速度不同时断面温升的比较

由前述可知，堤坝渗漏的温度响应在有渗流和无渗流情况下是不同的。有渗流时，质点的温度不但受热源传热的影响，而且受渗流速度的影响。工况 1 为无渗流状况，为了便于揭示渗流速度对温度响应的影响，其他条件不变，只改变渗流速度。工况 2、4、7 的平均渗流速度是逐渐减小的，并与无渗流的工况 1 比较。只取 69h 断面 1 的温升图进行比较（工况 2 的测量历时只到 69h，且其他工况在

这个时刻一大部分接近准稳态）。由图 3.26～图 3.29 可以看出，随着渗流速度的减小，断面的整体温升情况是逐渐增大的，在渗流速度为 0 时，温升最大。

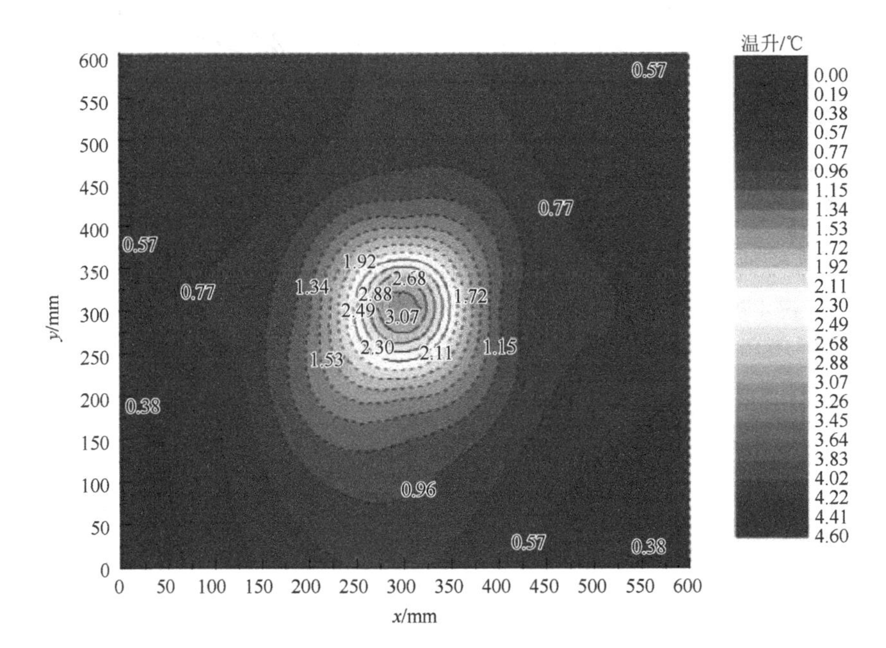

图 3.26　工况 2 断面 1（69h）温升图

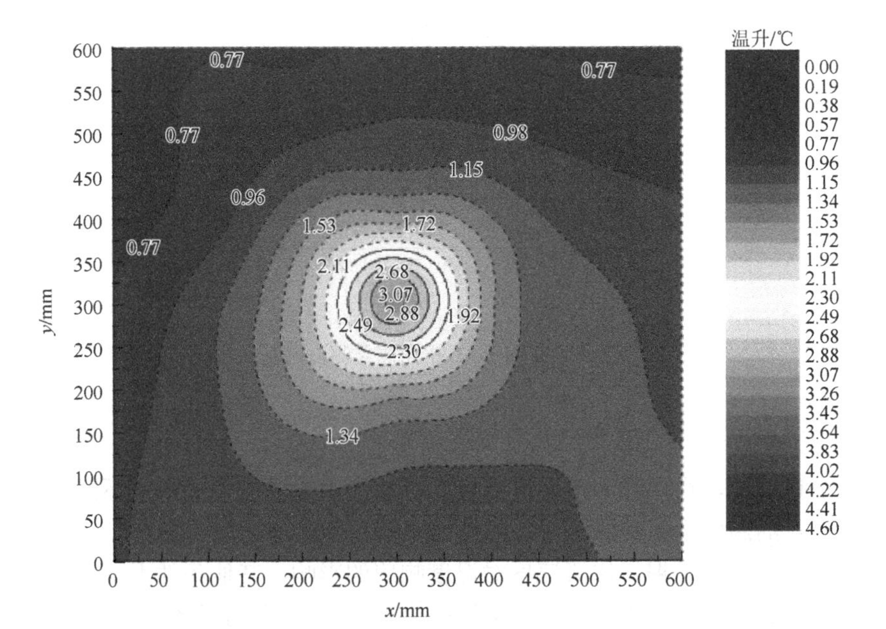

图 3.27　工况 4 断面 1（69h）温升图

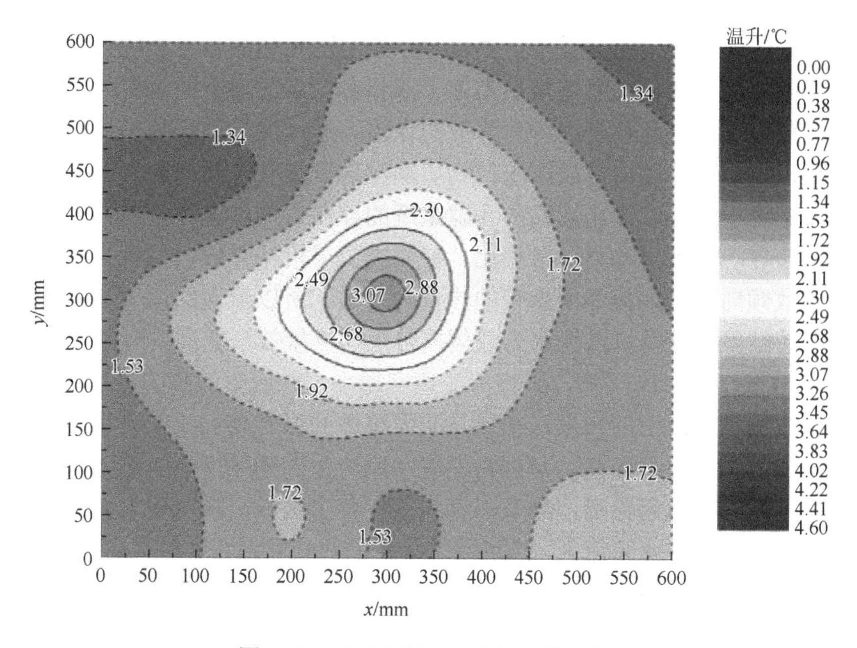

图 3.28　工况 7 断面 1（69h）温升图

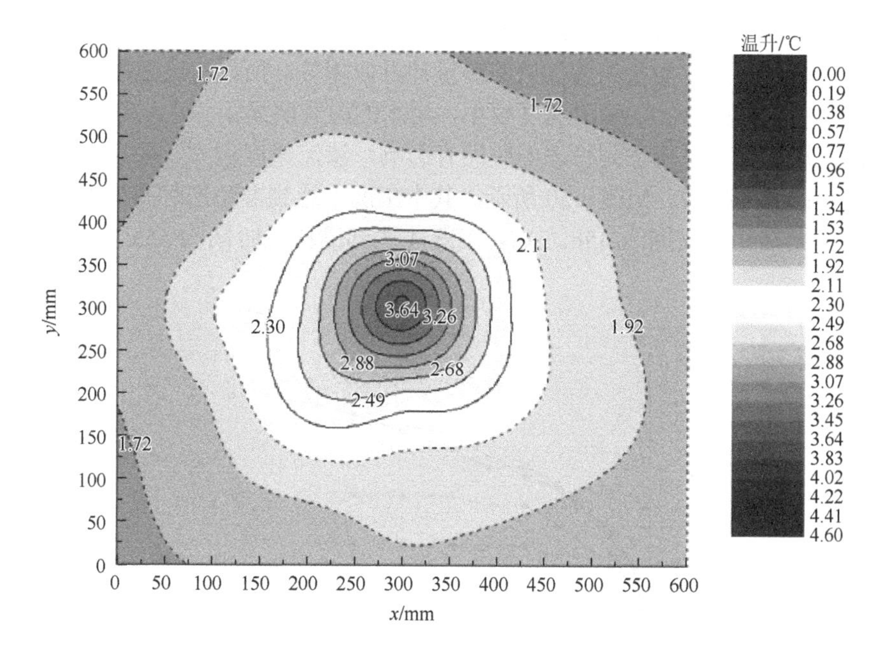

图 3.29　工况 1 断面 1（69h）温升图

由于砂土是多孔介质，且在饱和状态下。有很多连通的微小通道，渗流水从这些通道中流过，与骨架颗粒发生两种传热类型，即热传导和对流换热。在这个存在内热源的固、液二相介质中，热传导包括由固相和液相传导的热量，以及从固相迁移到液相的热量。对流换热是由于液相在微小通道中的对流作用输运的热量；另一部分热量的迁移是因为热弥散的作用，通过液相输运的热量，热弥散产生的热输现象与流体动力弥散产生的物质输运现象是完全类似的。造成热弥散的原因，一是由于颗粒和互相连通的孔隙系统的存在是局部速度分布不均一；二是由于热的传导。与流体动力弥散相比，前者类似于机械弥散，后者类似于分子弥散。热弥散倾向于增加流体所携带的热量的传播。所以流速的增大会强化换热，强化换热的结果是使得以渗流水为载体携带走的热量效率变高。

由图 3.26～图 3.29 可知，平均渗流速度越小，介质中的热的输运越不充分，造成热量在测量截面上的积聚，结果是断面整体的温升越大。在无渗流工况下，之所以断面的整体温升最高，是因为没有渗流产生的强化换热、热弥散作用，而且热量并没有向尾水箱输运，导致热量积聚在整个区域。在本研究实验中，渗流水从与砂箱连接的输水箱流入，经过以上分析的热迁移过程，最终从尾水箱流出，通过测定流出渗流水的温升情况，可以定性分析渗流速度对下游水温的影响情况。在 69h 的时候，监测到的渗流流出水箱中的温升分别为工况 2（0.60℃）、工况 4（0.81℃）、工况 7（1.00℃），渗流速度越小，尾水温升越大。在其他工况及时间段亦有相似规律。分析如下：渗流速度越大，流量越大，相同时间通过砂箱的渗流水的体积也越大，而紫铜管提供的热量却近似相等，所以渗流速度大，尾水的温升反而不明显；反之，渗流速度较小，尾水的温升明显。

渗流速度还对系统达到稳态的时间有影响，渗流速度越大，系统达到稳态的时间越短；反之越长。如图 3.30 所示。其中工况 1 达到准稳态时间为 110h 左右，工况 2 达到准稳态时间为 35h 左右，工况 4 达到准稳态时间为 55h 左右，工况 7

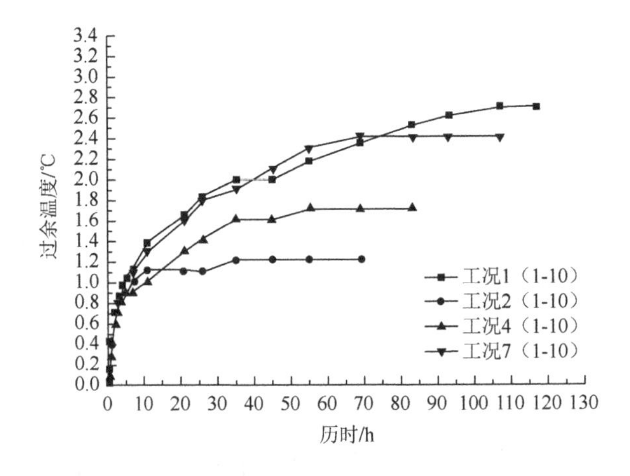

图 3.30　不同渗流速度下系统达到稳态时间比较

达到准稳态时间为 70h 左右。因为渗流速度大，热迁移能力也强，系统中热量被带走的也越多。热量从热源处散发出来，还来不及向更远的区域传递就已被渗流水带走。热源周围的温度梯度因此变得比较小，结果是系统达到稳态的时间较短。

4. 热源强度的变化对系统温度响应的影响

渗漏速度对系统内温度场的影响主要体现在改变热源强度上，热源强度与渗漏速度为正比例关系；若通道的进口水温变化，而初始温度不变，也就是渗漏水温初始温度之差的改变，也会影响到热源强度。下面分别讨论这两者因素造成的热源强度的改变从而对整个温度场的影响。

实验各个工况计算的热源强度 q_l 值汇总情况详见表 3.4。

表 3.4　各工况热源强度 q_l 值汇总表

工况	1	2	3	4	5	6	7	8	9
q_l /(W/m)	16.64	22.43	30.16	15.43	19.36	31.04	17.59	21.23	30.50

1）渗漏速度

渗漏速度增加，热源强度也增加，最终的结果是断面整体温升的增加。比较工况 4、5 断面 1 在 11h 的温升情况，如图 3.31 和图 3.32 所示。工况 4 计算的 q_l 为 15.43W/m，工况 5 为 19.36W/m，

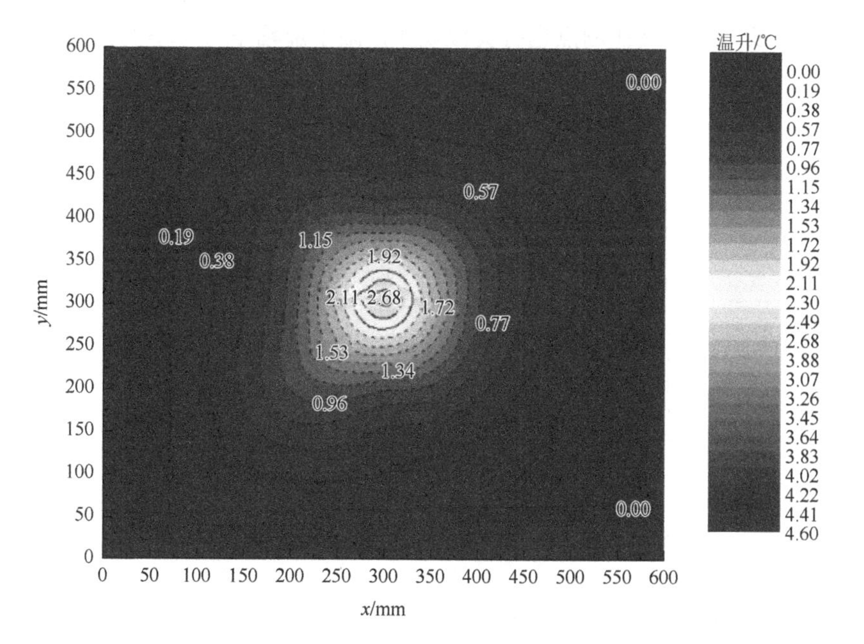

图 3.31　工况 4 断面 1（11h）温升图

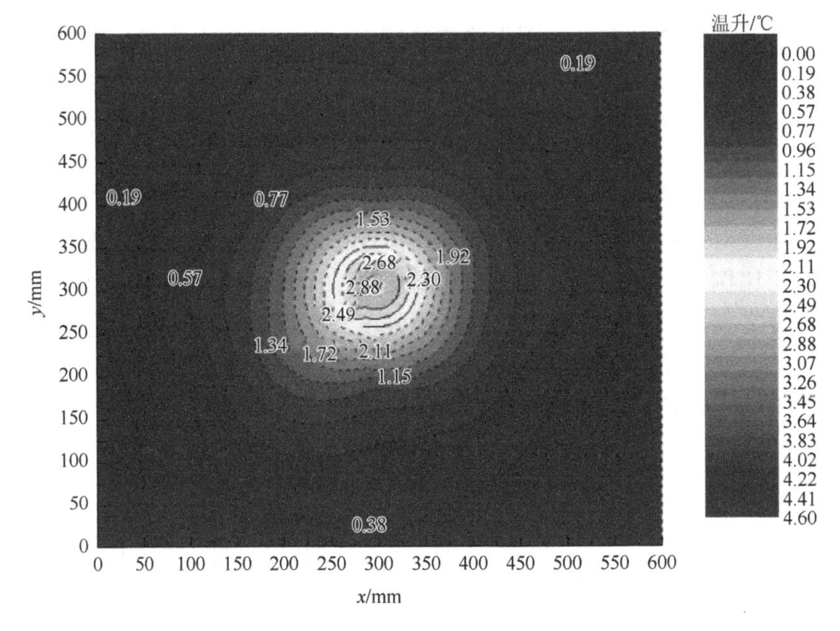

图 3.32　工况 5 断面 1（11h）温升图

为了研究问题的普遍性，再以工况 7、8 为例，分析断面 2 中测点 7 和 10 的温升曲线，工况 7 的 q_l 为 16.69W/m，工况 8 为 21.23W/m，参见图 3.33。从图 3.33 中可以看出，工况 7 断面 2 中的测点 7、10 相比于工况 8 的测点，在不同的历时，其温升都要低一些。其他测点也有类似规律，限于篇幅不一一举例。

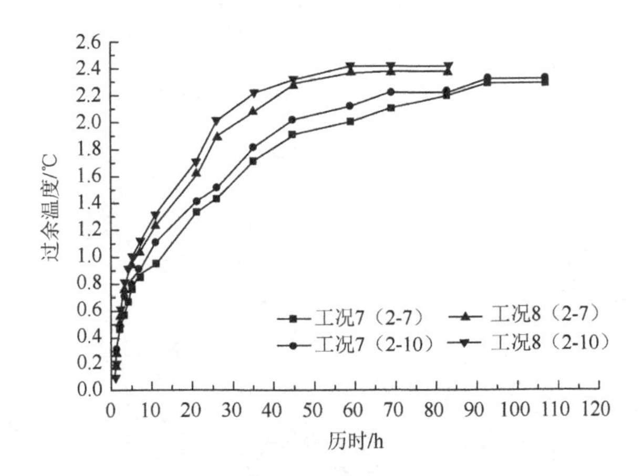

图 3.33　工况 7、8 断面 2 相同位置测点温升曲线比较

2）渗漏水温与初始温度之差

通道中的水温与初始温度之差的变化是通过进出口温度的变化来影响热源强

度的。由热源强度的计算公式可知，这个差值越大，进出口水温的差值也越大，进而热源强度也随着增大，导致整个温度场的温升增大。

工况 4、6 断面 1 在 11h 的升温情况，如图 3.34 和图 3.35 所示。工况 4 的 q_l 为

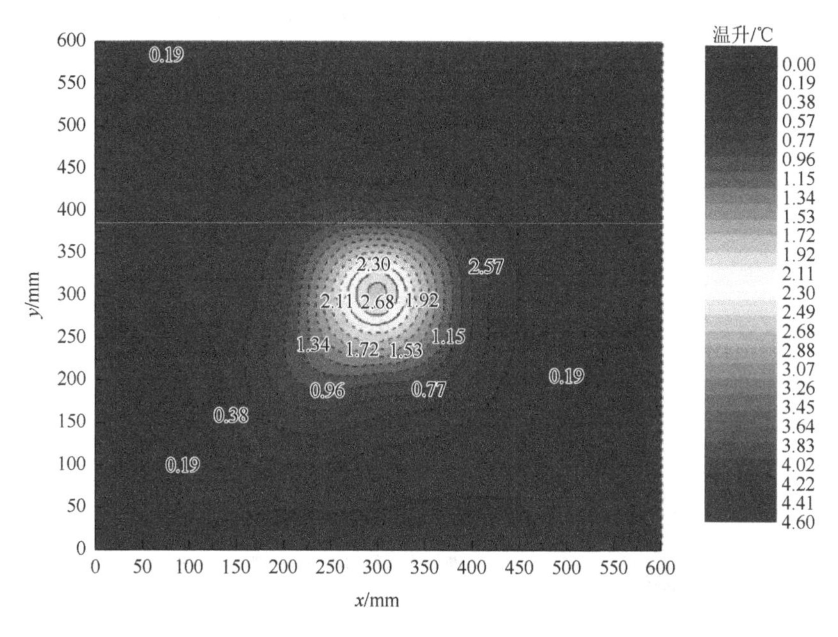

图 3.34　工况 4 断面 1（11h）温升图

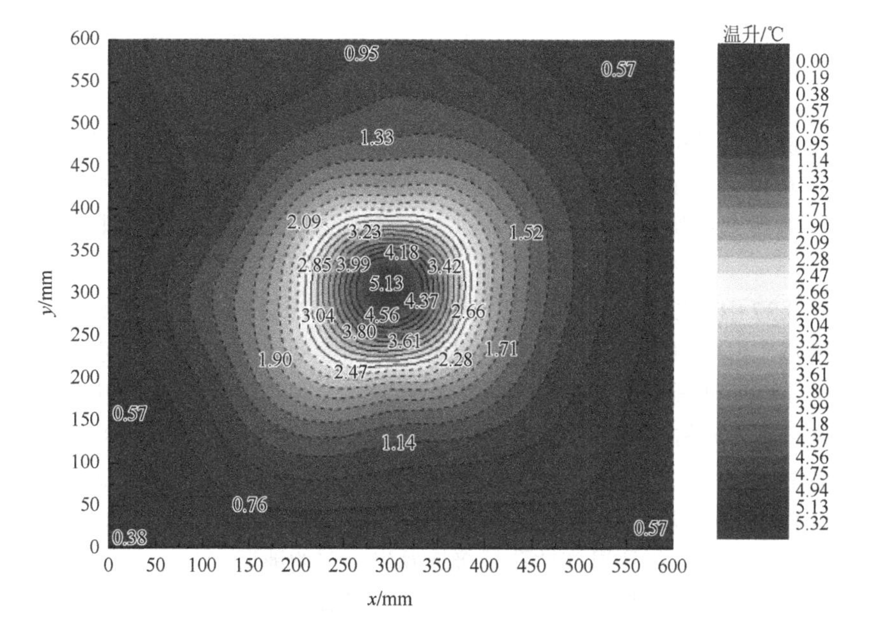

图 3.35 工况 6 断面 1（11h）温升图

15.43W/m，工况 6 的 q_l 为 31.04W/m。后者几乎为前者的一倍，在温升断面中的表现为断面整体温升较高，且等温线越密集，说明由通道发出的热流密度越大。考虑该规律的普遍性，以工况 7、9 为例，在断面 2 中选取两个测点，作出温升历时曲线，参见图 3.36。其中工况 7 的 q_l 为 17.59W/m，工况 9 的 q_l 为 30.50W/m。通道中的水温与初始温度之差越大，结果是热源强度越强，最终的规律是系统的温升越大。并且热源强度越强，系统达到稳态的时间也越长。

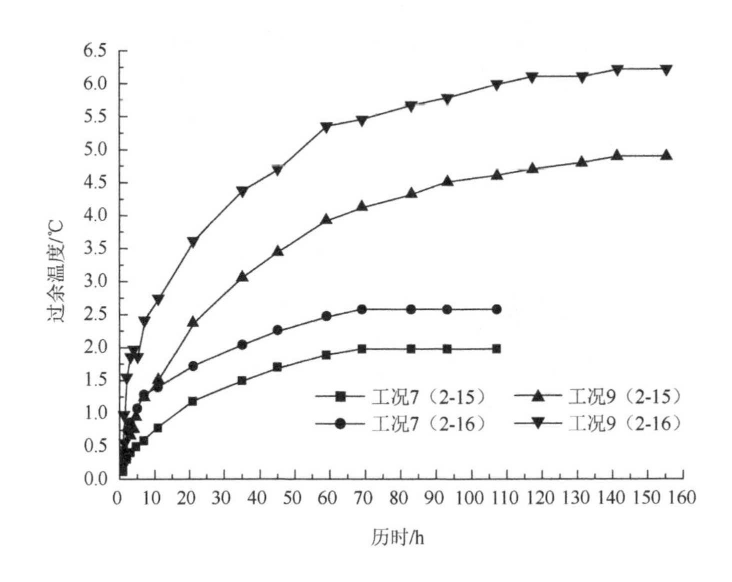

图 3.36　工况 7、9 断面 2 相同位置测点温升曲线比较

断面测线温升的比较在布置测温传感器时，为了模拟实际温度测井曲线，竖直方向布置了四条测线。其中测线 3 竖直穿过通道，测线 1 和测线 4 关于 y 轴对称，测线 2 在测线 1、3 之间。以工况 1、2 为例，研究某时刻下测线的温升情况。

从图 3.37 中可以看出无渗流工况和有渗流工况在同一时间时测线 1 的温升情况，有渗流工况的测线温升明显要小得多。在测线的温升曲线上有明显的峰值，这个峰值是判断通道所在埋深平面的依据。工程上利用温度测井监测到的一般是异常的温降值，异常温降所在的地层平面可以判断为渗漏层。图 3.38 说明离通道不同位置的测线，温升也不一样，离得越近，热流密度比较大，异常温升也越高。在实际工程中，一般在堤坝上钻若干温度测井，比较不同测井的测线温度曲线，异常温降越大的地方往往温度钻孔越接近发生渗漏的地层。

利用前述的解析模型，计算理论的解析测线温度曲线，并与实测值进行对比验证。如图 3.39 和图 3.40 所示，只取工况 1 和工况 2 中的断面 1 来分析，选择

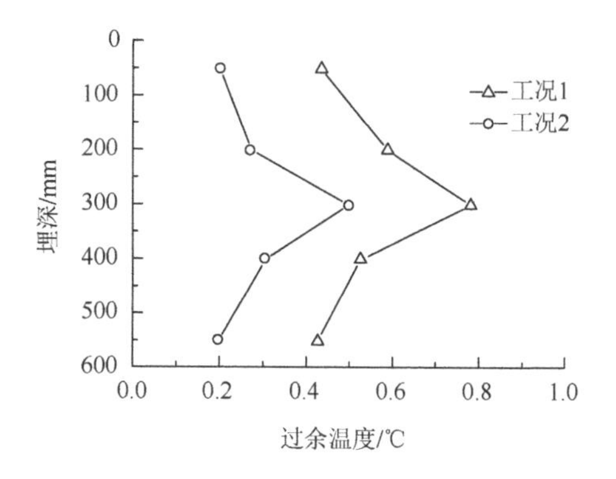

图 3.37 工况 1、2 断面 1 测线 1 在 11h 的温升

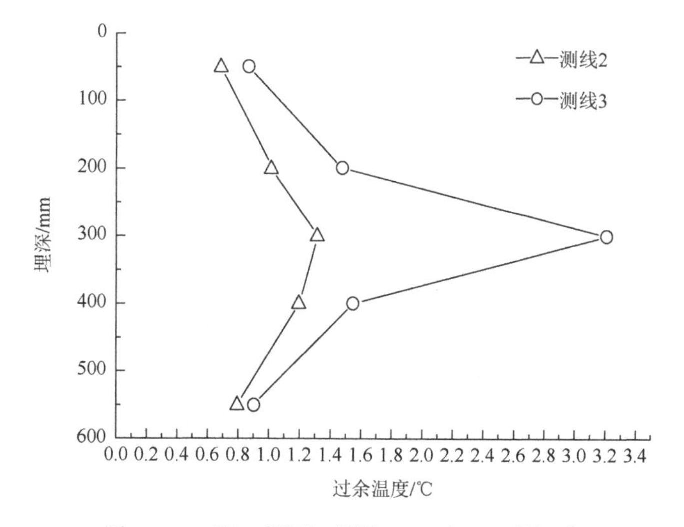

图 3.38 工况 2 断面 2 测线 2、3 在 11h 的温升

69h 时刻的温度数据进行比较，因为工况 2 的测量历时到 69h 为止，而且此时工况 1 的温升比较缓慢，这与实际工况相似。在断面 1 中选择距 y 轴不同距离的 1、2、3 测线作为分析对象。

由图 3.39 和图 3.40 可以看出，通过通道的测线 3，其理论值与实测值比较符合，因为测线 3 离箱体边界较远，受边界影响小。测线 1、2 离箱体的边界比较近，受边界影响程度较大，然而实测值与理论值在趋势上是一致的。以此可以根据由解析模型所得到的解析井温曲线与实际井温曲线之间的比较，建立两者之间的位置关系。这也是探测渗漏位置的理论基础。

测线 1 和测线 4 是关于 y 轴对称的，y 轴也正好穿过通道的中心，因此测线 1、4 的温升曲线在理想情况下是重合的。以工况 1、2 断面 1 为例，比较测线 1、4 的温升曲线，如图 3.41 所示。

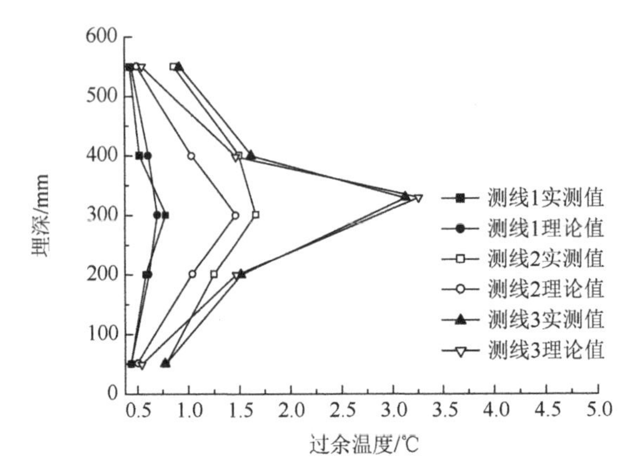

图 3.39　工况 1 断面 1 测线理论值与实测值比较

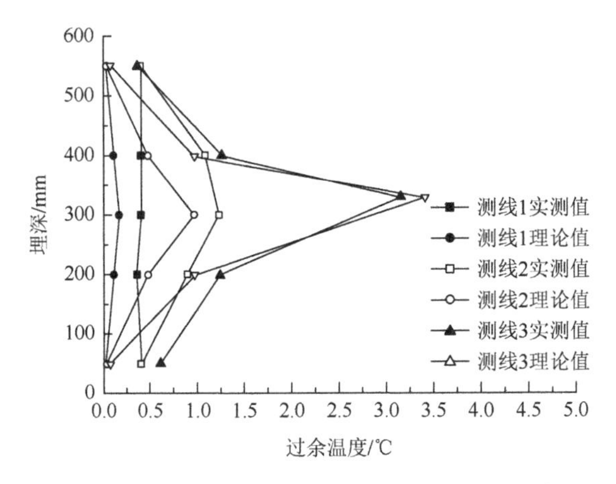

图 3.40　工况 2 断面 1 测线理论值与实测值比较

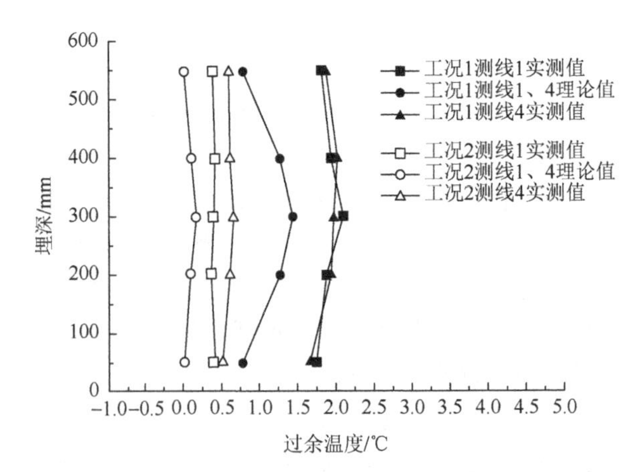

图 3.41　工况 1、2 断面 1 测线 1、4 实测值与理论值比较

由图3.41可知，测线1和测线4的解析理论曲线是重合的，解析值与实测值差别较大，是受边界条件的影响。而实测值之间的比较差别不大，因此可以根据两个相近的测线温度曲线来初判渗漏通道的位置。

3.4　基于实验的渗流-集中渗漏-传热仿真及对比研究

在实验数据已经获得且与之对应的理论模型可以求解的情况下，对实验的实测值与理论值进行对比分析。验证模型的正确性。另一方面通过与实验值的对比，找出理论模型的不足之处。

3.4.1　基于渗漏传热三维理论解析模型仿真结果

1. 不同工况断面1与断面2理论温升曲线的对比

工况1为无渗流工况，在实验开始7h后，边界测点开始有温升，在此之前砂箱内为能够模拟无限大介质传热，之后受到砂箱绝热边界的影响。而理论模型适用的情况是无限大介质。因此本实验结果也可以分析绝热边界对温度响应的影响。先比较断面1、2测点的理论温升值，如图3.42，测点12距通道中心为100mm，测点15为141mm。从图中可以看出断面1测点的温升要比断面2的稍高，这与关于工况1断面1和断面2的实测值的对比结果是一致的；并且同一断面，与通道中心距离不同，断面的温升也不同，与实验观察到的结果一样，距通道越近的测点温升越大，反之越小。

其次分析有渗流的工况，如工况2，以测点12、15为例，两者距通道中心分别为100mm和141mm，其温升曲线参见图3.43。从图中可以看出，断面2上测点的温升均比断面1的大，这与所观察到的大部分测点温升是一致的。但是在实验中有个别在断面1、2相同位置的测点与此规律不相符合，究其原因，是因为实验中存在比较多的影响因素，这在该小节中已有讨论。实际上，理论解析模型对于热源强度的计算是把其简化为常数，认为其在通道中心轴向的任意位置都是相同的。

再对有、无渗流工况的理论温升历时曲线进行比较，即把图3.42和图3.43进行比较。可以看出无渗流工况测点的温升一直在变大，达不到稳态。有渗流工况下的温升，在某一时刻即可达到稳态。并且在热源强度差别不大的情况下，无渗流工况的温升远比有渗流的大。

2. 不同渗流速度下温升曲线分析

对各工况下解析模型计算的温升进行比较，距通道距离相同的点温升是一样

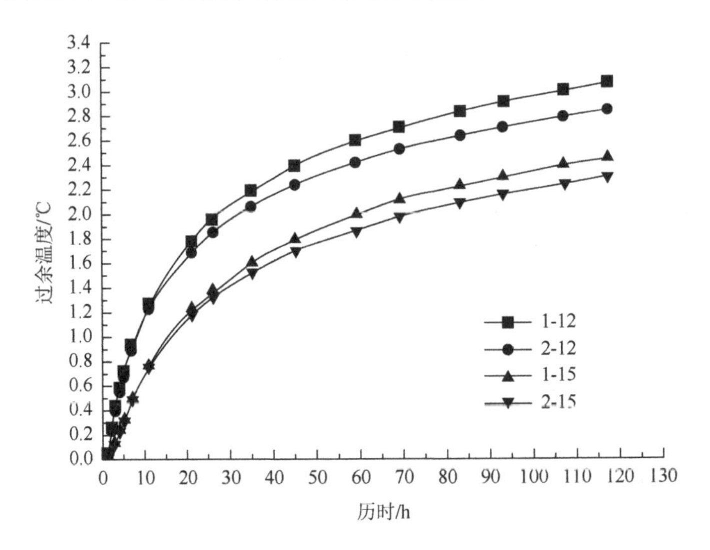

图 3.42　工况 1 断面 1、2 测点理论值比较

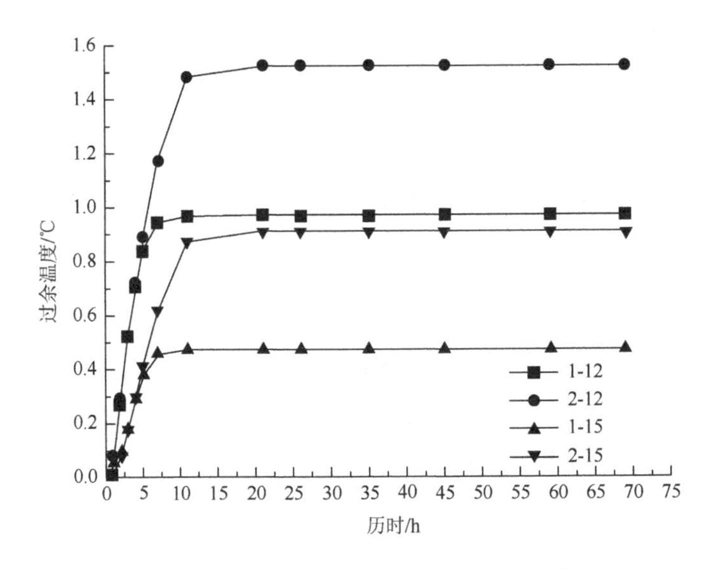

图 3.43　工况 2 断面 1、2 测点理论值比较

的，因篇幅有限，仅选取与通道中心距离分别为 100mm（实验中距离与此相同的为测点 7、10、12、16）的点进行分析。

先分析不同渗流速度的温升曲线，分析其温升规律。选择渗流速度不同的工况进行对比，具体是在各工况的断面 1 和断面 2 中选取距离通道中心都为 100m 的点的温升曲线进行对比。如图 3.44 和图 3.45 所示。

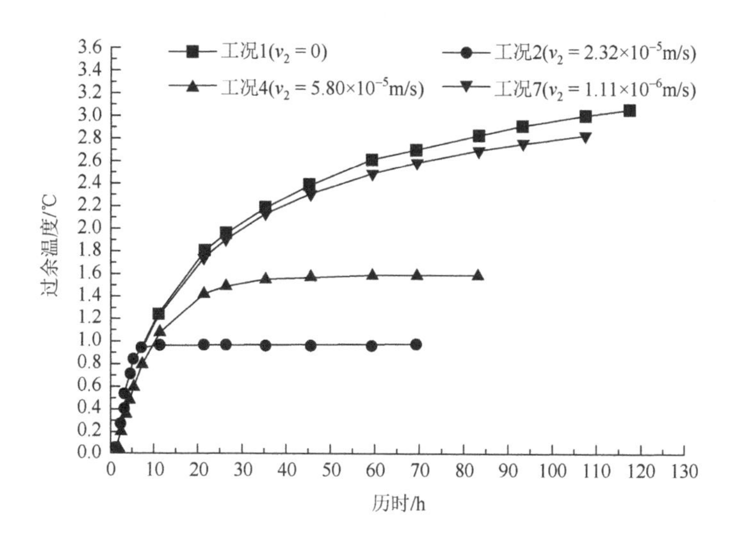

图 3.44　不同渗流速度断面 1 测点温升比较

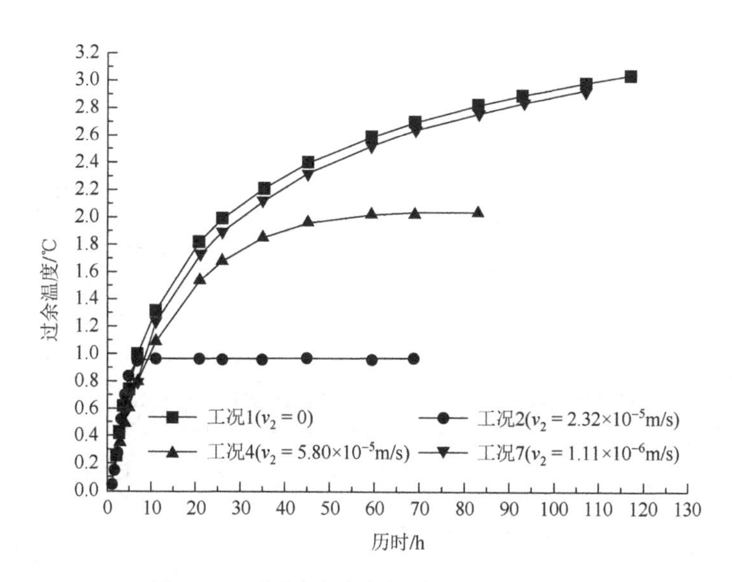

图 3.45　不同渗流速度断面 2 测点温升比较

由图 3.44 和图 3.45 可知，渗流速度越大，相同位置的点的温升越小，达到稳态的时间也短；反之，温升越大，达到稳态的时间越长。这一理论模型的规律验证了实验观察到的现象。其中工况 1 情况下，若时间允许，温升将会继续增大，达不到稳态。

3.4.2 基于固-液耦合作用的渗漏传热数值模型仿真结果

1. 无渗流与有渗流工况数值计算结果分析

根据前述流动和传热方程建立的模型，对实验的工况进行数值模拟。在这里选用 COMSOL Multiphysics 多场耦合计算软件进行计算。它是基于偏微分方程求解的有限元数值分析软件，与其他有限元程序的本质区别是其专门是针对多物理场耦合问题求解而设计的，并给用户提供了用 MATLB 语言或 COMSOL Script 的强大编程功能，易于实现耦合方程的建立和有限元实施。将地球科学模块（earth science module）和热传导模块（heat transfer module）中与本实验相关的流动方程（多孔介质渗流、层流等）、能量方程（多孔介质传热、层流传热等）进行耦合，作为模型的控制方程。输入与实验相同的初始值和边界条件，然后求解。

因为该问题的传热是对称的，只需建立沿水流流动且经过通道中心线的二维几何物理模型。然后进行网格划分，参见图 3.46，网格由 2661 个单元构成。渗流、渗漏和传热耦合的问题是高度的非线性问题，要使该问题求解收敛比较困难，而且也需要耗费大量的 CPU 时间。求解的关键在于正确地建立模型、适当地简化条件，网格的划分和步长的选择也应该谨慎考虑。

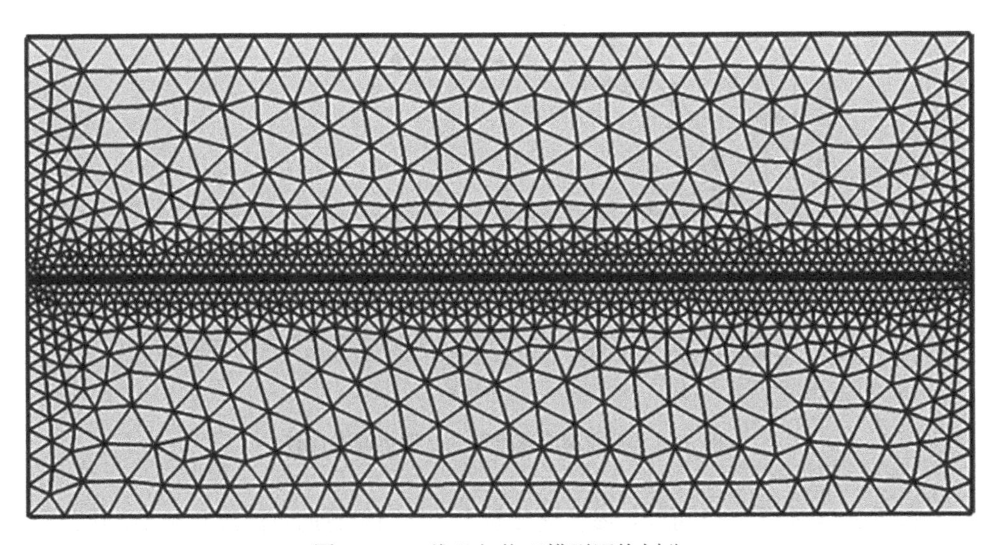

图 3.46　二维几何物理模型网格划分

经过计算，工况 1 在一些时刻（1h、11h、69h、107h）的温升情况如图 3.47～图 3.50 所示。

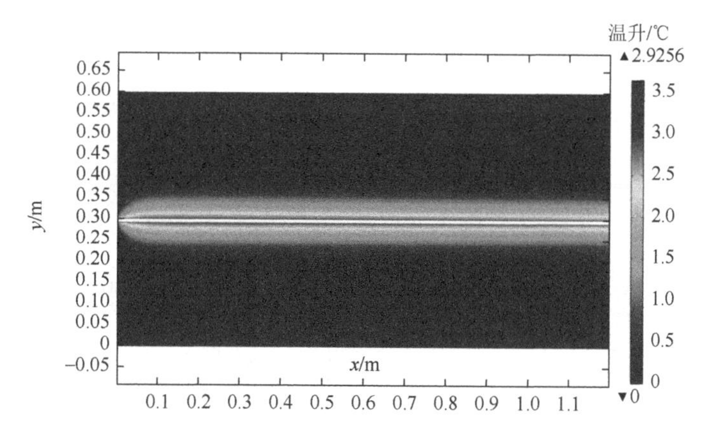

图 3.47　工况 1（1h）温升图

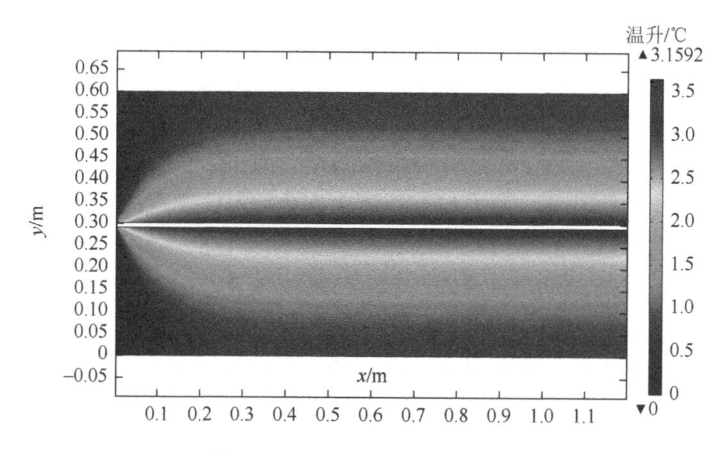

图 3.48　工况 1（11h）温升图

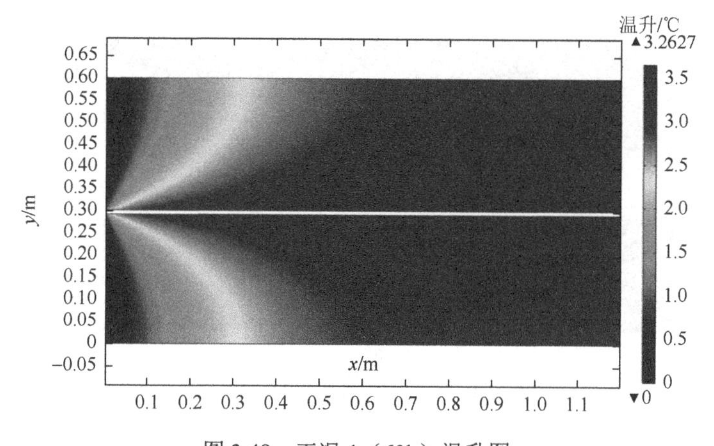

图 3.49　工况 1（69h）温升图

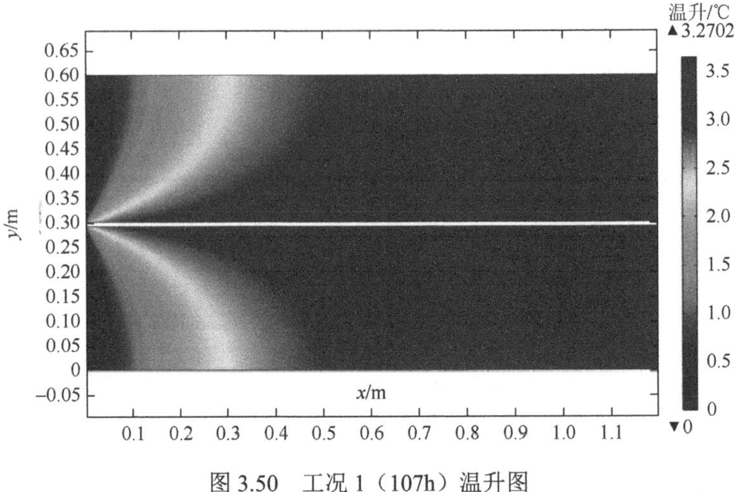

图 3.50 工况 1（107h）温升图

由图 3.47～图 3.50 可知，工况 1 的温升情况是由通道中的水发出热量，逐渐向箱体边缘扩散，随着时间的增加，热量积聚，温升基本稳定。在渗漏入口附近温升受边界影响较大，这与实验所观察到的是一致的。

工况 1 为无渗流工况，为了与有渗流工况作对比，还需要与有渗流工况的温升图进行比较，以工况 2 为例，作出其在时刻 1h、11h、35h、69h 的温升图，如图 3.51～图 3.54 所示。

根据工况 2 的温升图，与工况 1 相比较，可以看出渗流对温升有较大的影响，特别是在渗流入口附近。有渗流时，系统的温升明显变小且达到准稳态的时间大大缩短。

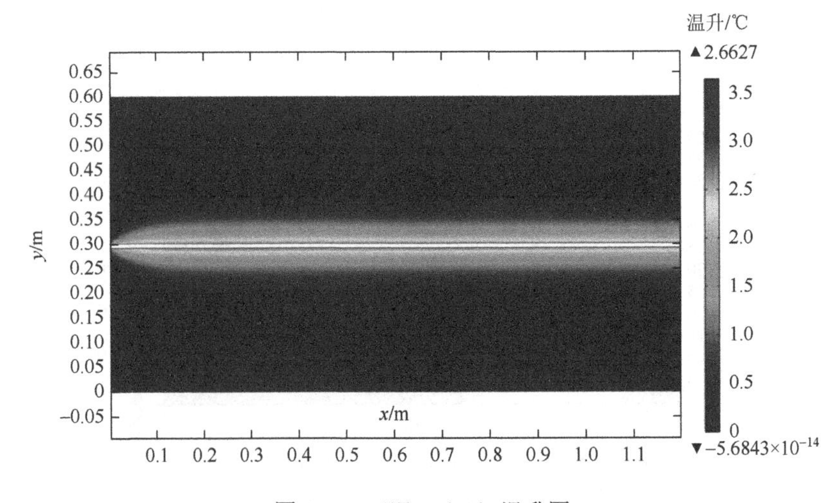

图 3.51 工况 2（1h）温升图

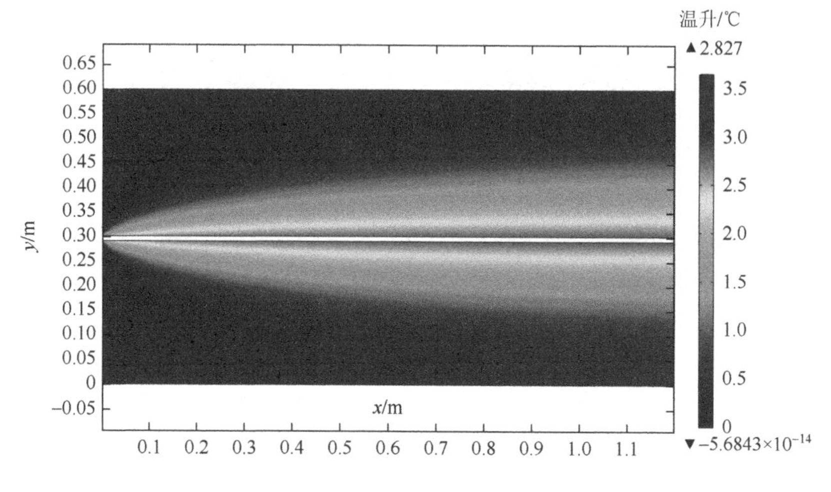

图 3.52　工况 2（11h）温升图

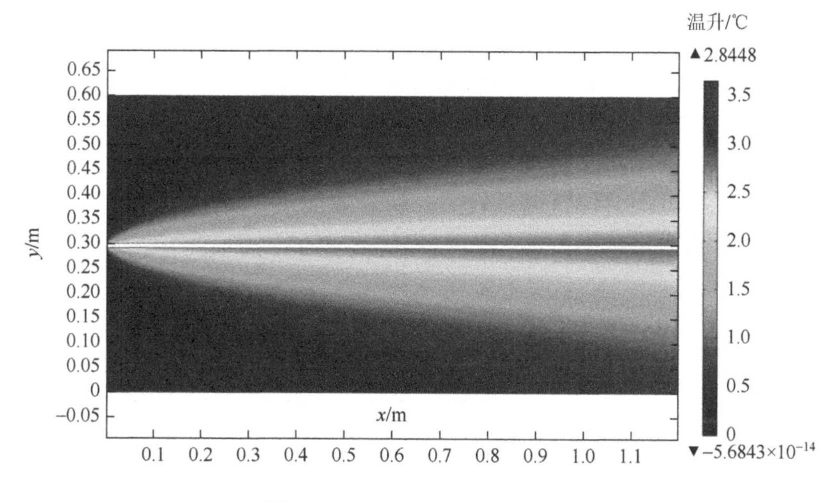

图 3.53　工况 2（35h）温升图

比较工况 1 和工况 2 在 69h 的温升等值线图（图 3.55～图 3.57），工况 1 和工况 2 在上游附近均受到边界或者渗流的影响，温度变化比较剧烈，通道中的水温和周围渗流区域的水温相比较差异较大，只有靠近下游区域等值线才比较平缓，这是由于通道中的水流经一定长度后，由于对流换热和热传导作用，其水温与周围岩土体的温度差异慢慢变小。所以，一般情况下建议在工程上温度钻孔的位置应该靠近上游，因为这里通道的水温与周围岩土体温度相差较大，才能比较容易地通过温度的差异性找到渗漏通道的位置。

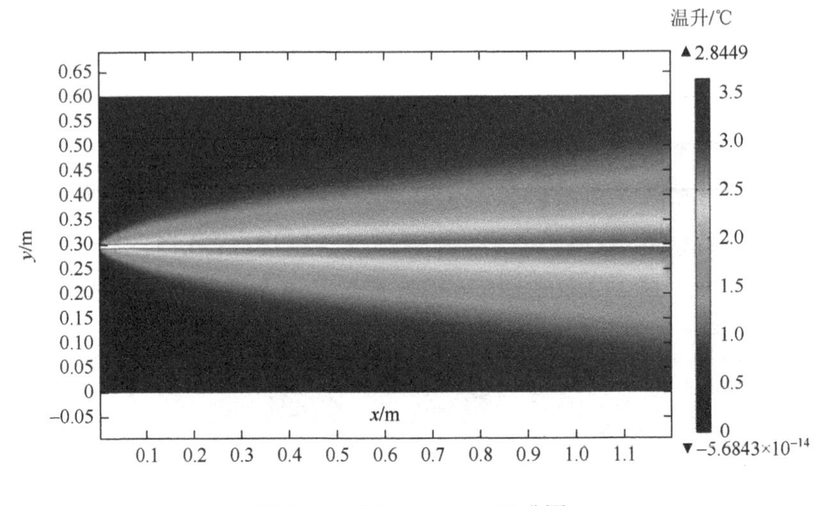

图 3.54　工况 2（69h）温升图

对于工况 1，图 3.55 中箭头表示热传导热流通量，箭头的方向表示热流的方向，箭头长短表示热流的大小。对于工况 2，图 3.56 中箭头与图 3.55 中箭头表示的意义一样。而图 3.57 中箭头表示的是对流换热的通量，它的方向与大小与达西流速一致。这是有渗流存在时才有的，工况 1 因为无渗流，所以在岩土体中没有对流换热产生的通量。对于热传导通量，越靠近渗流流入端的岩土体热传导的通量越大，因为在靠近上游位置温差较大，随着渗漏水与岩土体的充分换热，越靠近下游，热传导的通量越小。

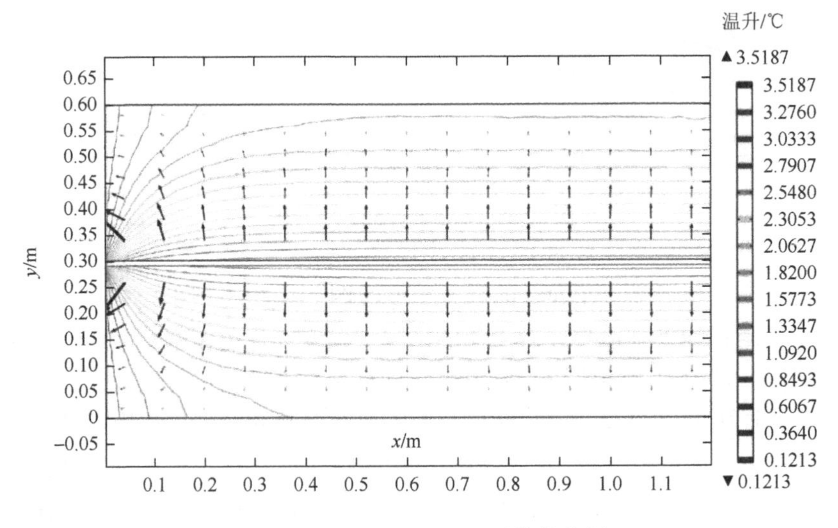

图 3.55　工况 1（69h）温升等值线图

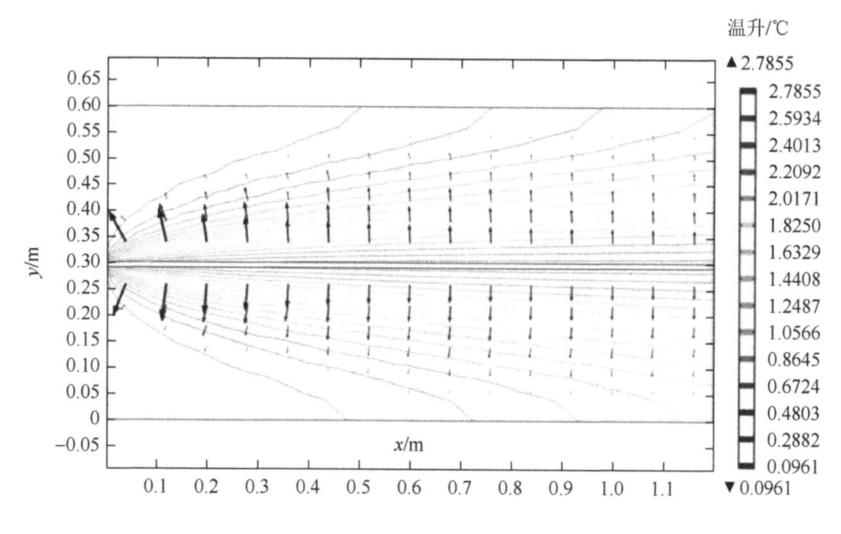

图3.56　工况2（69h）温升等值线图

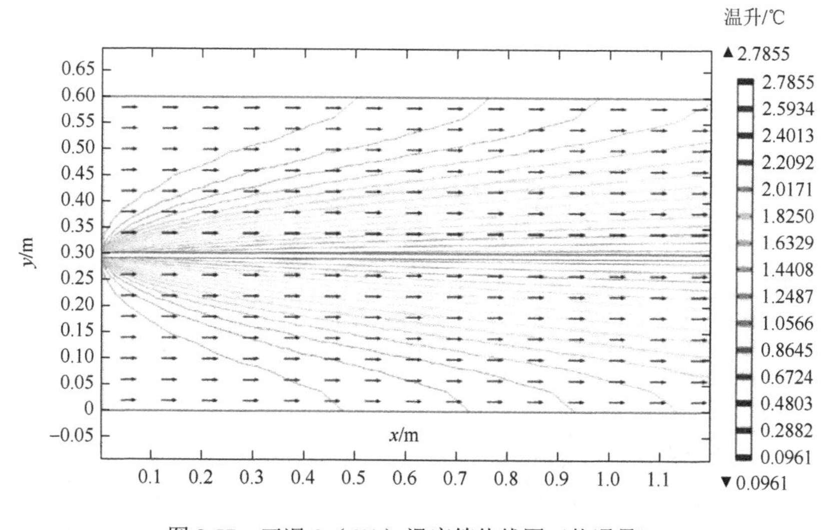

图3.57　工况2（69h）温度等值线图（热通量）

2. 不同渗流速度工况的数值计算结果

同前述实验及理论解析结果分析来看，依然选择工况1、2、4、7作为不同渗流速度工况的比较。选择11h时刻各工况的温升图作为对比，如图3.58～图3.61所示。

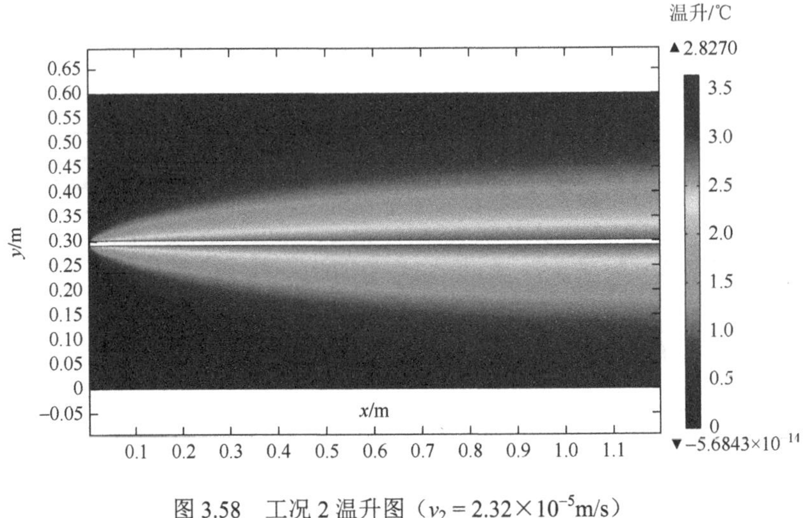

图 3.58　工况 2 温升图（$v_2 = 2.32\times10^{-5}$m/s）

从图中可以看出，随着渗流速度减小，纵截面的整体温升逐渐增加。而且渗流对温度场的影响变小。通过图 3.60 和图 3.61 对比发现，渗流速度为 1.11×10^{-6}m/s 和无渗流时的纵截面的整体温升相差不大。

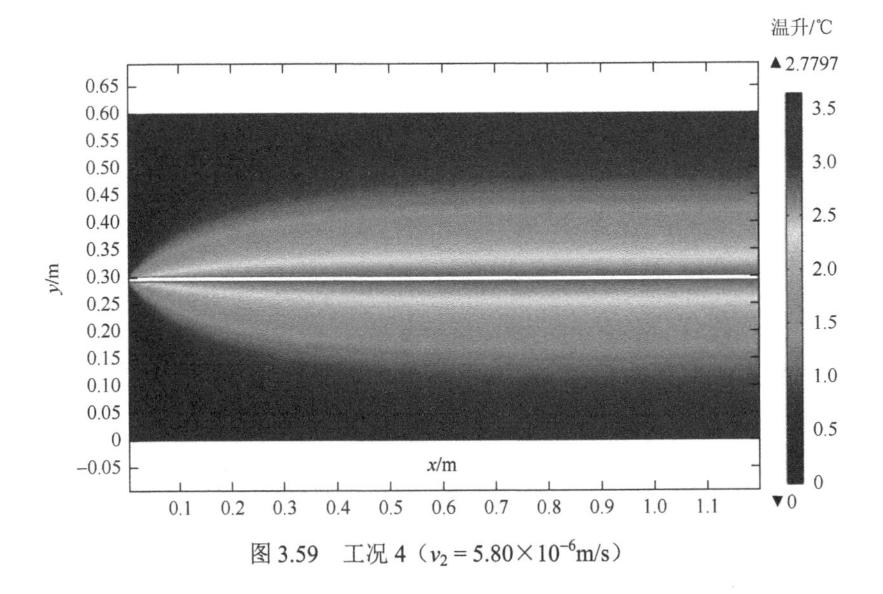

图 3.59　工况 4（$v_2 = 5.80\times10^{-6}$m/s）

3.4.3　考虑渗流对温升影响的流速分界点

在实际工程应用中，针对不同工程条件，有些坝体渗流速度小，有些坝体渗

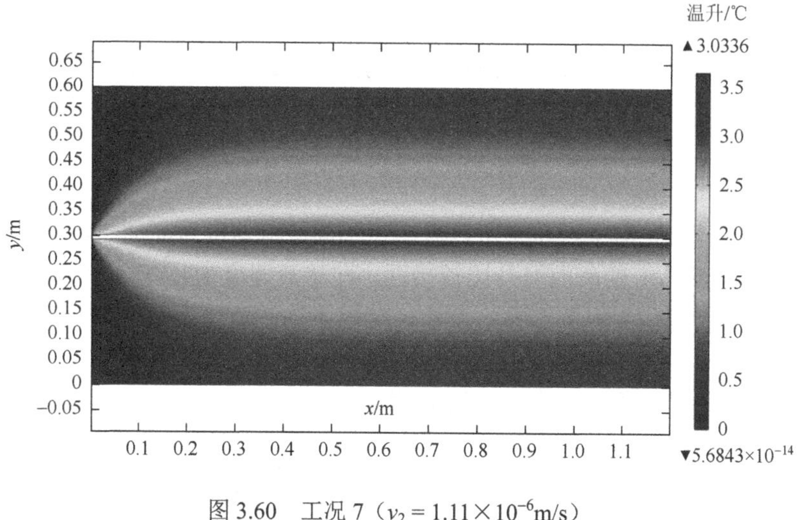

图 3.60　工况 7（$v_2 = 1.11 \times 10^{-6}$m/s）

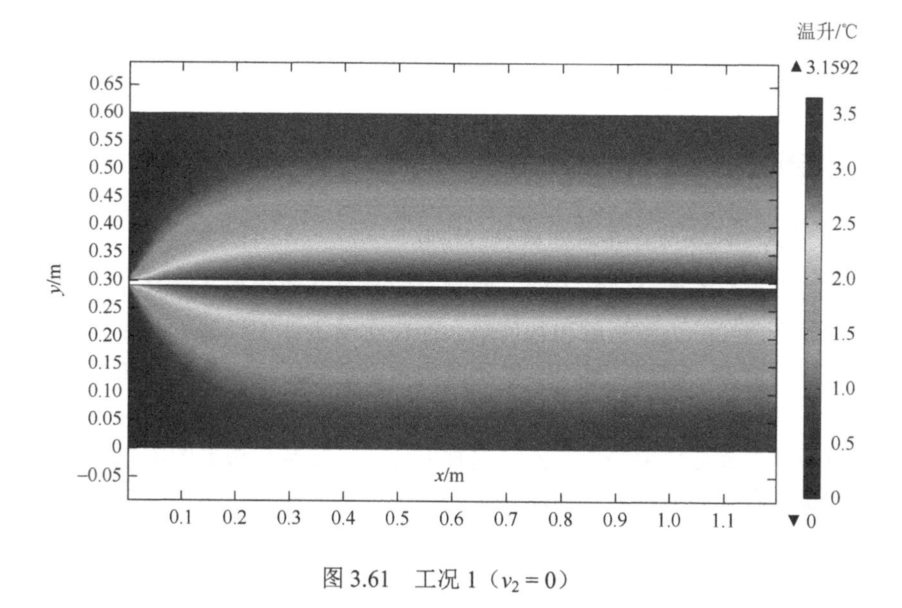

图 3.61　工况 1（$v_2 = 0$）

流速度大。在小于何种渗流速度下可以不考虑渗流对温升的影响是需要讨论的问题。这关系到实际应用中的计算效率问题，若是考虑了渗流的影响，模型的计算显得比较复杂，参数也比较多。若是在可确定的情况下，不考虑渗流的影响，模型的参数和计算量也相对少得多、简便得多，更易于在实际中应用。因此，本研究的任务之一是通过具体实验和模型计算数据分析渗流速度小于多少时可以忽略渗流对温度响应的影响，进而达到模型简化的目的。

针对这一问题，本研究结合实验、解析解、数值解结果进行综合分析。工况 1、2、4、7 除了渗流速度不一致外（渗流速度分别为 0、2.32×10^{-5} m/s 、5.80×10^{-6} m/s 、1.11×10^{-6} m/s ），其他实验条件基本相同。因此把这 4 个工况的温升情况进行对比分析，试图从中得到不同渗流速度对温升的影响，最终确定出是否考虑渗流作用的流速分界点。

首先从实验结果着手，从中可以看出在不同渗流速度对断面 1 温升的影响。其中工况 7 与工况 1 的断面温升比较接近，即渗流速度为1.11×10^{-6} m/s 时的温升仅略低于没有渗流作用时的温升；其次，比较不同渗流速度下的温升解析解。分别对比上述四个工况下断面 1、2 上相应位置相同测点的温升曲线，可以看出工况 7 测点的温升曲线已经非常接近工况 1 测点的温升曲线；最后对数值模拟的结果进行对比分析，同样可以看到工况 7 与工况 1 在 69h 时刻的纵截面温升相差不大。由此因此，可以认为渗流速度约为1×10^{-6} m/s 是系统温度响应计算是否考虑渗流效应的分界点。渗流速度小于 1×10^{-6}m/s 时，渗流作为载体的输热作用、对流换热作用明显减弱，决定系统温度响应的因素主要为固液二相组成的饱和砂土的热传导作用。若实际工程中考虑测量精度、误差的影响，认为渗流速度若小于 1×10^{-6}m/s 时，可以不考虑渗流对温度场的影响。

3.4.4　实测值与计算值的对比研究

1. 实测温升曲线与计算温升曲线的比较

选取各个工况断面 1、2 上的一些测点实测温升曲线与计算温升曲线进行比较，计算温升曲线分为解析解和数值解。而在实验条件下，并不能保证箱子边界为绝对的绝热边界，因此在整个实验历时内可以把解析的温升曲线和实测值、数值解的温升曲线进行比较。因为靠近边界的测点受绝热边界条件影响较大，所以所选测点应尽量离通道中心近一点，这样能比较好地减小边界的影响。在工况数比较多和篇幅有限的情况下，在所规定范围灵活选取测点，所选测点距通道的距离分别为 100mm。

先将工况 1 断面 1、2 测点的实测温升和计算值进行比较，如图 3.62 和图 3.63 所示。

可以看出，计算的温升要比实测温升差值高，数值解的温升曲线在前期温升增加快，后期温升缓慢增加，而解析解与实测值温升的趋势大致相同。

对工况 2 的测点也进行实测值与计算值的比较，如图 3.64 和图 3.65 所示。

由图可以看出，断面 1 测点数值解温升曲线与实测温升曲线比较吻合，但是都比解析解稍高，而三者温升的发展趋势是比较一致的。断面 2 中数值解与实测值相差较大，解析解比较接近实测值。

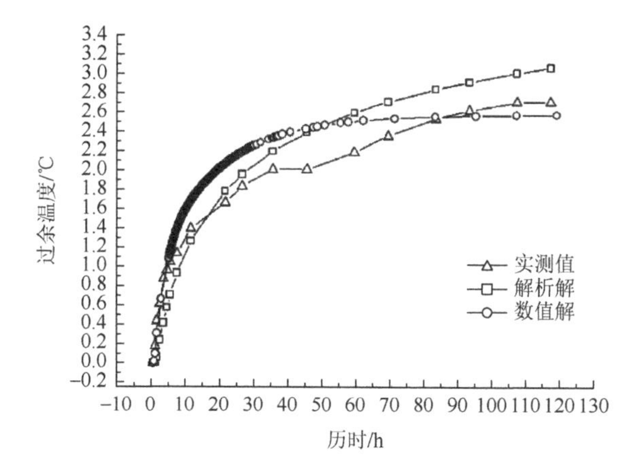

图 3.62　断面 1 实测值与计算值比较

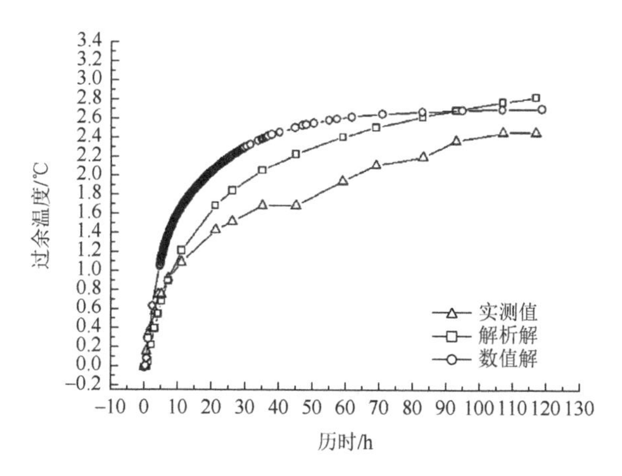

图 3.63　断面 2 实测值与计算值比较

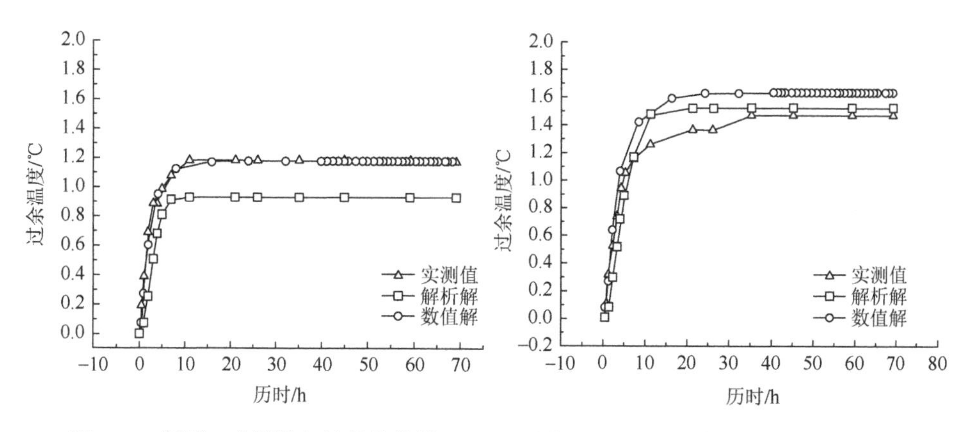

图 3.64　断面 1 实测值与计算值比较

图 3.65　断面 2 实测值与计算值比较

对工况 3 进行实测值与计算的比较，如图 3.66 和图 3.67 所示。其中断面 1 测点实测曲线与计算曲线比较接近。在断面 2 的测点数值解与实测值之间相差较大。

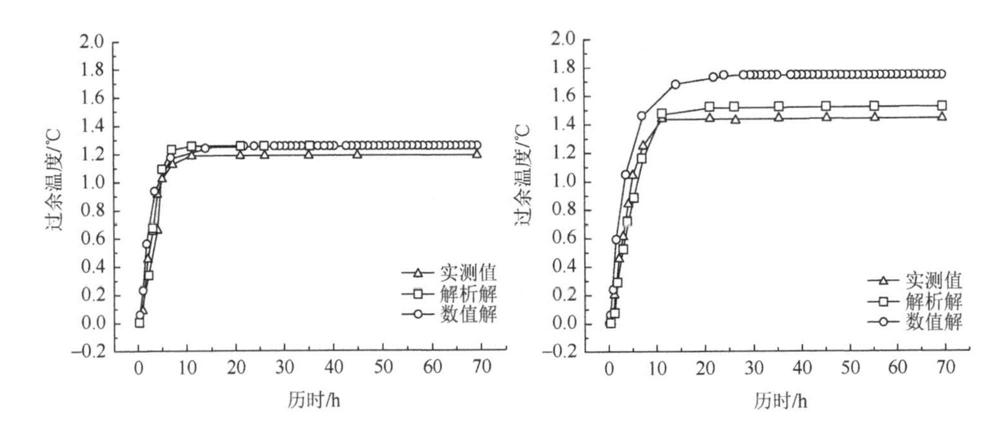

图 3.66　断面 1 实测值与计算值比较　　图 3.67　断面 2 实测值与计算值比较

工况 4～工况 9 的情形，如图 3.68～图 3.79 所示，与上述分析类似。三维理论解析模型把通道简化为线热源，而实际通道是一个有一定半径的紫铜管，跟介质的接触面要比线热源大得多。同样，数值模拟虽然考虑了铜管壁传热折减，但是仍不能完全近似。因此，在开始传热的初期，实验温升要比计算的温升稍高，但随着时间的增长，通道的尺寸效应作用变小，实验温升与计算的温升差别变小。

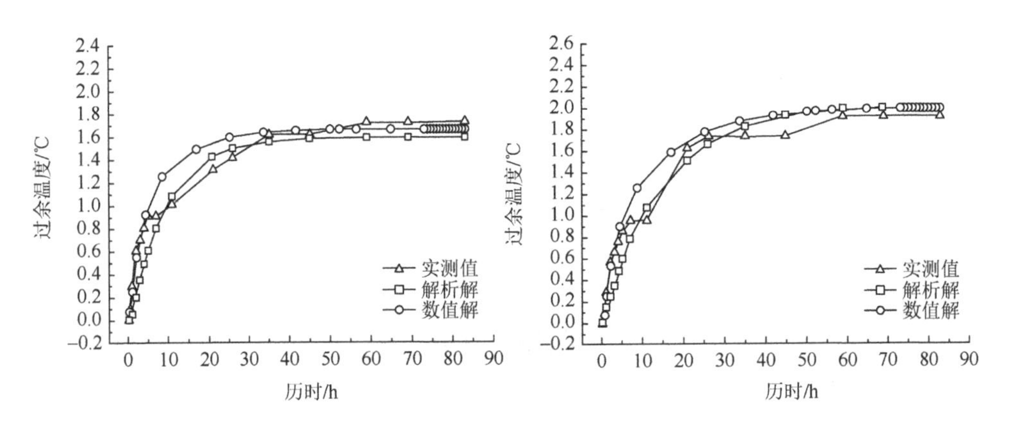

图 3.68　工况 4 断面 1 实测值与计算值比较　　图 3.69　工况 4 断面 2 实测值与计算值比较

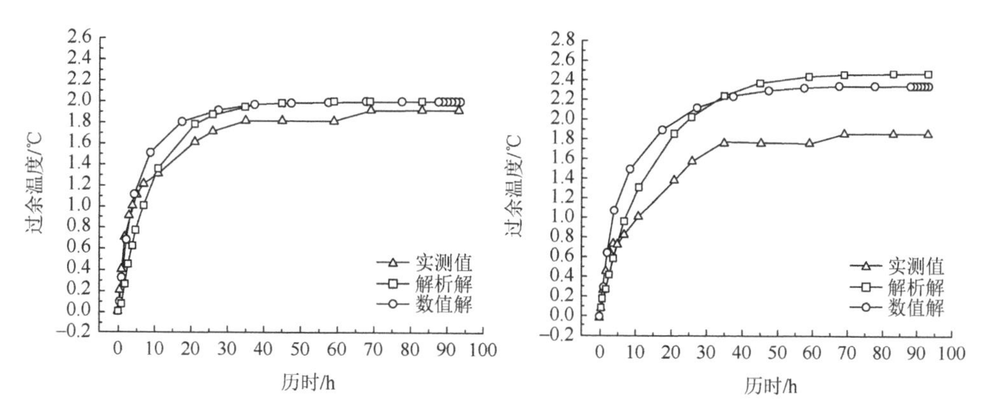

图 3.70　工况 5 断面 1 实测值与计算值比较　图 3.71　工况 5 断面 2 实测值与计算值比较

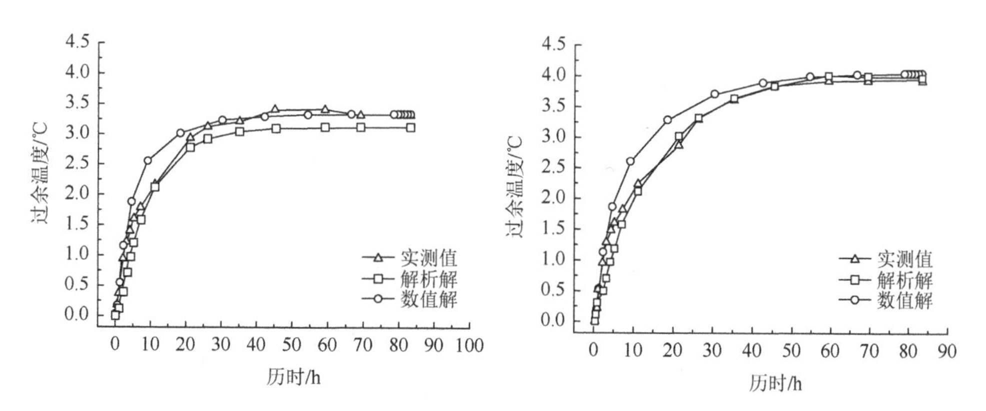

图 3.72　工况 6 断面 1 实测值与计算值比较　图 3.73　工况 6 断面 2 实测值与计算值比较

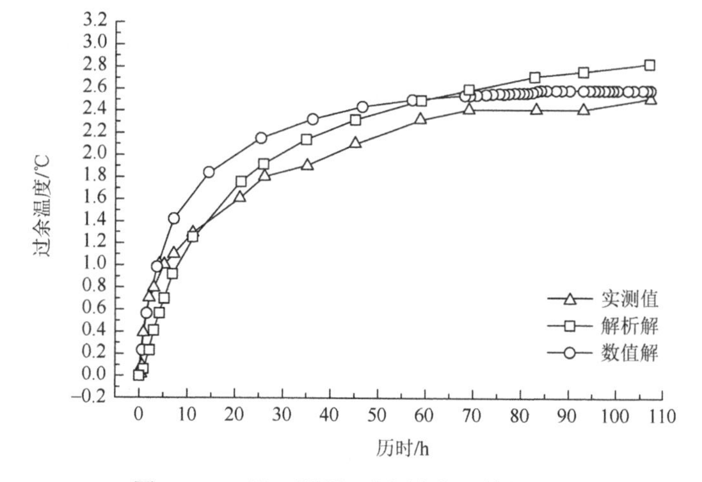

图 3.74　工况 7 断面 1 实测值与计算值比较

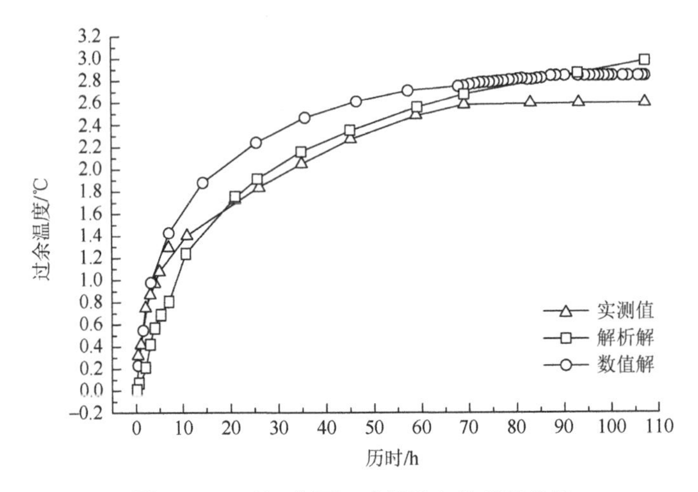

图 3.75　工况 7 断面 2 实测值与计算值比较

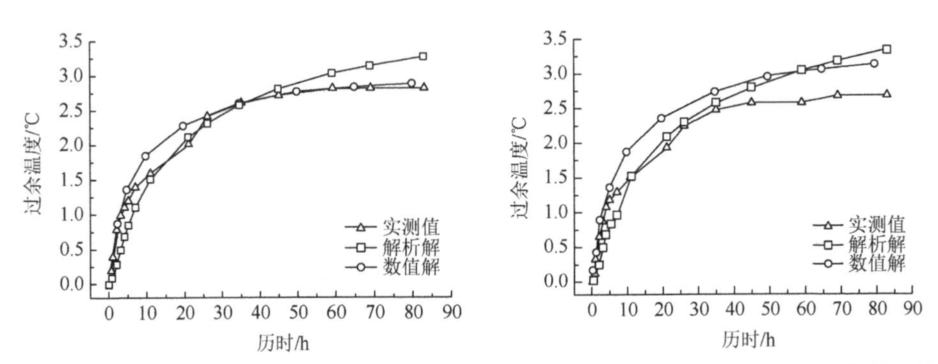

图 3.76　工况 8 断面 1 实测值与计算值比较　　图 3.77　工况 8 断面 2 实测值与计算值比较

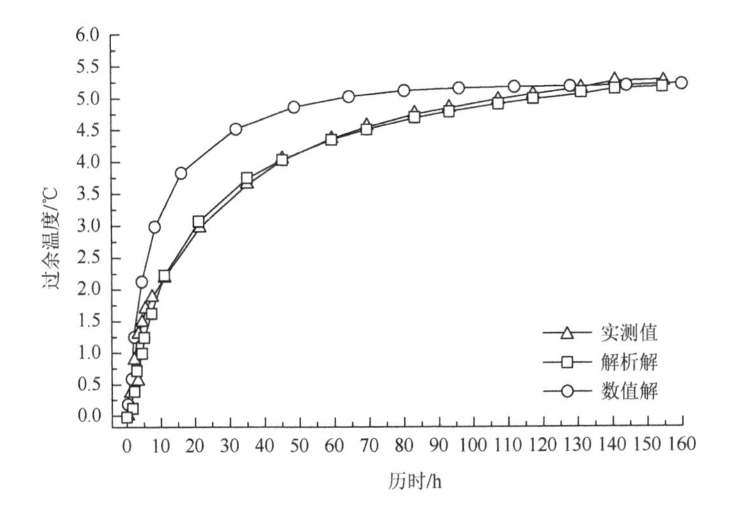

图 3.78　工况 9 断面 1 实测值与计算值比较

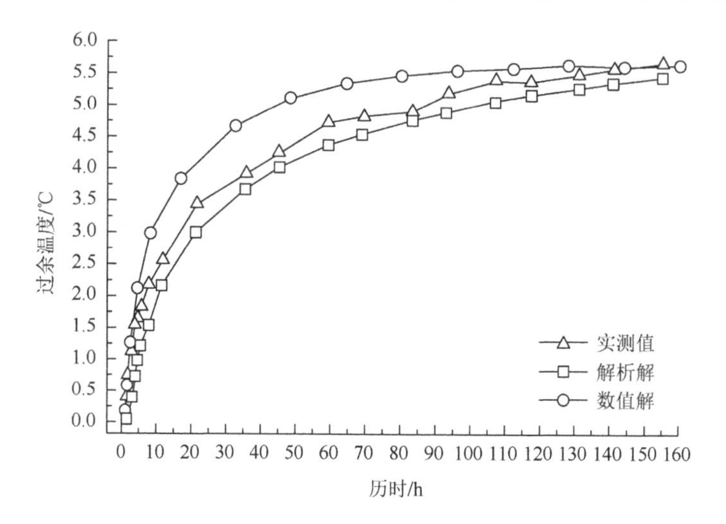

图3.79　工况9断面2实测值与计算值比较

2. 实测值与计算值的误差

各工况单个测点的温升与计算值进行比较，取工况1～工况9中的断面1以及断面2中的（距通道中心为100mm）测点在11h、69h（11h时刻，所有工况传热都到了箱子边界，定义为前期；69h所有工况的传热基本已有比较充分的发展，定义为中后期）的实测值和计算值进行误差比较，如图3.80和图3.81所示。

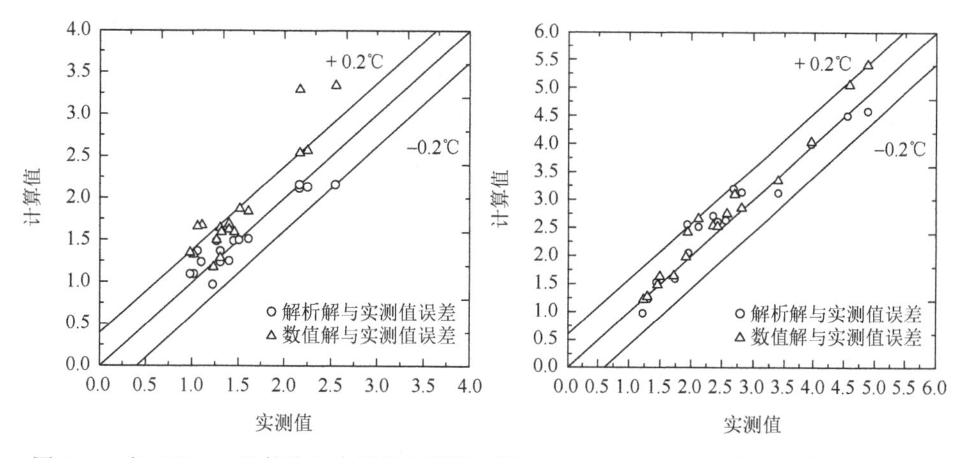

图3.80　各工况11h计算值与实测值的误差　图3.81　各工况69h计算值与实测值的误差

综合来看，大部分误差点都在所给定的误差线内。由图3.80可以看出，数值解偏离实测值较大，数值解大部分都要大于实测值，说明数值解在前期的温升速率相比实测数据要快。而解析解比较接近实测值，说明在传热的前期，渗漏传热三维理论解析模型的计算结果与实测值比较符合，优于数值模型的计算结果；在实验进行的中后期，由图 3.81 可以看到，解析解和数值解都与实测值比较相符合。综上所述，又考虑到解析模型参数较少、计算量较小，更易于掌握使用，而且在堤坝深部的集中渗漏通道，考虑的边界条件又较为简单，可以视其为无限大介质传热，比较符合本研究解析模型的应用条件。在实际应用时，一般须通过目标函数反演渗漏速度，进而求解出全部渗漏量，解析模型在这方面也远远优于数值模型。因此，在这种情况下，选用渗漏传热三维理论解析模型可以得到比较准确的解。

3.5 工 程 应 用

3.5.1 工程概况

察汗乌苏水电站位于新疆维吾尔自治区巴音郭楞蒙古自治州境内，左岸为和静县，右岸为焉耆县，是开都河中游河段水电规划九个梯级中的第七个电站。该电站距库尔勒市 152km，距已建的大山口水电站河道距离约 28km。

察汗乌苏水电站工程枢纽主要由趾板建在覆盖层上的混凝土面板砂砾石坝、右岸表孔溢洪洞、右岸深孔泄洪洞、右岸发电引水系统（包括引水渠、进水塔、引水隧洞、调压井和压力钢管道）、电站厂房及开关站等建筑物组成。工程规模为Ⅱ等大（2）型工程。工程开发任务以发电为主，兼顾下游防洪要求。正常蓄水位为 1649.00m，最大坝高 110.0m，总库容 1.25 亿 m^3，调节库容 7240 万 m^3，为不完全年调节水库。

枢纽拦河大坝布置在主河床，大坝为钢筋混凝土面板砂砾石坝，河床趾板及大坝座在覆盖层上（覆盖层基础最深 46m）。混凝土面板砂砾石坝坝轴线方位 NW331°49′39″，坝顶高程 1654.00m，最大坝高 110.0m，坝顶长 337.6m，坝顶宽 8.2m，坝顶上游侧设高程 4.97m 的“L”型钢筋混凝土防浪墙。混凝土面板坝上游坝坡 1∶1.5；下游坝坡为干砌石护坡，并设六层 10m 宽的“之”字形上坝公路，公路间局部坡度 1∶1.25，综合坡 1∶1.85。右岸通过高趾墙与溢洪洞闸室段衔接。河床覆盖层截渗采用混凝土防渗墙，墙顶长 112.4m，墙厚 1.2m，最大墙深 46.8m，墙底嵌入基岩 1.0m。

3.5.2 坝区温度场分布与综合分析

在坝体进行钻孔，通过测试钻孔内的温度和电导值，根据温度场的相关原理，判断渗漏水来源、渗漏通道，计算渗漏量等渗漏参数，同时测试钻孔内的流速和流向。

2011 年 3 月 30 日测定量水堰渗漏水的温度是 5.3℃，小于坝后长观孔及测压管的温度而且渗漏量较大，说明其受到低温库水的补给。为了寻找其渗漏途径，对长观孔和坝基测压管进行了温度测量，取得了大量数据。各孔位置分布参见图3.82。

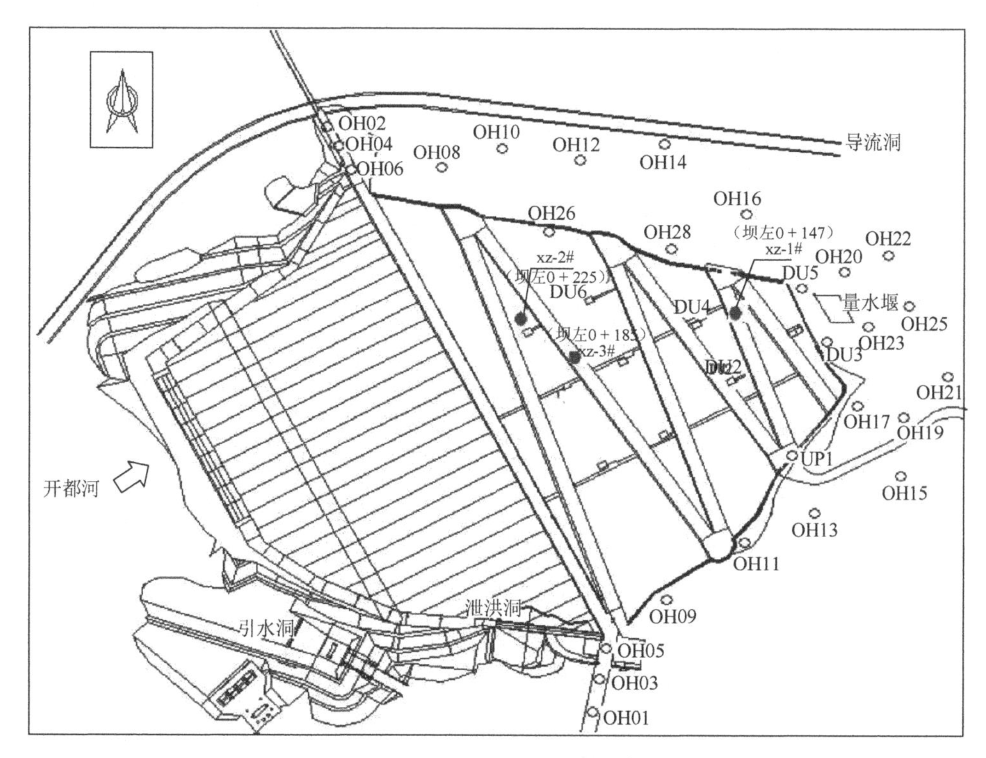

图3.82 观测孔平面布置图

量水堰靠近坝体一侧的两个测压管为DU3和DU5，两孔孔口高程都为1544m，孔深都为11m。DU3孔底温度为5.6℃，与量水堰温度较为接近DU5孔底为8.3℃。表明DU3孔受低温渗漏水的影响较大，靠近库水渗漏通道。

坝体上其他测压管孔底温度都较高，只有DU2和DU4的温度低（两孔位置参见图3.82），分别为7.3℃和7.2℃，说明两孔孔底受低温水的热传导作用而形成低温，但两孔孔底高程为1544m，未揭露低温通道，没有形成温度-深度曲线上的低温谷。

长观孔OH16岩心较为破碎，经渗透流速测试和冲击试验发现其流速和渗透系数也较大，但该孔水温较高，为12℃左右，证明其地下水来源不是库水的直接渗漏，否则受低温库水影响其温度也将会是低温。

左岸导流洞壁有许多小水柱喷出，在洞内汇集由洞口流出。我们在洞中靠近坝轴线和距洞口约180m处进行了采集水样和温度电导测量。坝轴线处喷出水柱温度为10℃，180m处温度为10.4℃。导流洞堵头以上部分与库水连通，形成了有压洞段，堵头以下（即坝轴线以下）洞壁渗出的水主要来源于有压段通过洞室周围衬砌向下游的渗漏。由于这些渗漏水温度都较高，超过了 10℃，且流量较大，说明导流洞堵头以上部分洞内水的温度也会较高，由此可推断导流洞有压段向坝体渗漏的可能性不大，或这部分渗漏量很小，因为量水堰渗漏水温度很低，接近库水。

2012 年 5 月份，对新钻 3 个钻探孔 XZ-1#、XZ-2#、XZ-3#以及原有长观孔和测压管沿深度进行了测量。

本次测量量水堰温度为 5.2℃，量水堰与长观孔和测压管的测试结果与 2011 年 3 月所测结果分布趋势均较为接近，但具体数值略有差别，说明两次的测量结果是真实可靠的，同时由于季节的原因，二者存在差别。

新钻 3 个钻探孔编号分别为 XZ-1#、XZ-2#、XZ-3#，位置见图 3.82，孔深 75～135m 不等。在上坝第二级马道上的 XZ-1#，孔口高程为 1560m 左右，距坝顶 94m，水位为孔口下 15.8m，较为靠近坝后量水堰。测试结果发现在孔口下 16～17m 出现 5.1℃的低温，非常接近量水堰的温度，再往深度方向，温度逐渐升高，该孔揭示的低温部位高程为 1543～1544m 左右。XZ-2#在深度方向，虽然有出现低温峰值，但是其呈现出相对高温，最低温度 9℃左右，可以判断该孔并不位于直接渗漏通道处，但低温峰值的出现也说明其受到了渗漏通道的影响。XZ-3#孔口高程为 1624.5m 左右，距坝顶 29.5m。在该孔中测试到了 4.3℃的低温峰值，与量水堰温度进行比较，并考虑到低温水在地层渗漏过程中的温度升高，可以推断该处低温峰值部位位于主要渗漏通道，有渗漏通道位于主河道上，但渗漏究竟是绕过防渗墙还是直接渗漏需要进一步分析。

经过 2012 年 5 月的补充测试后，对比 2011 年 3 月份和 2012 年 5 月份的测试结果，量水堰渗漏水的温度为 5.1～5.3℃，是在坝后区观测孔中测量到的最低的温度；两坝肩的温度一般都在 9℃以上，所以可以推断，绕坝肩渗漏仅占总渗漏一部分。

由新钻的 3 个孔 XZ-1#、XZ-2#、XZ-3#的测试结果，可以确定渗漏部位的渗流最终均汇集在位于坝体底部的排水层，潜流很小，其中渗漏水均流过 XZ-1#（位于排水条带）和 XZ-3#（位于排水条带），但并不流经 XZ-2#（位于砂砾料）。根据实测到的钻孔温度分布，结合上述分析，做出了察汗乌苏坝区深部温度场分布图（图 3.83），从温度场分布可以看出，两岸具有相对高温的性质，有绕坝肩渗漏，而河床中心部位（排水条带）是低温通道。

由于库水温度接近于 4℃，量水堰出渗水温也为 5℃的低温，均远低于地层与坝体内部温度，由大坝周边观测孔的最低温度数据绘制温度分布图，可以明显看出，在坝中位置的观测孔中的测试结果都是低温低电导，从低温的库水直接补给到量水堰，很明显为直接渗漏通道。另外，在左坝导流洞存在一定量较高温度的出渗，但是此位置渗流量较小。

为了进一步说明主要渗漏通道渗漏水的运动，对坝体渗漏通道作出了剖面示意图（图 3.84），开都河底的温度接近 4℃，在流动的过程中温度升高，但在 XZ-3# 处测到 4.3℃的最低温，说明温度升高极为有限，这表明渗漏水渗漏路径较短，且流经区域应该受到库水的强烈冷却作用，综合分析，可以排除绕防渗墙和防水帷幕的渗漏。从渗漏水流经 XZ-3#，却绕过 XZ-2#，也可以排除渗漏是从坝基覆盖层渗漏，因此渗漏部位应为坝基接触面处的水平排水条带。同时由库水温度剖面可以知道，在高程 1558m 以下部位的渗漏才符合本次测量的结果，因此可以判定渗漏点位于坝底（高程 1542m）至高程 1558m 之间。

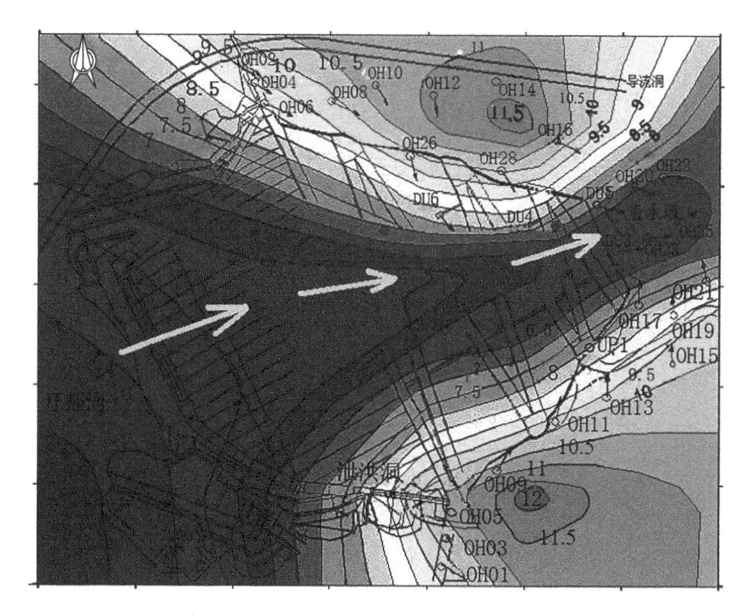

图 3.83　坝区深部温度场分布示意图

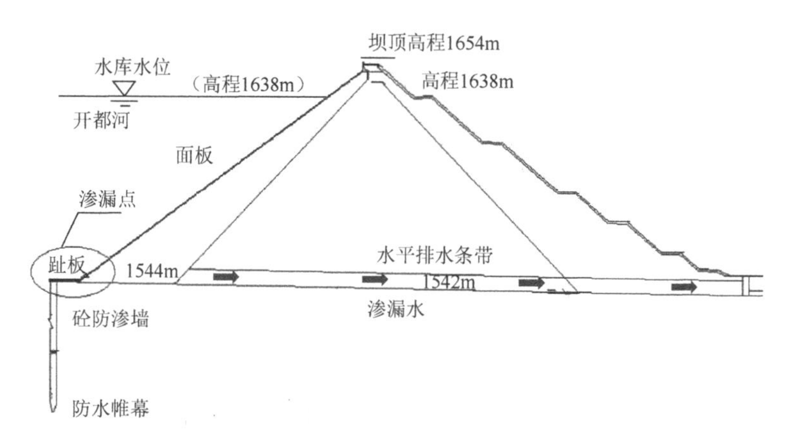

图 3.84　库水主要渗漏通道示意图

3.5.3 渗流场与温度场耦合计算分析

根据现场的资料，将计算区域按照观测孔的分布大致划分为 7 个剖面，具体剖面划分如图 3.85 所示。

仅以坝左 0 + 152m 剖面为例，网格剖分划分见图 3.86 所示。

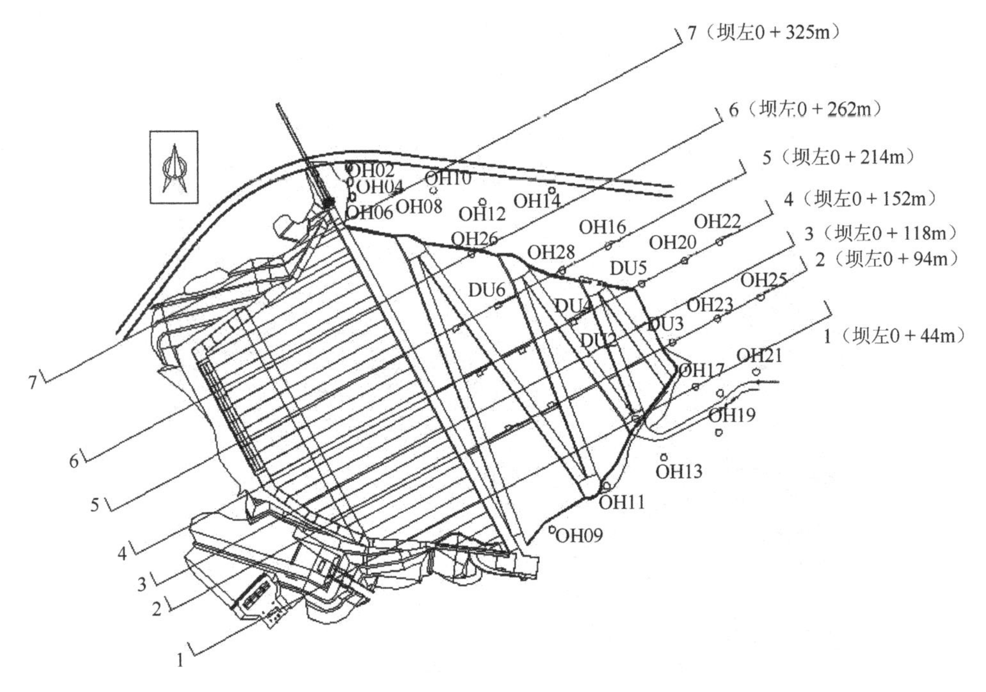

图 3.85 计算剖面划分图

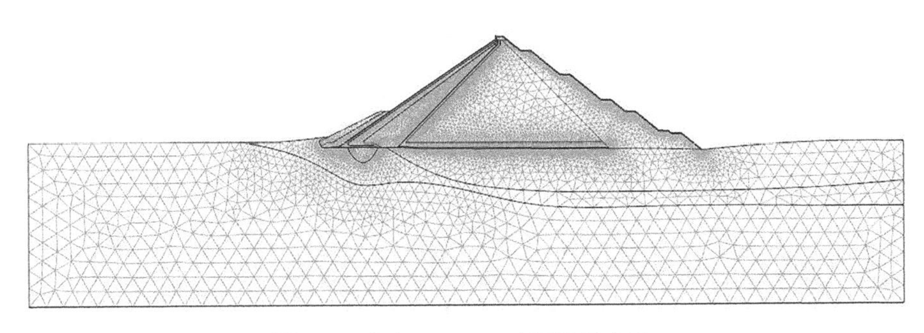

图 3.86 坝左 0 + 152m 剖面网格划分

根据基于固-液耦合作用的堤坝渗漏传热数值模型，对理想无渗漏情况下进行仿真模拟。坝左 0 + 152m 剖面坝体与坝基温度分布如图 3.87 所示。

由图 3.87 可看出，当坝体不存在渗漏时，坝体中高温区域趋向于坝前，坝前平均温度要高于坝后，坝后坡面及坝顶位置在 0℃左右，坝前的低温水对坝前地层有 20m 左右的影响深度。无渗漏情况下坝后地层基本接近浅层地温梯度分布。

存在集中渗漏通道情况下坝左 0 + 152m 剖面坝体与坝基温度分布如图 3.88 所示。

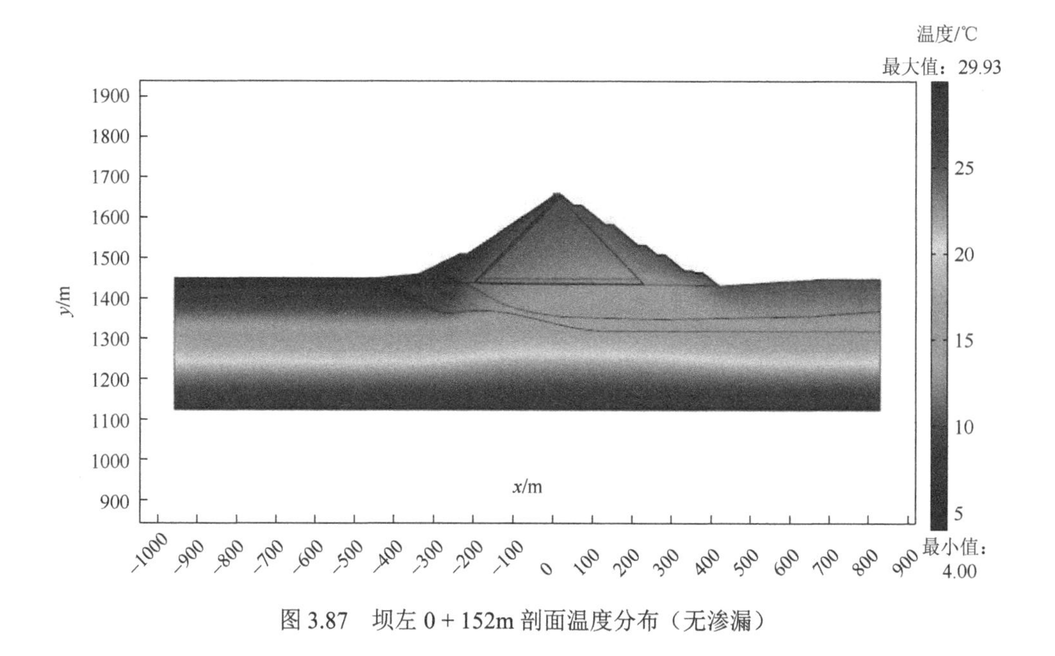

图 3.87　坝左 0 + 152m 剖面温度分布（无渗漏）

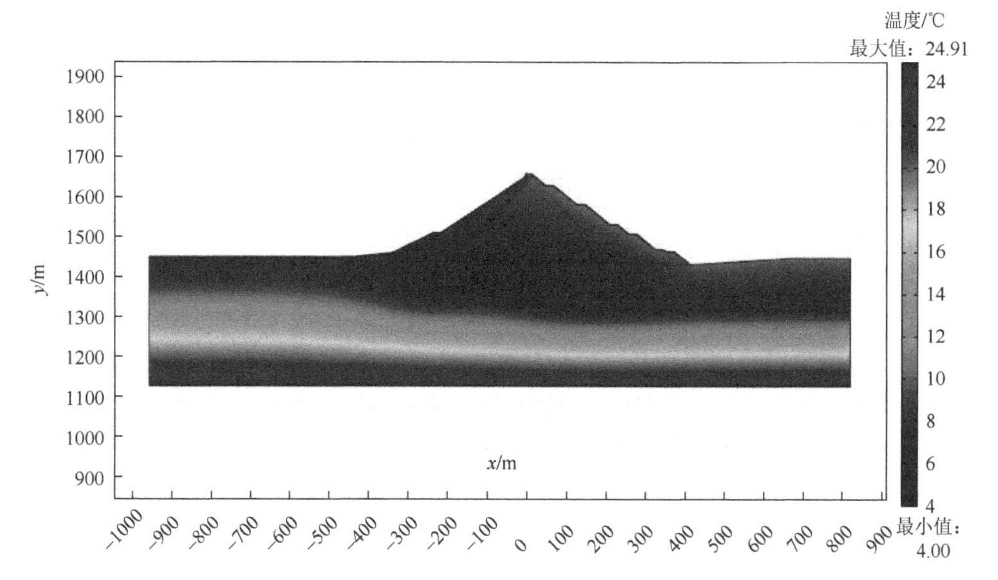

图 3.88　坝左 0 + 152m 剖面温度分布（渗漏）

由于库水渗流和渗漏影响，低温库水进入地层，坝体与坝后地层温度明显降低。

3.5.4　渗漏通道范围确定

以坝左 0 + 152m 剖面 OH22 孔为例，说明通过无渗漏、渗漏以及实测温度对比分析确定坝体是否存在渗漏的过程。

OH22 位于坝左 0 + 152m，坝下 0 + 301.5m，图 3.89 中无渗漏及渗漏曲线分别为坝体不存在渗漏及存在渗漏时的理论计算温度。对该孔 9～29m 深度进行温度监测发现，实际温度曲线与渗漏理论温度曲线较为接近，在 23m 深度处相交，坝体实测温度小于无渗漏理论温度，说明该孔附近存在渗漏。

对其他温度监测孔也通过上述计算与分析，接近渗漏情况模拟的钻孔与断面如图 3.90 所示。

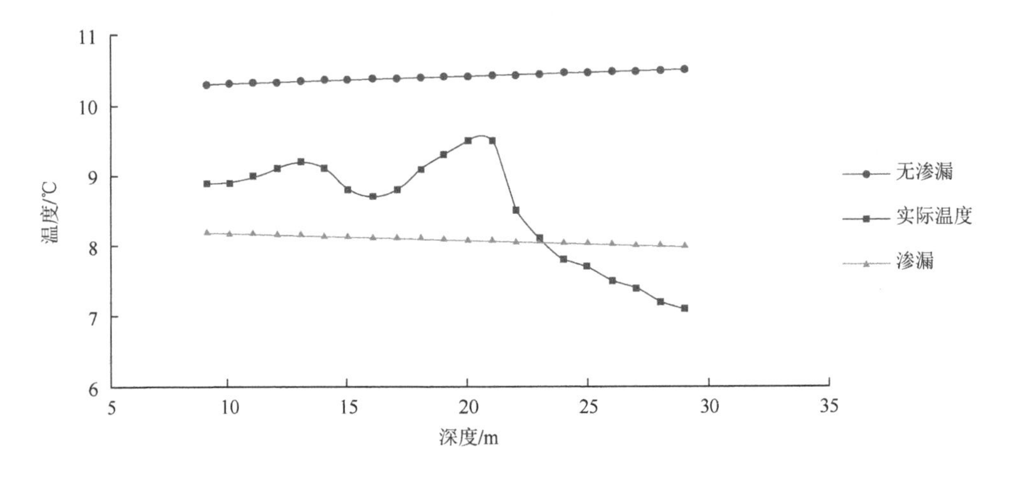

图 3.89　OH22 孔温度数据

由图 3.90 可以看到，渗漏通道主要位于坝中部原老河道附近，主要包括坝体以及两岸绕渗，通过渗漏传热三维理论解析模型的分析计算结果，计算得到察汗乌苏水电站总渗漏流量为 943L/s，其中主要渗漏通道为 798L/s，绕左坝渗漏流向下游的为 87L/s（未经过量水堰），绕右坝流向下游的为 58L/s（未经过量水堰）。鉴于察汗乌苏水电站坝区整体渗流量较大，应进一步加强坝体的变形观测和渗流稳定观测，防止发生管涌、冲刷等渗漏破坏。

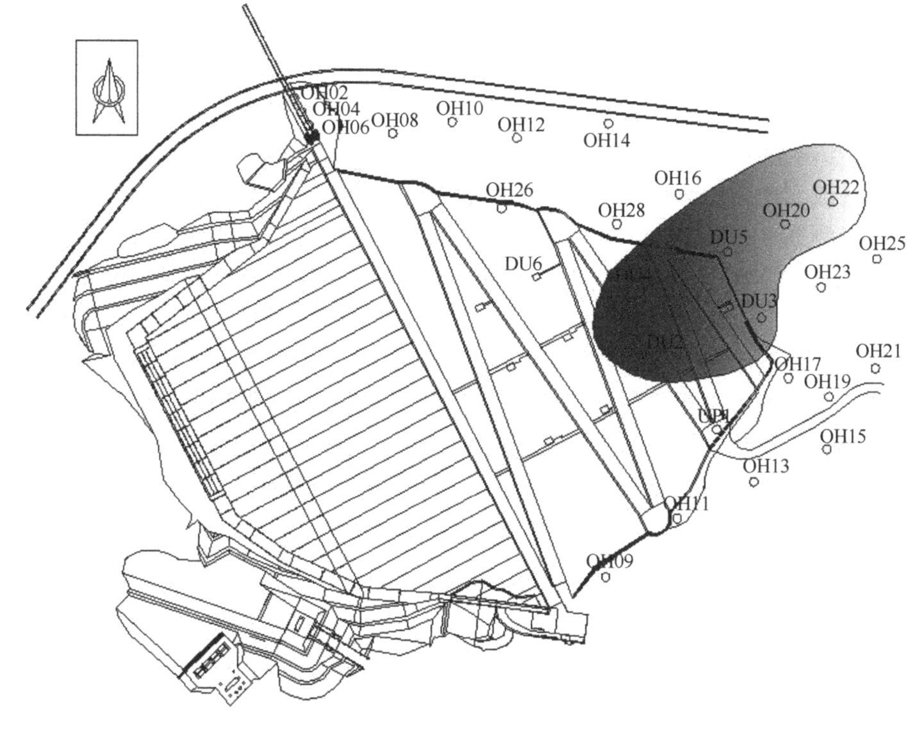

图 3.90　渗漏区域示意图

3.6 本 章 小 结

（1）分析了以前堤坝传热模型的不足，对存在稳定渗流的渗漏机理进行分析。在稳定渗流条件下，堤坝的渗漏产生内部温度场分布的变化，本质是渗流场和温度场互相耦合的问题。因此，基于移动有限长线热源法建立了稳定渗流下的堤坝渗漏传热的三维理论解析模型，并得到其解析解，可直接应用于堤坝渗漏传热的模拟计算。同时由于考虑了渗流的作用，更加接近工程实际，在模型的精确度方面有所提高，有较大的理论意义与实用价值。

（2）通过模拟无渗流和有渗流，以及不同渗流速度大小的工况，揭示了土质堤坝存在稳定渗流时，通过改变渗流速度、渗漏速度、渗漏水温与初始温度之差三个主要影响因素，所得的土质堤坝渗漏传热机理和规律如下：

①渗流作用对堤坝渗漏传热有重要影响，渗流的存在使无渗流时岩土体单一的热传导传热方式变为对流换热和热传导共同作用的传热方式。

②各工况下的理论计算值与实验实测值进行对比，无论是解析模型还是数值模型所计算的结果与实测值都具有一定的吻合度，从而验证模型的正确性。根据

误差分析，解析模型的解与实测值更接近，在快速计算及实际应用方面优于数值模型。

③渗流速度大于 10^{-6}m/s 时，渗流水的流动及其温度（此时对流换热占主要地位）是影响堤坝在温度场的主要因素；渗漏速度、渗漏水温与初始温度之差主要是通过改变通道的热源强度来改变系统的温度响应。

④以测线来表示工程中温度探测堤坝渗漏通道的方法，相应于工程上的温度测井曲线。通道水平面的质点，在无渗流工况时，测线的温度异常尖峰要比有渗流工况明显得多。离通道越近的测线，温度异常尖峰越明显。可以通过分析不同位置钻孔的温度测井曲线结合解析曲线寻找渗漏通道的位置。

（3）在所获得的实验数据的基础上，应用所建立的模型进行计算，将实测值和计算值进行比较，验证了模型的正确性，并应用在察汗乌苏水电站的渗漏通道诊断中，取得了良好的效果。

第 4 章　基于温度-水力层析联合的土质堤坝渗漏诊断技术研究

4.1　引　　言

抽水试验是目前测定地层渗透系数的常用方法。传统的抽水试验是在假设含水层均值等厚的条件下进行的，通过将试验数据代入对应的计算公式，可以得到一个平均意义上的渗透系数，并且对得到的有限点的地层参数进行插值，如线性插值或克里金插值来拟合未取样点的数据，从而得到整个地层的参数分布。

毫无疑问，通过这种方法得到的结果是不准确的，尤其当地层的非均质性很大时，会造成较大的误差。而且，目前随着实际工程对地层非均质性刻画精度的要求越来越高，仅使用一种试验数据进行反演的传统水力层析法，在非均质性较强的情况下只能提供平滑且模糊的结果，不足以满足工程的精度要求。为此本章尝试将多种不同试验的数据融合在一起，进行反演以提升地层参数反演的精度。研究结果表明，在相同的实验条件下使用多参数的联合反演，可以进一步地提高反演结果的精度。

地层参数的测定对于堤坝渗漏隐患的排查具有重要的意义，本章首先研究水力层析法对地层参数的反演原理，并在此基础之上建立温度 + 水头联合反演算法，并通过多种工况对算法进行验证。主要内容如下：

（1）将温度 + 水头联合反演算法计算的结果与原水力层析法的结果进行比较。在水力层析法的基础上，将温度作为独立变量融入到反演算法之中，建立温度 + 水头双参数反演的算法，并利用有限元和 FORTRAN 语言对其计算过程进行程序化。通过选取代表性的地层模型来验证此算法相对于仅使用水头数据的单参数水力层析法的优越性。

（2）通过多组试验探究影响反演精度的因素。通过上述实验过程证明使用温度和水头联合反演可以有效提高反演精度之后，进一步探究影响结果精度的因素：观测井间距、抽水速率、抽水试验次数、抽水井位置等。通过这一系列的反演研究对实验方案进行优化设计。

4.2　基于温度 + 水头联合的土质堤坝渗漏反演算法研究

目前，地层渗透系数分布确定的方法主要有：抽水试验、现场取样测试以及基于点数据的插值方法（如克里金插值、线性插值等）。上述方法虽然也可以测出土质堤坝地层中单点或平均意义上的渗透系数，但无法有效地反映出地层渗透系数的非均质分布。由于抽水试验是现场测试渗透系数的最常用方法，本节首先对传统抽水试验所得参数进行深入分析，接着在抽水试验、水力层析法的基础原理之上，通过协同克里金、伴随状态以及敏感性分析等方法，建立温度 + 水头联合反演算法利用观测得到的温度和水头数据进行反演，对含水层渗透系数的非均质分布进行刻画。

4.2.1　抽水试验参数分析

抽水试验是实际工程中被广泛使用的确定地层水文地质参数的方法，其工作原理如图 4.1 所示，即在地层中设置一系列抽水井和观测井，在抽水井中施加一个水力刺激（可以是注水或者抽水），然后利用观测井记录相应位置的水头信息，最后利用记录的水头信息计算水文地质参数。传统抽水试验将含水层假设为均质等厚的，然后根据 Theis 公式或者 Jacob 公式，利用观测井的水头信息计算出含水层的水力特性参数。

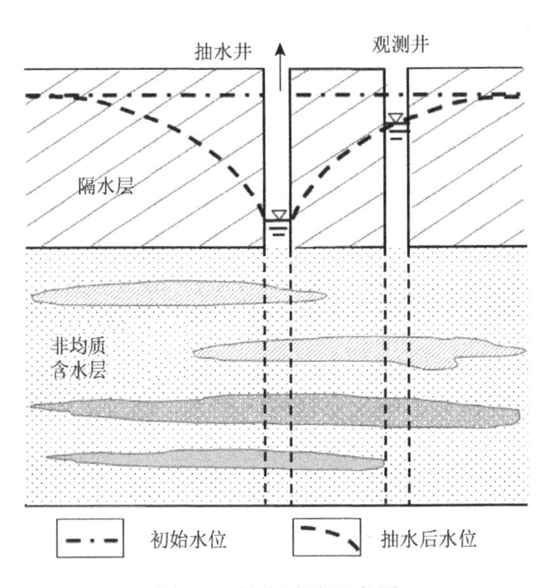

图 4.1　抽水试验示意图

如上所述，传统抽水试验是在假设含水层均质等厚的前提之下进行的，基于Theis公式或者Jacob公式，利用单孔或者多孔抽水试验得到的水位降深数据通过配线法或Jacob直线图解法得到一个整体上的地层渗透系数，如图4.2和图4.3所示。图4.2中，$W(u)=\int_u^{\infty}\frac{e^{-u}}{u}\mathrm{d}u$，$u=\frac{r^2S}{4Tt}$，两者均为无量纲参数，其中，$S$为承压含水层的储水系数；$T$为承压含水层的导水系数；$t$为抽水时间；$r$为计算点到抽水井的距离。图4.3中，$s$为水位降深（m）；$t$为抽水时间（min）。

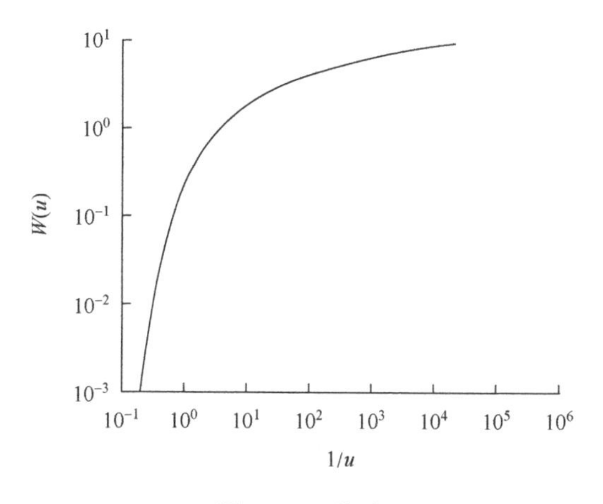

图4.2 配线法

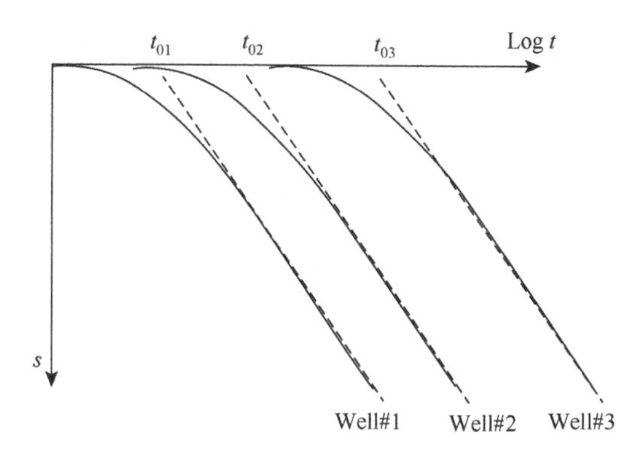

图4.3 Jacob直线图解法

这一类方法通过观测井在非均质含水层中某一点的水位变化，假设含水层为均质从而得到一个地层参数的估计值，有研究表明通过短期抽水试验获得的渗透系数会随着抽水时间的变化而变化，而长期抽水试验得到的渗透系数则是地层的等效渗透系数，无法确定真实渗透系数的非均质分布。如图4.4和图4.5所示实际渗透系数的分布存在一定的非均质性，而抽水试验只能得到整个地层整体意义上的一个渗透系数，不可能精确描述整片区域的地层渗透性。所以为了有效地确定地层渗透系数的非均质分布，有必要发展可靠的抽水试验分析方法——水力层析法。

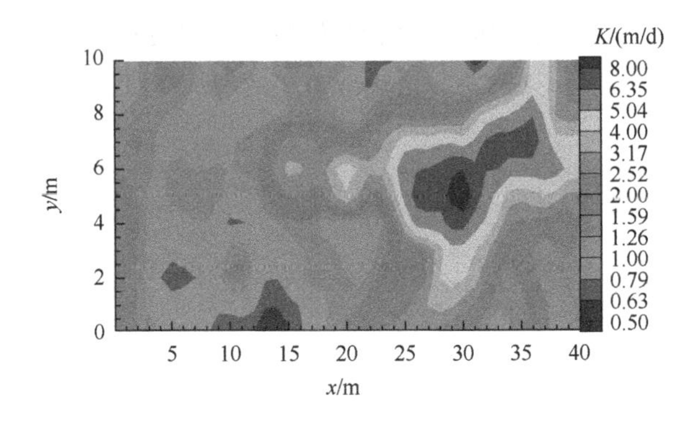

图 4.4　真实渗透系数非均质分布

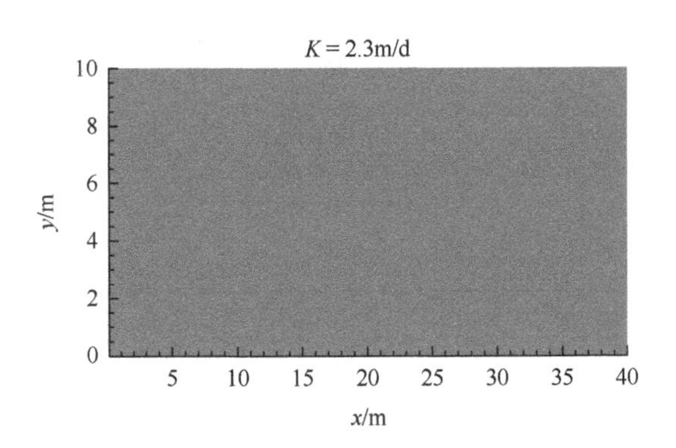

图 4.5　抽水试验等效渗透系数

4.2.2　水力层析反演算法

1. 水力层析抽水试验

水力层析抽水试验对传统抽水试验进行了改进，其主要试验过程如图 4.6 所示（以两个钻孔的抽水试验为例，也可进行更多钻孔的抽水和水头观测）：

（1）首先在地层中的预定位置布置钻孔，在钻孔过程中可选取某些位置（图 4.6 中方框）的土样进行室内渗透系数的测量。在实际操作中，不进行采样测定渗透系数也可以进行水力层析抽水试验和反演计算，但采集某些现场土样测定渗透系数可提高反演计算结果的精度。

（2）将钻孔用止水器（如栓塞系统）分隔成不同的部分（有时可近似看作一个点），分别在抽水位置（圆形）进行抽水（或注水），同时记录下钻孔中观测位置（三角形）的水头数据。

（3）完成一个抽水试验后，改变抽水点到下一个抽水位置进行同样的试验操作。图 4.6 中总共进行了 5 组抽水试验，得到 5 组抽水/水头响应数据。因此，相对于传统抽水试验，水力层析法可以在有限数量钻孔抽水试验中得到更多的水头信息值，从而节约试验的成本。

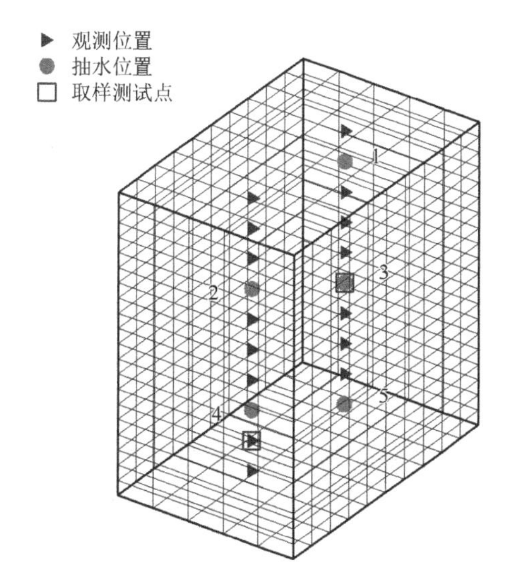

图 4.6　水力层析抽水试验示意图

为了有效地提取出这些水头数据中所蕴含的地层渗透性信息，水力层析法针对水头和地层渗透系数间的非线性关系，引入协同克里金方法，建立了序贯连续线性估计（sequential successive linear estimators，SSLE）算法进行迭代计算，有效地解决了水力层析反演计算过程中计算负担过大的问题。

2. 水力层析随机水头反演理论研究

地下水流动控制方程

$$\nabla(K\nabla h)+Q=S_{s}\frac{\partial H}{\partial t} \tag{4.1}$$

边界条件和初始条件为

$$h\big|_{\tau 1}=h_1;[K\nabla h]\cdot n\big|_{\tau 2}=q;h\big|_{t=0}=h_0$$

其中，h 为水头值（L）；Q 是整个含水层的抽水速率（L^3/T）；K 为渗透系数（L/T）；S_s 为储水系数；h_1 为第一类边界条件的已知水头值；q 为第二类边界条件的流量，h_0 为初始水头值（L）。

与传统抽水试验将地层假设为均质不同，SSLE 算法为了刻画地层的非均质性，引入了随机变量的概念，将渗透系数等地层参数的自然对数和水头数据视为空间上的随机变量：

$$\begin{aligned}h(x_i)&=\bar{h}+h^*(x_i)\\ \ln K(x_i)&=\bar{K}+f_K^*(x_i)\end{aligned} \tag{4.2}$$

式中，$\bar{h}$ 、$\bar{K}$ 分别为水头数据、渗透系数的平均值；$h^*(x_i)$ 、$f_K^*(x_i)$ 分别为水头数据、渗透系数的扰动值。

针对水头观测值与地层渗透系数间的非线性关系，引入协同克里金方法：

$$\hat{f}^{(1)}(x_0)=\sum_{i=1}^{N_f}\lambda_{0i}f_K^*(x_i)+\sum_{k=1}^{N_P}\sum_{j=1}^{N_h}\sum_{l=1}^{N_l}\mu_{0kjl}(h(k,x_j,t_l)-h_e(k,x_j,t_l)) \tag{4.3}$$

式中，$\hat{f}^{(1)}(x_0)$ 为通过第一次协同克里金得到的渗透系数的扰动值；$h(k,x_j,t_l)$ 为第 k 次抽水试验、t_l 时刻、x_j 处的观测水头值；$h_e(k,x_j,t_l)$ 为第 k 次抽水试验、t_l 时刻、x_j 处的模拟水头值；N_f 为用于插值的采样值的个数；N_p 为抽水试验的总次数；N_h 为第 k 次抽水试验的总观测井数量；N_l 为第 k 次抽水试验总的观测时刻；权重 λ_{0i} 和 μ_{0kjl} 分别为 f^* 扰动和水头值的扰动对估计位置渗透系数扰动的贡献。

协同克里金方法的估计值符合最小均方差准则，即

$$E\left\{\left[\hat{f}(x)-f(x)^2\right]\right\}=\text{最小值} \tag{4.4}$$

将式（4.3）代入式（4.4）中，并分别对 λ 和 μ 求偏导可得

$$\begin{aligned}&\sum_{i=1}^{N_f}\lambda C_{ff}(x_i,x_k)+\sum_{j=1}^{N_h}\mu \boldsymbol{C}_{fh}(x_j,x_k)=C_{ff}(x_m,x_k)(k=1,\cdots,N_f)\\ &\sum_{i=1}^{N_f}\lambda \boldsymbol{C}_{fh}(x_i,x_p)+\sum_{j=1}^{N_h}\mu \boldsymbol{C}_{hh}(x_j,x_k)=\boldsymbol{C}_{fh}(x_m,x_p)(k=1,\cdots,N_f)\end{aligned} \tag{4.5}$$

式中，$C_{ff}(x_i,x_k)$ 为点 x_i 和点 x_k 处 f 的空间分布方差；$\boldsymbol{C}_{fh}(x_i,x_p)$ 为点 x_i 处 f 和点 x_p 处 h 的互协方差矩阵；$\boldsymbol{C}_{hh}(x_j,x_k)$ 为点 x_j 和点 x_k 处 h 的协方差矩阵。$\boldsymbol{C}_{fh}$ 和 $\boldsymbol{C}_{hh}$ 可以用 C_{ff} 的一阶定义近似得到：

$$C_{ff}(x_j,x_m)=\text{var}\cdot\sqrt{\left[\frac{(x-x_0)}{cx}\right]^2+\left[\frac{(y-y_0)}{cy}\right]^2}$$
$$\boldsymbol{C}_{hh}^{(r)}(x_j,x_k)=\boldsymbol{J}^{(r)}(x_j,x_k)C_{ff}(x_j,x_k)\boldsymbol{J}^{(r)\mathrm{T}}(x_j,x_k)$$
$$\boldsymbol{C}_{fh}^{(r)}(x_j,x_k)=\boldsymbol{J}^{(r)}(x_j,x_k)C_{ff}(x_j,x_k)\tag{4.6}$$
$$C_{ff}^{(r+1)}(x_m,x_n)=C_{ff}^{(r)}(x_m,x_n)-\sum_{j=1}^{N_h}\mu\boldsymbol{C}_{fh}(x_n,x_j)$$

式中，x 和 x_0 分别表示单元 j 和 m 的中心横坐标，y 和 y_0 分别表示单元 j 和 m 的中心 y 坐标，cx 和 cy 为渗透系数横向和纵向的相关尺度，$\boldsymbol{J}^{(r)}(x_j,x_k)$ 表示第 r 次迭代位置 j 处水头相对于位置 k 处渗透系数改变的敏感性。敏感性矩阵 $\boldsymbol{J}^{(r)}$ 可以采用伴随状态方法（adjoint state method）获得：

$$\boldsymbol{J}^{(r)}=\int_\Omega K\frac{\partial\varphi}{\partial x}\frac{\partial h}{\partial x}\mathrm{d}\Omega\tag{4.7}$$

3. 水力层析水头反演计算过程

水力层析抽水试验可得到多组抽水/水头响应数据，针对某一组抽水/水头响应数据，采用连续线性估计（successive linear estimators，SLE）算法进行渗透系数反演计算，SLE 水头反演计算过程如图 4.7 所示。

（1）首先将水头观测数据（h）、抽水速率、试验区域的初始和边界条件等试验参数输入到反演计算模型之中，并将实验区域平均划分成若干个小的单元。

（2）给反演计算设定一个平均渗透系数初始值（一般为抽水试验所得的地层渗透系数或钻孔取样所得数据），利用式（4.1）计算得出反演所需的模拟水头观测数据（h_e）。

（3）采用式（4.7）伴随状态方法计算出水头数据相对于每一个单元渗透系数波动值的敏感性矩阵 $\boldsymbol{J}$，并利用敏感性矩阵和渗透系数的空间分布方差 C_{ff} 计算出水头和渗透系数的互协方差矩阵 $\boldsymbol{C}_{fh}$ 以及水头的协方差矩阵 $\boldsymbol{C}_{hh}$。

（4）利用上述计算结果，使用式（4.6）协同克里金方法计算出水头波动值（真实水头观测数据和模拟水头观测间的水头差）相对于渗透系数波动值的贡献权重矩阵 $\boldsymbol{u}$。

（5）利用上述计算所得的水头波动值和贡献权重矩阵并通过式（4.3）对渗透系数进行估计，并对渗透系数的空间分布方差进行更新。

（6）利用此渗透系数的估计结果再次进行水头的正演模拟，由此可以得到一组新的模拟观测水头值，可用于下一轮的反演估计。

（7）对反演结果进行收敛性判断：①达到最大迭代次数；②反演结果精度达

到要求。结果满足要求则输出反演结果，若不满足则回到第（3）步对敏感性矩阵进行更新，如此不断进行（3）、（4）、（5）、（6）、（7）步骤直到满足试验要求。

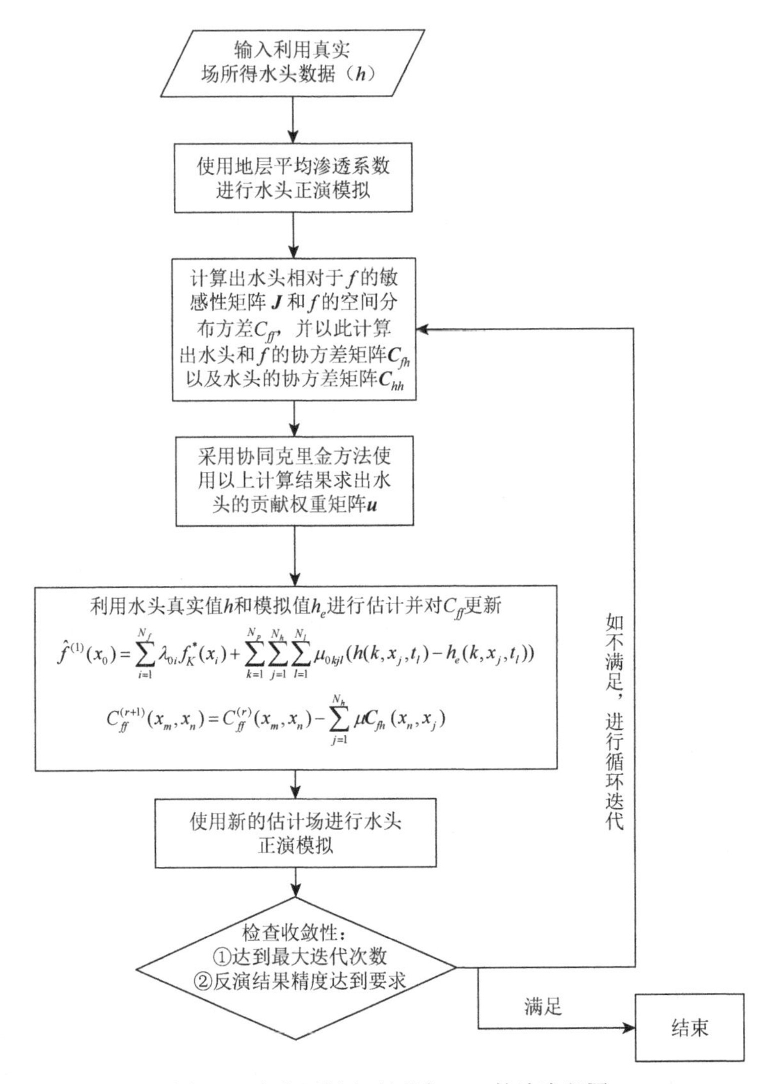

图 4.7　水力层析水头反演 SLE 算法流程图

对第 1 组抽水试验数据经过上述 7 个步骤的 SLE 反演计算后，就可以初步确定地层中的渗透系数空间分布，然后将第 1 组反演结果作为初始值进行第 2 组数据的 SLE 反演计算，以此类推，上一组的反演结果作为下一组的渗透系数初始值，直到最后一组抽水试验数据进行反演计算完毕，即可得到最终的渗透系数分布。整个计算过程是建立在对每组抽水试验数据进行单次 SLE 计算基础上，故称之为 SSLE 算法。

由 SSLE 算法的实施过程可以看出，随着纳入计算过程的数据组数增加，每组抽水试验数据所包含的地层渗透性信息都被提取出来，地层渗透系数分布的反演结果将越来越准确。整个过程类似于医学上常用的 CT 扫描，每一组抽水试验数据可看作在抽水点对含水层拍摄了一张快照，不同位置的抽水试验就对应很多张快照，而上述水力层析反演算法就是将这些快照综合起来，描绘出含水层渗透系数的空间分布。

4.2.3　温度 + 水头联合反演算法

1. 温度 + 水头联合随机反演理论研究

联合反演算法中的水头反演部分的计算过程与水力层析水头反演基本类似，温度对流扩散方程：

$$\nabla\left(\frac{\rho_{\mathrm{m}}c_{\mathrm{m}}}{\rho_{\mathrm{w}}c_{\mathrm{w}}}\boldsymbol{D}_{\mathrm{TS}}\nabla T\right)-q\nabla T=\frac{\rho_{\mathrm{m}}c_{\mathrm{m}}}{\rho_{\mathrm{w}}c_{\mathrm{w}}}\frac{\partial T}{\partial t}$$

边界条件和初始条件：

$$T\Big|_{\tau_1}=T_1;\left[\frac{\rho_{\mathrm{m}}c_{\mathrm{m}}}{\rho_{\mathrm{w}}c_{\mathrm{w}}}\boldsymbol{D}_{\mathrm{TS}}\nabla T-qT\right]\cdot n\Big|_{\tau_2}=q$$

式中，T 为温度信号（K）；$\boldsymbol{D}_{\mathrm{TS}}$ 为温度的扩散张量（$\mathrm{m^2/s}$）；$\rho_{\mathrm{m}}c_{\mathrm{m}}$ 和 $\rho_{\mathrm{w}}c_{\mathrm{w}}$ 分别是多孔介质和水的容积比热（$\mathrm{J/k/m^3}$）；q 为地层中水的流速（m/s）。

将渗透系数等地层参数的自然对数和温度数据视为空间上的随机变量：

$$\begin{aligned}T(x_i)&=\bar{T}+T^*(x_i)\\ \ln K(x_i)&=\bar{K}+f_K^*(x_i)\end{aligned}\tag{4.8}$$

式中，$\bar{T}$、$\bar{K}$ 分别为观测温度、渗透系数的均值；$T(x_i)$ 为观测温度值；$f_K^*(x_i)$ 为渗透系数的扰动值。

同样引入协同克里金方法：

$$\hat{f}^{(1)}(x_0)=\sum_{i=1}^{N_f}\lambda_{0i}f_K^*(x_i)+\sum_{k=1}^{N_p}\sum_{j=1}^{N_h}\sum_{l=1}^{N_l}\mu_{0kjl}(T(k,x_j,t_l)-T_e(k,x_j,t_l))\tag{4.9}$$

式中，$\hat{f}^{(1)}(x_0)$ 为通过第一次协同克里金得到的渗透系数的扰动值；$T(k,x_j,t_l)$ 为

第 k 次试验、t_l 时刻、x_j 处的观测温度值；$T_e(k,x_j,t_l)$ 为第 k 次试验、t_l 时刻、x_j 处的模拟温度值；N_f 为用于插值的采样值的个数；N_p 为试验的总次数；N_h 为第 k 次试验的总观测井数量；N_l 为第 k 次试验总的观测时刻；权重 λ_{0i} 和 μ_{0kjl} 分别为 f^* 扰动和温度值的扰动对估计位置渗透系数扰动的贡献。

协同克里金方法的估计值符合最小均方差准则，即

$$E\left\{\left[\hat{f}(x)-f(x)^2\right]\right\}=\text{最小值} \tag{4.10}$$

将式（4.9）代入式（4.10）中，并分别对 λ 和 μ 求偏导可得

$$\begin{aligned}&\sum_{i=1}^{N_f}\lambda C_{ff}(x_i,x_k)+\sum_{j=1}^{N_h}\mu \boldsymbol{C}_{ft}(x_j,x_k)=C_{ff}(x_m,x_k)(k=1,\cdots,N_f)\\&\sum_{i=1}^{N_f}\lambda \boldsymbol{C}_{ft}(x_i,x_k)+\sum_{j=1}^{N_h}\mu \boldsymbol{C}_{tt}(x_j,x_k)=\boldsymbol{C}_{ft}(x_m,x_k)(k=1,\cdots,N_f)\end{aligned} \tag{4.11}$$

其中，$C_{ff}(x_i,x_k)$ 为点 x_i 和点 x_k 处 f 的空间分布方差；$\boldsymbol{C}_{ft}(x_j, x_k)$ 为点 x_j 处 f 和点 x_k 处 t 的互协方差矩阵；$\boldsymbol{C}_{tt}(x_j,x_k)$ 为点 x_j 和点 x_k 处 t 的协方差矩阵。$\boldsymbol{C}_{ft}$ 和 $\boldsymbol{C}_{tt}$ 可以用以下方法近似得到：

$$\begin{aligned}&\boldsymbol{C}_{tt}^{(r)}=\boldsymbol{J}^{(r)}C_{ff}\boldsymbol{J}^{(r)\mathrm{T}}\\&\boldsymbol{C}_{ft}^{(r)}=\boldsymbol{J}^{(r)}C_{ff}\\&C_{ff}^{(r+1)}(x_m,x_n)=C_{ff}^{(r)}(x_m,x_n)-\sum_{j=1}^{N_h}\mu \boldsymbol{C}_{ft}(x_n,x_j)\end{aligned} \tag{4.12}$$

温度敏感性矩阵 $\boldsymbol{J}^{(r)}$ 可以采用伴随状态方法（adjoint state method）获得：

$$\boldsymbol{J}^{(r)}=\int_{\Omega}K\frac{\partial\varphi}{\partial x}\frac{\partial h}{\partial x}\mathrm{d}\Omega-\varphi_c K\frac{\partial c}{\partial x}\frac{\partial h}{\partial x}\mathrm{d}\Omega \tag{4.13}$$

2. 温度＋水头联合反演计算过程

温度＋水头联合反演的计算过程与上述水力层析水头反演类似，如图 4.8 所示。首先输入水头和温度数据，接着在平均渗透系数场中进行水头的正演模拟，通过敏感性计算、协同克里金插值等方法，利用水头观测值和模拟值之间的水头差对渗透系数进行估计，当水头反演的结果达到预定要求后，将结果输入到温度反演模型之中，同样通过模拟温度和实际温度的温度差对渗透系数进行反演估计，不断进行循环迭代指导满足收敛条件，得到最终的反演结果。

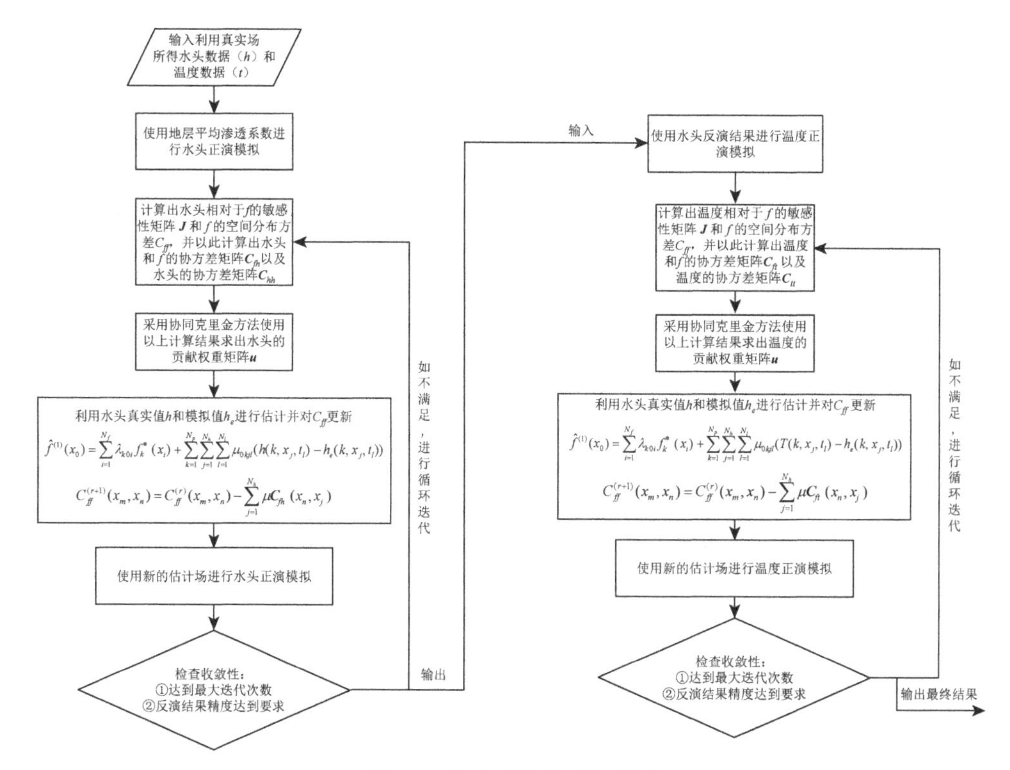

图 4.8　联合反演算法流程图

4.2.4　温度 + 水头联合反演算法的程序实现

基于上述联合反演的算法原理，利用 Fortran 以及有限元方法实现其计算过程的程序化。其主要可分为以下几个模块：①初始模块、②水头正演模块、③温度正演模块、④敏感性计算模块、⑤协同克里金插值模块、⑥循环迭代模块等（图 4.9 和图 4.10）。

①初始模块：此模块主要用于接收反演试验前读入的网格信息、初始条件、边界条件、渗透系数先验信息、真实试验数据观测值、地层渗透系数场（真实或模拟平均）、抽水试验方案（包括布井位置、数量和流量等）以及一些其他的反演试验控制条件。

②水头正演模块：此模块利用初始模块读取的试验控制条件，基于地下水流控制方程式（4.1），采用 Galerkin 有限元方法进行处理。首先利用变分原理将原微分方程方程转化为弱形式，通过选取同样的基函数和权函数，将方程转化为一系列线性方程组，并将边界条件、源汇项进行离散并入线性方程组中，最后通过调用不完全 LU 分解共轭梯度法（ILUCG）子函数对方程组进行求解。为了有效地控制计算结果的精度，通过 Newton-Raphson 方法进行迭代计算。经过以上步骤

得到水头正演计算的结果。

③温度正演模块：此模块利用初始模块中已经读取的试验控制条件，基于温度对流扩散方程式（4.9），针对求解过程中会出现的数值振荡和数值弥散等问题，本研究通过选用 MMOC 方法（沿特征线向后追踪的特征有限元法）和 Galerkin 有限元方法对方程进行处理。针对方程中对流部分采用 MMOC 方法进行处理，而对扩散部分由于其刚度矩阵是对称的，为了减少计算量采用 Galerkin 有限元方法进行处理。另外由于此方程是非稳态的，故本研究在空间上进行有限元离散处理，在时间上则进行差分。最后通过调用 ILUCG 子函数对方程组进行求解，得出温度正演的计算结果。

④敏感性计算模块：此模块的主要作用是首先通过伴随状态的方法计算出温度和水头相对于每个单元渗透系数变化的敏感性。通过计算得到的敏感性矩阵分别计算出水头和渗透系数的互协方差矩阵 $\boldsymbol{C}_{fh}$、温度和渗透系数的互协方差矩阵 $\boldsymbol{C}_{ft}$、水头的协方差矩阵 $\boldsymbol{C}_{hh}$ 以及温度的协方差矩阵 $\boldsymbol{C}_{tt}$。

⑤协同克里金插值模块：此模块利用敏感性计算模块中得到的水头和渗透系数的互协方差矩阵 $\boldsymbol{C}_{fh}$、温度和渗透系数的互协方差矩阵 $\boldsymbol{C}_{ft}$、水头的协方差矩阵 $\boldsymbol{C}_{hh}$ 以及温度的协方差矩阵 $\boldsymbol{C}_{tt}$ 利用协同克里金方法，分别求出水头和温度波动值对于渗透系数波动值的贡献权重，并利用计算结果对渗透系数进行估计。

⑥循环迭代模块：此模块主要用于判断每次迭代的计算结果是否满足要求，如不满足则基于本次计算结果开始新一轮的渗透系数反演估计。

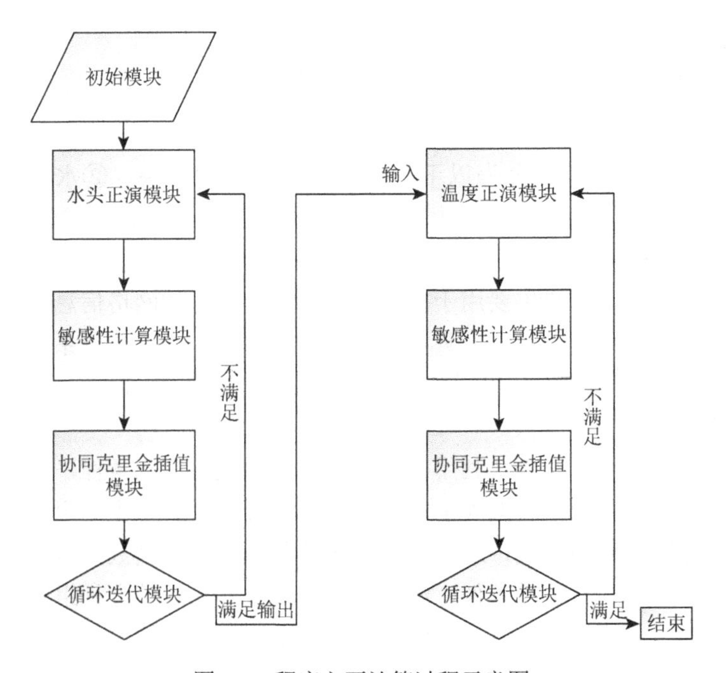

图 4.9　程序主要计算过程示意图

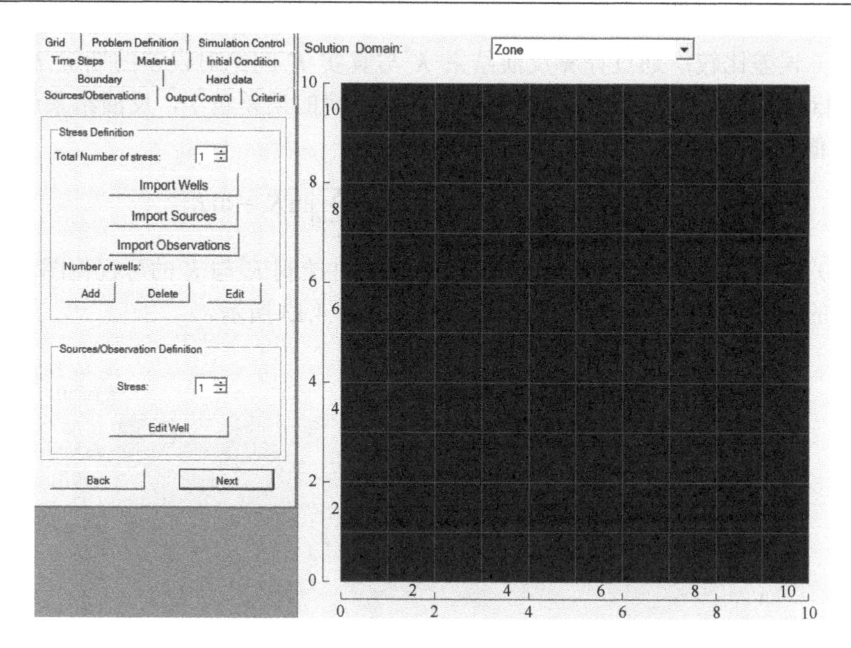

图 4.10 界面展示

4.2.5 渗透系数反演结果评价

（1）相关系数比较：计算反演结果 K^* 与真实 K 的相关系数 R，相关系数越接近于1，则反演结果越接近真实值。也可以通过绘制 K^* 和 K 的散点图，观察其散点与45度线的接近程度，如图4.11所示。

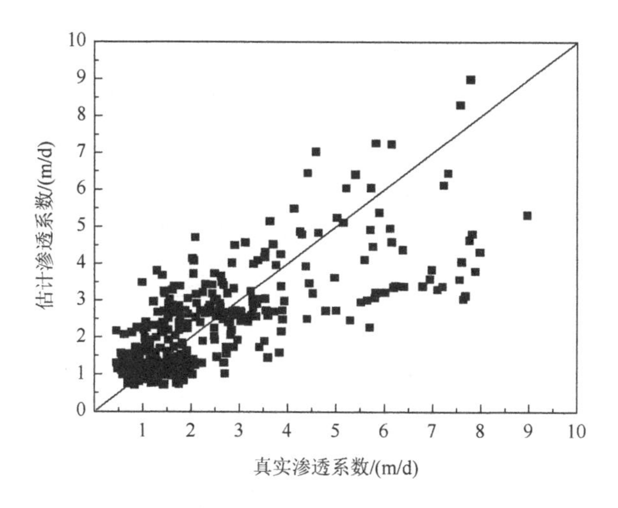

图 4.11 渗透系数散点图

（2）误差比较：通过计算反演结果 K^* 与真实 K 间绝对误差的期望 $L1$，K^* 与 K 绝对误差的方差 $L2$，$L1$ 与 $L2$ 越小，则反演的误差越小，反演结果越接近于实际值。

$$L1=\frac{1}{n}\sum_{i=1}^{n}\left|\ln K_i-\ln K_i^*\right|\text{；}L2=\frac{1}{n}\sum_{i=1}^{n}\left|\ln K_i-\ln K_i^*\right|^2$$

（3）反演结果可视化比较：利用 Tecplot 软件绘制 K^* 与 K 的可视化图，并通过直观的比较，评价反演的效果。如图 4.12 和图 4.13 所示。

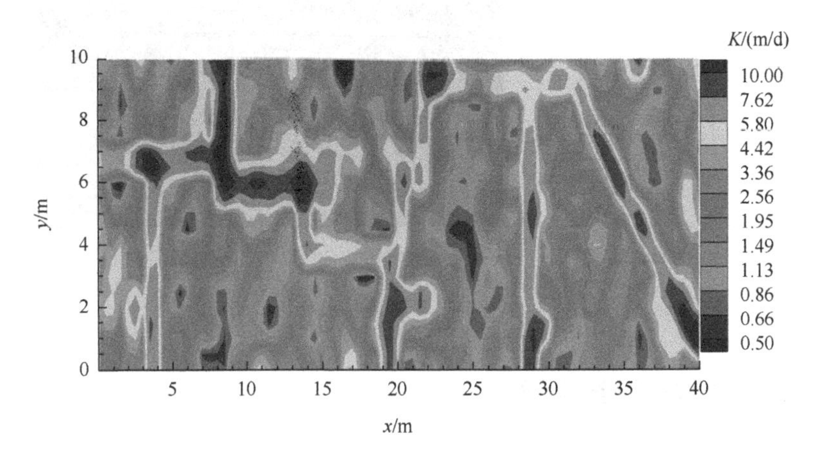

图 4.12　真实渗透系数分布场

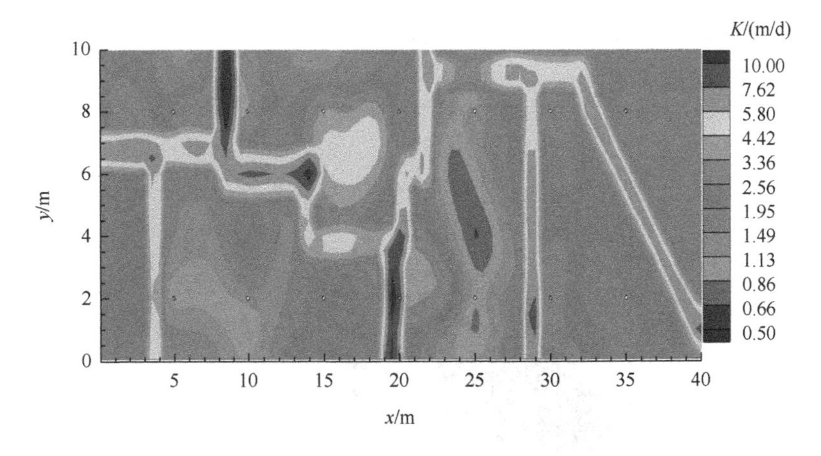

图 4.13　反演渗透系数分布场

（4）通过比较利用反演结果 K^* 计算得到的水头数据、温度数据和利用真实 K 得到数据，并计算其 $L1$、$L2$ 的值，进行比较判断反演结果的好坏。

4.3　融合温度数据的土质堤坝水力层析联合反演试验研究

参考相关学者水力层析法的研究方法，本节将采用数值试验的方法对温度 + 水头联合反演算法的可行性进行验证。首先预设一个真实的渗透系数场，并进行相应的抽水试验，用以模拟真实的现场抽水试验，将得到的试验数据作为真实观测数据。同时使用试验区域的平均渗透系数作为反演的初始渗透系数场，在同样试验方案进行抽水试验，并利用试验数据进行渗透系数的反演，最后通过与同条件下单参数水力层析反演的结果进行对比，证明此算法的可行性和优越性。

4.3.1　土质堤坝地层集中热源模拟与参数反演

1. 试验参数设置

本试验首先预设一个长为 40m、宽为 10m 的非均质含水层模型，并划分成 1m×1m 的矩形单元，共 400 个。整个区域的初始水头值设置为 100m，边界条件设置为 100m 固定水头边界；初始温度条件设置为 20℃，温度边界条件设为 20℃固定温度边界。为了模拟非均质含水层的渗透系数分布，将实验区域的平均渗透系数设置为 2.3m/d，其方差设置为 3.18（m/d）^{2}，孔隙率为 0.4，导热系数设置为 0.001m^2/d，生成如图 4.14 所示的真实渗透系数场。

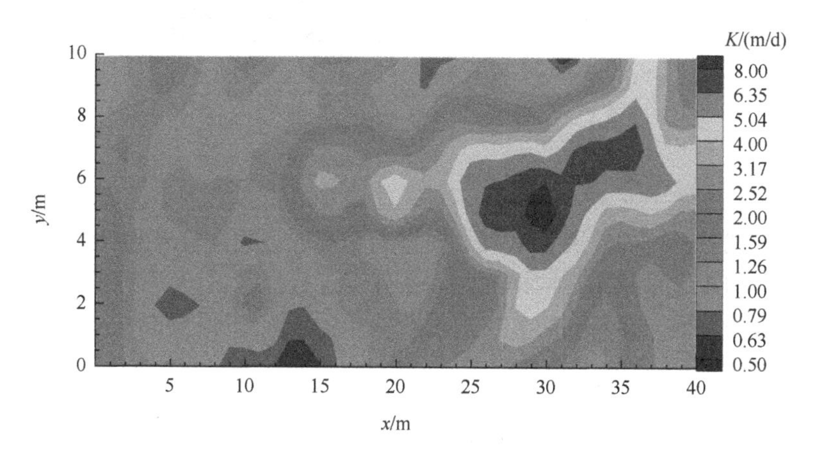

图 4.14　真实渗透系数场

2. 数值试验方案设置

为了在上述模拟实验区域进行抽水试验，将井的横向间距设置为 10m，纵向间距设置为 5m，共设置观测井和抽水井 9 个，并生成平均渗透系数场作为反演的初始渗透系数值，具体如图 4.15 和图 4.16 所示。

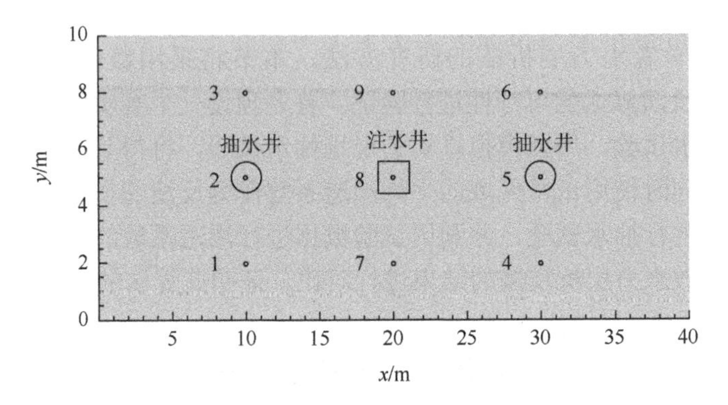

图 4.15　试验井布置示意图

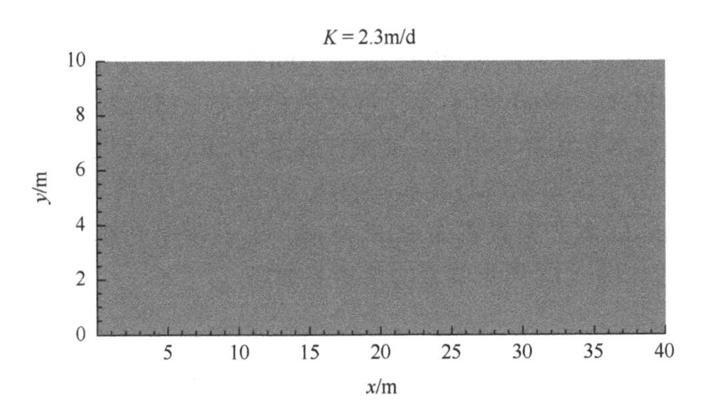

图 4.16　平均渗透系数场

按照试验方案（表 4.1、表 4.2），首先在真实渗透系数场中进行一次上述抽水试验，并将试验所得的温度和水头数据作为真实观测数据输入到反演模型之中，接着利用平均渗透系数场在同样的时间条件下进行抽水试验，得到平均渗透系数下的模拟观测数据。接着利用真实观测数据和实际观测数据间的波动值对渗透系数进行反演估计。

表 4.1　水头、温度反演试验方案表

试验方案	抽水井编号	抽水速率/（m^3/h）	观测井编号
方案 1	2、5	2	1~9
方案 2	8	−2	1~9

注：抽水速率为正数代表往外抽水，负数代表往钻孔内注水，且注水温度为 40℃。

表 4.2　温度 + 水头联合反演试验方案表

试验方案	抽水井编号	抽水速率/（m^3/h）	观测井编号
方案 1	2、5	2	1、2、5、6、7、8、9
方案 2	8	−2	1、2、5、6、7、8、9

注：抽水速率为正数代表往外抽水，负数代表往钻孔内注水，且注水温度为 40℃。

3. 反演结果比较和分析

1）反演结果可视化比较

对比仅使用温度数据、仅使用水头数据和同时使用两者进行反演得到的结果（图 4.17～图 4.20），可以看出这 3 种反演方式都可以比准确地定位出地层中的高渗透区域和低渗透区域，较好地刻画出地层渗透系数分布情况。同时对比仅使用水头数据进行反演得到的反演结果和仅使用温度数据得到的结果，可以看出前者的结果反演出的高、低渗透区形状更接近于真实值，但相差不是很大。经分析这可能是由于温度计算时需要同时对地下水控制方程以及温度对流扩散方程进行有限元计算，而水头数据计算时只需要计算一次地下水控制方程，前者在计算中可能产生了二级误差，从而导致反演结果略差。三者中反演结果最好的是同时使用温度和水头数据进行反演，尽管联合反演实验中的观测井数量相对较少，但其反演与真实分布场更为接近。这主要是因为地层的温度数据和水头数据一样都蕴含了丰富的地层信息，所以在水头数据之上增加了温度数据，就等于增加了反演的样本集，因此虽然观测井减少了，但反演的总体样本集增加了，所以可以得到更好的渗透系数分布情况。通过这 3 组试验结果的可视化对比就可以简单地证明本研究建立的温度 + 水头联合反演算法的优越性，可以进一步地提高反演的精度。

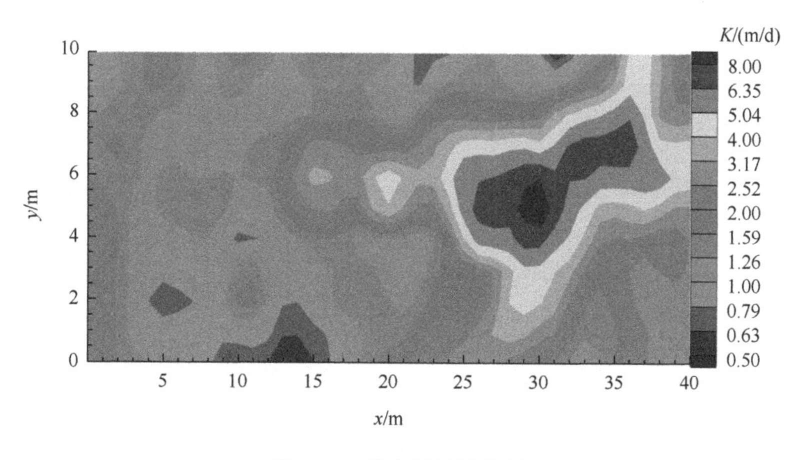

图 4.17　真实渗透系数场

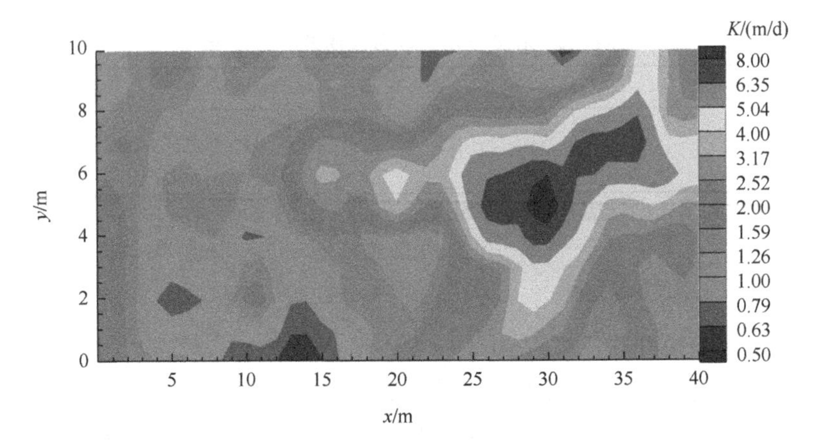

图 4.18　温度数据反演结果

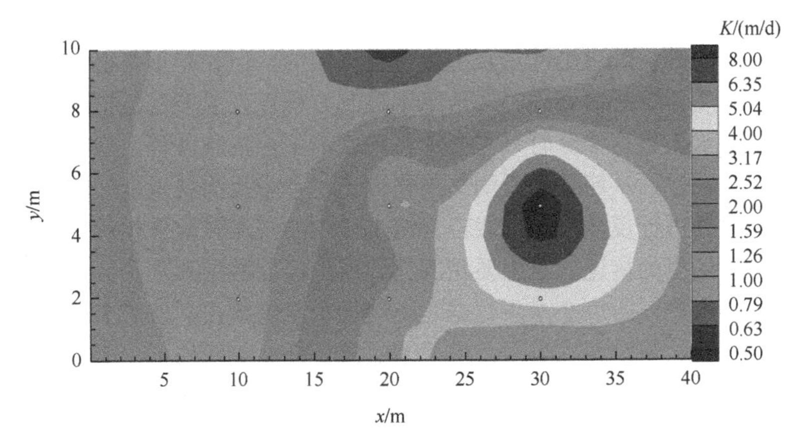

图 4.19　水头数据反演结果

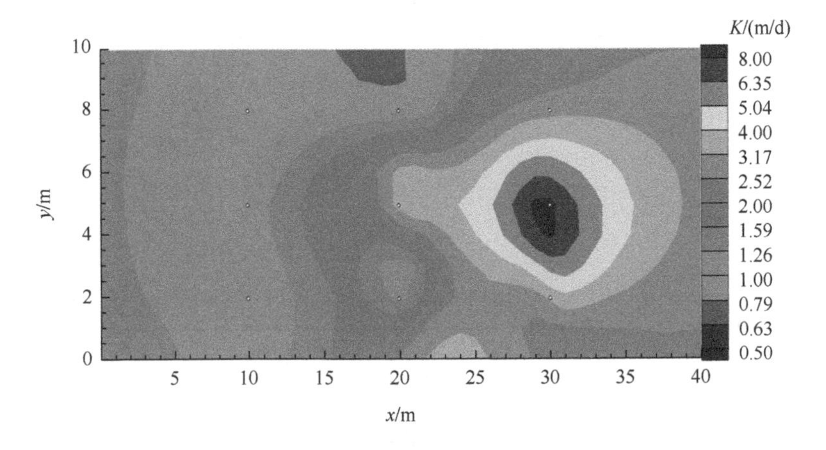

图 4.20　温度 + 水头数据联合反演结果

2）反演结果参数评价分析

为了进一步定量地评价这3组试验的反演结果，计算出真实渗透系数和反演结果之间的期望 $L1$、方差 $L2$、相关系数 R 来进行定量的分析。具体计算结果如图4.21所示。

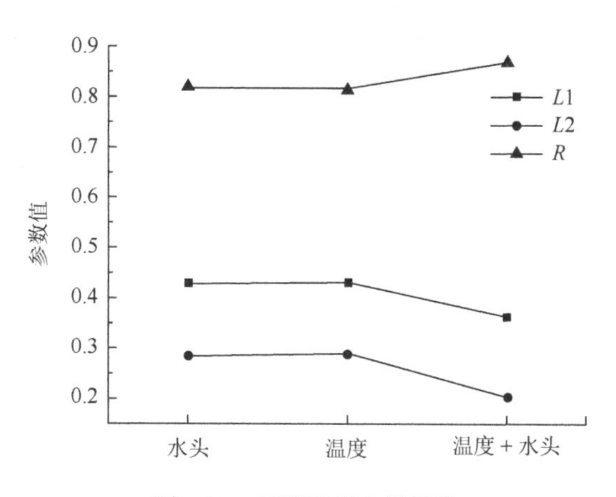

图4.21　反演结果参数评价

使用温度+水头数据进行反演的结果得到的 $L1$、$L2$ 明显小于仅使用其中一种数据得到的反演结果，这再次表明同时使用温度+水头这两种数据进行反演可以有效地提高反演的精度。为了进一步比较3组试验反演结果相对于真实渗透系数的相关性，分别绘制3组试验反演得到的估计渗透系数与真实渗透系数的散点图（图4.22～图4.24）。

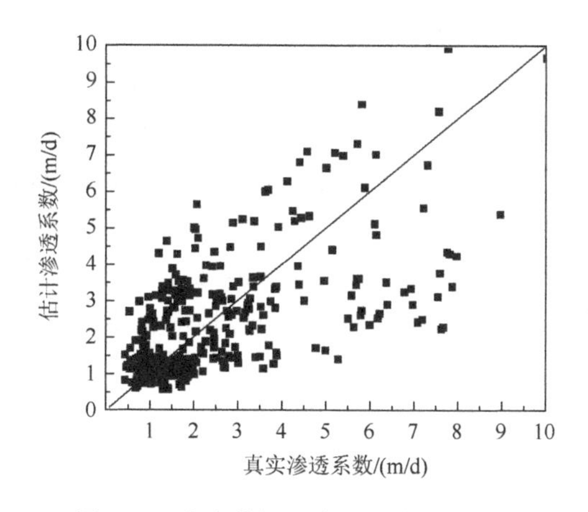

图4.22　水头数据反演渗透系数散点图

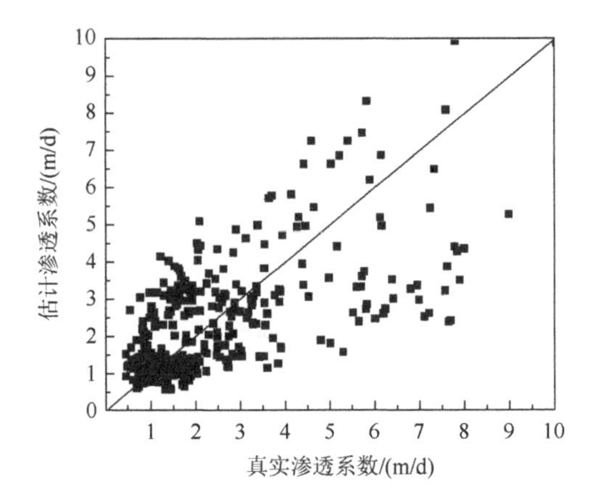

图 4.23　温度数据反演渗透系数散点图

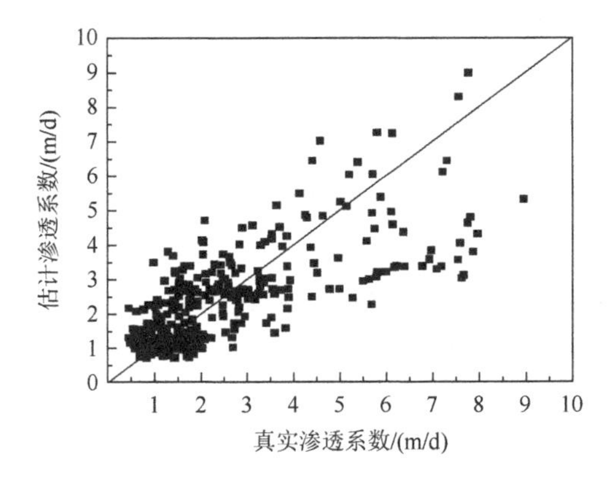

图 4.24　温度 + 水头数据联合反演渗透系数散点图

通过比较 3 次试验得到的渗透系数散点分布图，可以发现使用温度和水头数据反演得到的结果更贴近于 45°线，这表明此结果与真实值的相关性更好。

综上，本节通过模拟稳定渗流条件下存在集中热源的地层情况，在此工况下进行了一系列数值抽水试验，并分别使用实验所得的水头数据、温度数据进行了 3 组反演实验，利用可视化对比、参数评价等方法，对反演结果进行了对比和分析，由此得出尽管在观测井数量相对较少的情况下，同时使用温度和水头数据进行反演仍然可以有效地提升反演的精度，更好地对含水层渗透系数的非均质分布进行刻画。

4.3.2　地层温差边界模拟与渗透系数反演

本节同样预先建立一个长为 40m、宽为 10m 的裂隙含水层模型，并划分成

0.5m×0.5m 的矩形单元，共 1600 个。将整个区域的初始水头值设置为 100m，上水头边界条件设置为 102m 固定水头边界，其余（左、右、下水头边界）设置为 100m；初始温度条件设置为 20℃，上温度边界条件设为 30℃，下温度边界设置为 20℃，左右两边也为 20℃。为了模拟非均质裂隙含水层的渗透系数分布，将平均渗透系数设置为 2.3m/d，方差设置为 3.18（m/d）^{2}，裂隙区域渗透系数大小设为 10m/d，孔隙率为 0.4，导热系数设置为 0.001m^2/d，生成如图 4.25 所示的渗透系数场，作为本试验的真实渗透系数场。

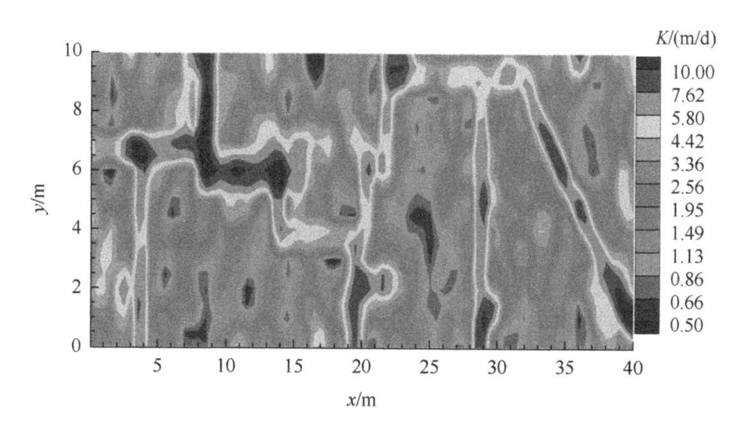

图 4.25　真实渗透系数场

1. 数值试验方案设置

为了在上述模拟实验区域进行抽水试验，将井的横向间距设置为 5m，纵向间距设置为 6m，共设置观测井和抽水井 14 个，并生成平均渗透系数场作为反演的初始渗透系数值，具体如图 4.26 和图 4.27 所示。

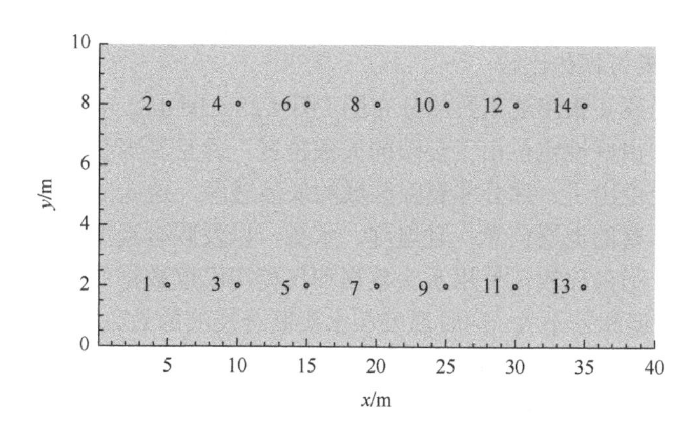

图 4.26　试验井布置示意图

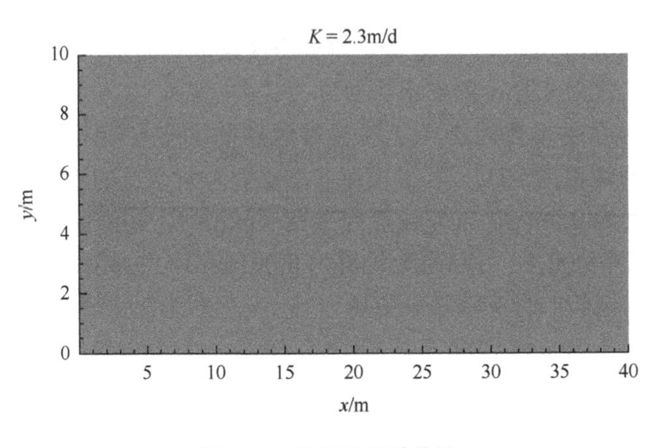

图 4.27　平均渗透系数场

同样按照试验方案（表 4.3），首先在真实渗透系数场中进行上述抽水试验，并将试验所得的温度和水头数据作为真实观测数据输入到反演模型之中，接着利用平均渗透系数场在同样的时间条件下进行抽水试验，利用两组试验数据的波动变化值对进行渗透系数的估计，具体的反演结果如下节所示。

表 4.3　反演试验方案表

试验方案	抽水井编号	抽水速率/(m^3/h)	观测井编号
方案 1	7、8	2	1～14
方案 2	4、11	2	1～14

2. 反演结果比较和分析

1）反演结果可视化比较

通过初步观察 4 张渗透系数的分布图（图 4.28～图 4.31），可以发现这 3 组反演实验的结果都很好地定位出了裂隙的大致位置，并且其形状也与真实情况大致相同，同时也定位出了一部分非裂隙区域的低渗透区，这就证明了这 3 组试验数据中都蕴含着丰富的地层信息，且温度、水头，以及联合反演都可以刻画地层的非均质性分布。另外比较仅使用水头数据和仅使用温度数据的反演结果，发现前者略优于后者，但相差不大。同时温度和水头联合反演的效果也是三者中最好的，不仅刻画出了裂隙的位置，还定位出了一些低渗透区域，得到了和上一节相同的结论。由此可以证明即使在相对较复杂的裂隙地层中，温度 + 水头联合算法同样可以得到更好的渗透系数反演结果。

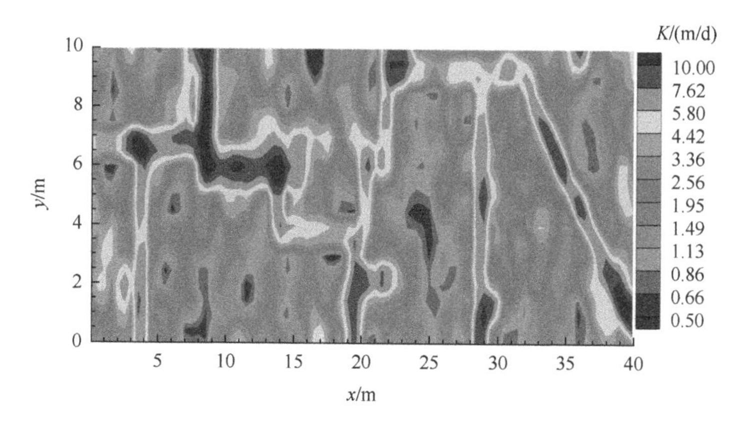

图 4.28　真实渗透系数场

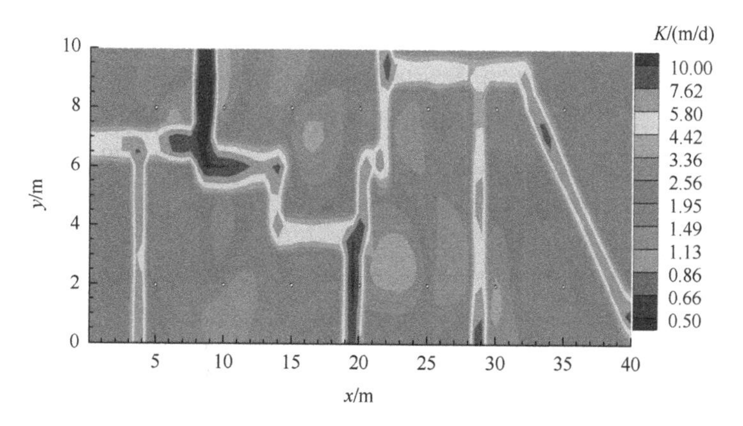

图 4.29　水头数据反演结果

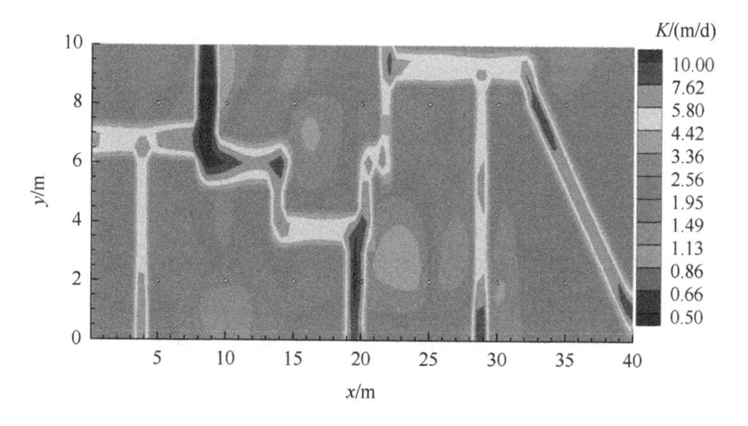

图 4.30　温度数据反演结果

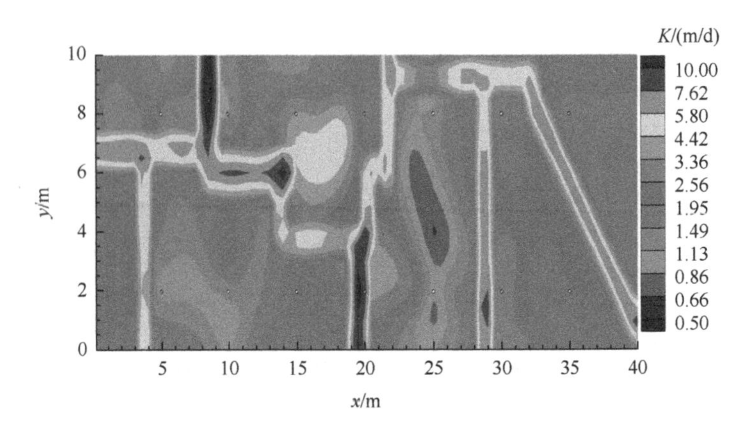

图 4.31　温度 + 水头数据联合反演结果

2）反演结果参数评价分析

参照上一节，为了进一步定量地评价 3 组试验的反演结果，本节将采用 3 个统计学上的概念期望 $L1$、方差 $L2$、相关系数 R 来进行定量的分析。分别计算出 3 组反演试验相对于真实渗透系数的 $L1$，$L2$，R，具体计算结果如图 4.32 所示。

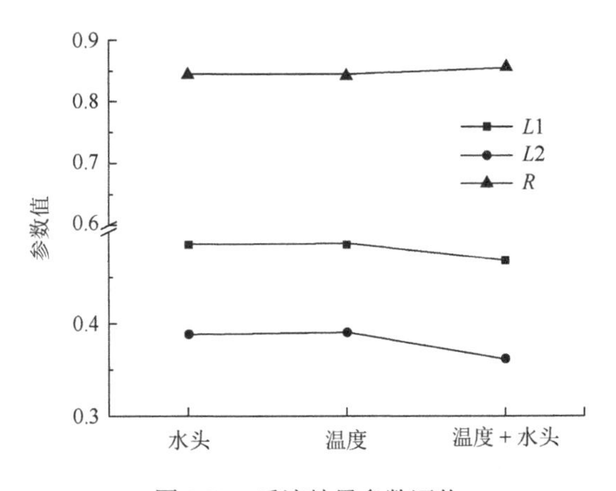

图 4.32　反演结果参数评价

通过图 4.32 可知，温度 + 水头联合反演得到的结果 $L1$ 和 $L2$ 小于其他两组实验，且相关系数 R 也明显较大。由此可知联合反演算法确实可以提高反演的精度。但相对比上一节的计算结果，可以发现此处的参数评价结果总体较差。分析发现这与地层中存在的裂隙有关，因为试验中裂隙的渗透系数大致是正常区域的 5～10 倍，在每次反演迭代过程中裂隙区域（高渗区）渗透系数发生的较小的变化会极大地影响正常区域的反演结果，从而影响精度最终导致整体的参数指标较差。

故针对较为复杂的地层，需要更多的温度和水头数据，才能精确地刻画出地层的非均质性分布情况。

从 3 张渗透系数散点分布图（图 4.33～图 4.35）中可以发现，联合反演得到的渗透系数反演结果贴近于 45°线，与真实渗透系数分布场拥有更好的相关性。但可以发现由于存在裂隙区域，渗透系数较大时会有较大的离散性，从而导致相关性变差。这又一次证明了裂隙的存在会使反演结果变差，故想要获得同样精度的结果，需要更多的温度和水头数据集。综上，本节模拟了裂隙地层中存在温差边界的工况，并在此工况下进行了抽水试验，利用不同的实验数据进行了 3 组反演实验，在进行了可视化比较、参数评价对比等操作后，证明了即使在较为复杂的裂隙地层中，本研究建立的温度 + 水头联合反演算法也可以很好地刻画出地层参数的非均质分布。

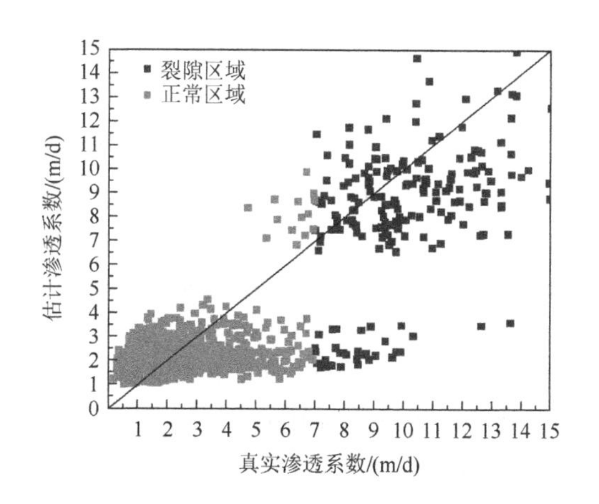

图 4.33　水头数据反演渗透系数散点图

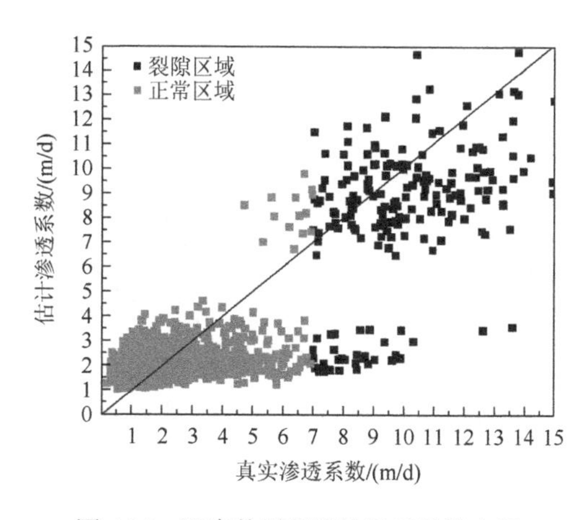

图 4.34　温度数据反演渗透系数散点图

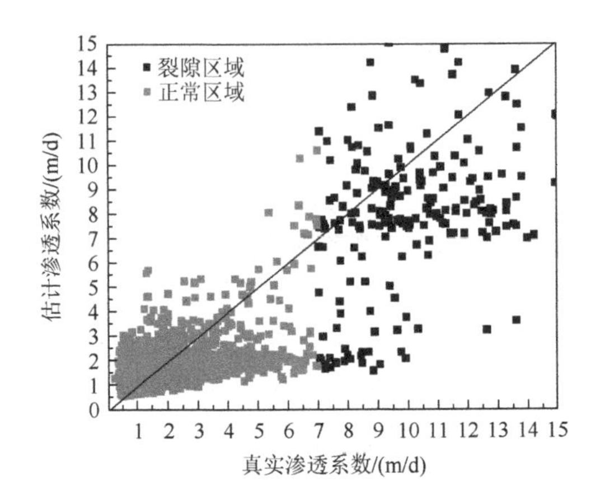

图 4.35　温度＋水头数据联合反演渗透系数散点图

4.4　土质堤坝渗漏联合反演试验方案优化设计

本节将在上节研究的基础之上，针对抽水速率、观测井间距、抽水井位置、抽水试验次数等因素，设计一系列反演试验，进一步分析各种因素对反演精度的影响，以优化联合反演的试验方案。为方便对比研究，将采用统一的试验区域模型。具体操作过程如下，预设一个 30m×30m 的试验区域，将其划分成为 900 个 1m×1m 的矩形小块，并把渗透系数的自然对数平均值设置为 0.4m/d，自然对数方差为 $0.3(m/d)^2$，试验区域的热扩散系数设置为常数 $0.001m^2/d$。实验区域的初始水头和初始温度分别为 100m 和 20℃，四周固定水头边界设置为 100m，固定温度边界条件也为 20℃。真实渗透系数场和初始反演所使用的平均渗透系数场如图 4.36 和图 4.37 所示。

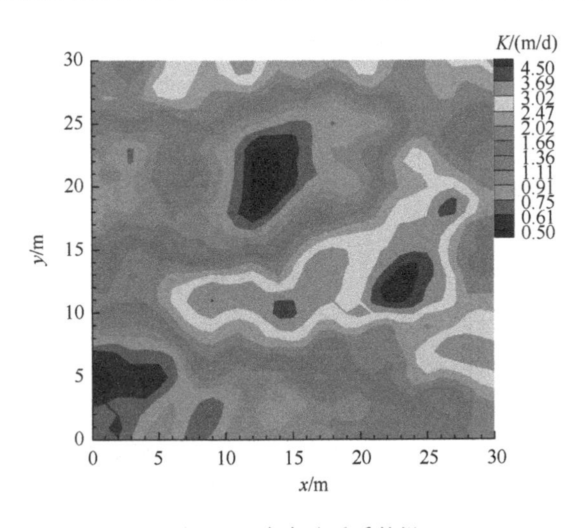

图 4.36　真实渗透系数场

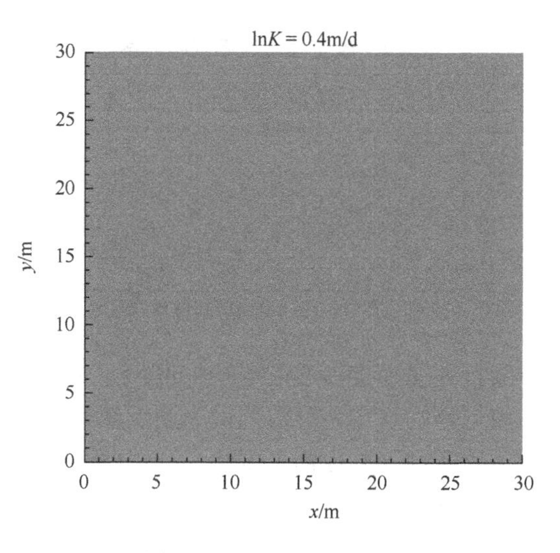

图 4.37 平均渗透系数场

4.4.1 抽水速率对反演结果的影响

1. 改变抽水速率的试验方案

在上述试验区域中，为研究抽水井抽水速率对反演结果精度的影响，本节试验共设置9口井，其中1～9号都为观测井用以记录试验数据，5号井同时也作为本次试验的抽水井，具体分布情况见图4.38。本节共设置了5组不同速率的试验，具体的试验方案见表4.4。

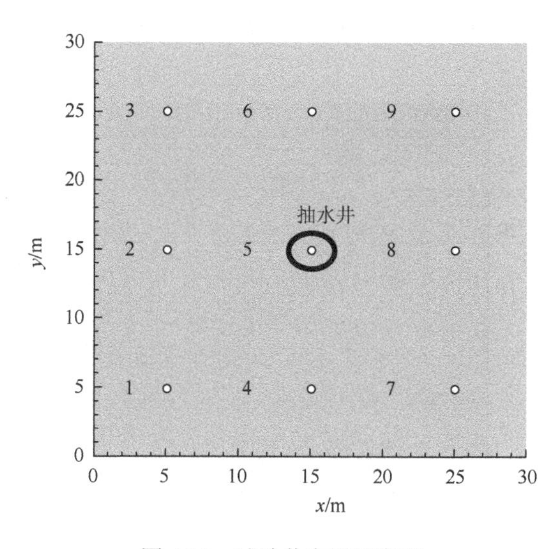

图 4.38 试验井布置示意图

表 4.4　改变抽水速率试验方案

试验方案	抽水速率/(m^3/h)	观测井编号
方案 1	−0.5	1～9
方案 2	−1	1～9
方案 3	−2	1～9
方案 4	−4	1～9
方案 5	−8	1～9

注：抽水速率为负值表示向孔内注水，即为注水速率且注水温度都为 40℃。

按照以上试验方案首先在真实渗透系数场中进行一次上述抽水试验，并将试验所得的温度和水头数据作为真实观测数据输入到反演模型之中，然后利用平均渗透系数场在同样的试验条件下进行抽水试验，利用两组试验数据的波动变化值对进行渗透系数的估计，具体的反演结果如下节所示。

2. *不同实验方案反演结果对比和分析*

为了可以直观地反映出反演结果的好坏，将 5 组试验的反演结果经过可视化处理绘制成如图 4.39 所示的渗透系数分布图。

从这 5 张反演结果的可视化图中可以直观地看出当注水速率为 0.5m^3/h 时反演结果与真实值的偏差较大，得到的反演结果精度最差，随着注水速率达到了 1m^3/h 后，渗透系数反演的结果已经可以大致定位出高渗透区和低渗透区，继续把注水速率提高到 2m^3/h 反演结果的精度有一定程度的提高，但是之后再继续提高注水速率反演结果的精度并没有明显地提升。为了进一步评价反演结果，同样分别计算出五次试验反演结果和真实渗透系数间的 $L1$、$L2$、R。

从图 4.40 中可以看出，$L1$、$L2$ 随着注水速率的增大而减小，R 随着注水速率

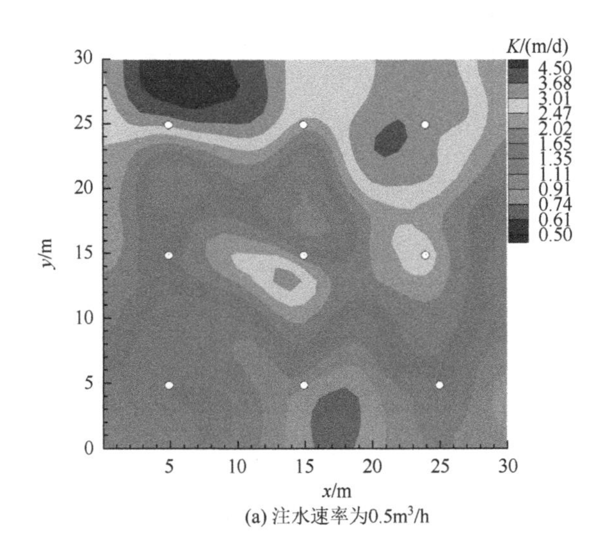

(a) 注水速率为0.5m^3/h

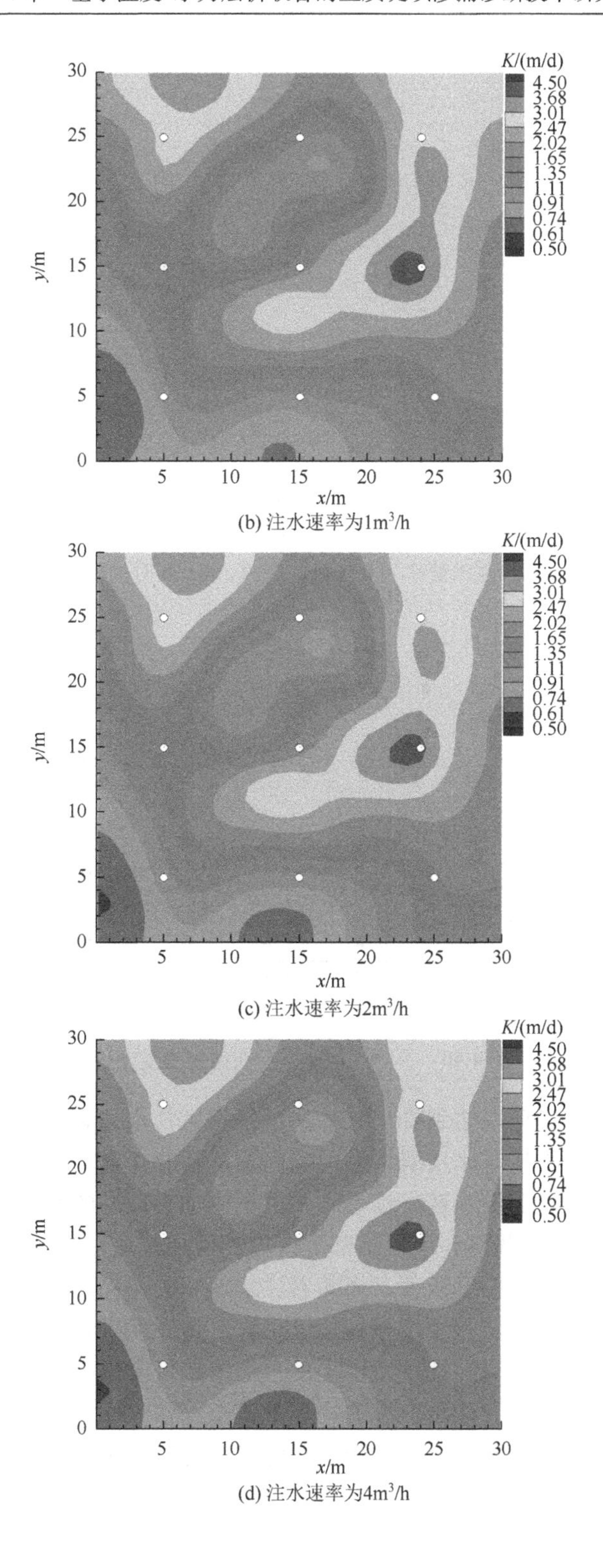

(b) 注水速率为1m³/h

(c) 注水速率为2m³/h

(d) 注水速率为4m³/h

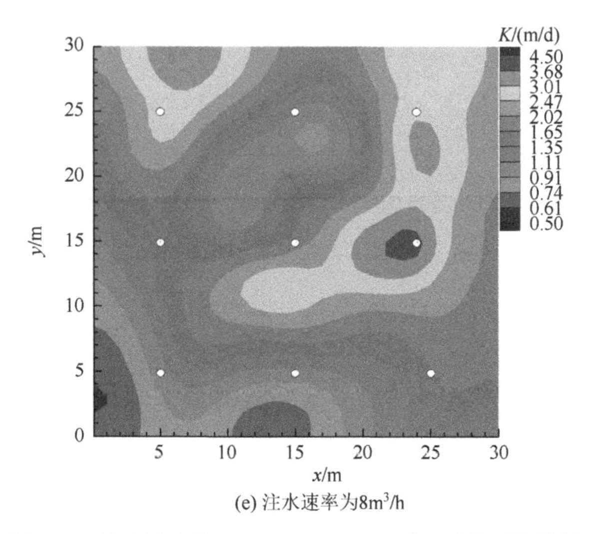

(e) 注水速率为8m³/h

图 4.39　注水速率为 0.5、1、2、4、8m³/h 时的反演结果

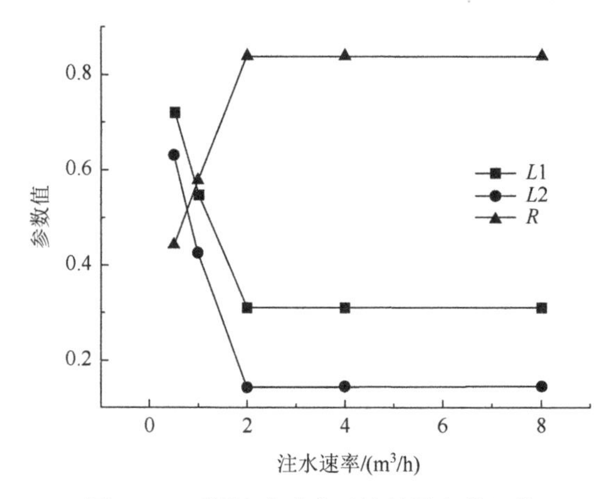

图 4.40　不同注水速率反演结果参数评价

的增大而增大，但当速率达到 2m³/h 后，继续增大注水速率，反演精度并不会继续提高。此结论与直接对比反演结果可视化图得到的完全相同。

分析原因如下，当注水速率过小时，由于施加于地层的水力刺激过小，地层中有些地方并没有受到影响，所以这部分区域的地层渗透性信息并没有被收集到，所以得到的反演结果的精度较差，而随着注水速率的提高，越来越多的地层区域受到影响，所以反演的结果也越来越接近于真实值。此外，由于试验存在噪声的干扰会影响试验数据的真实性，所以当注水速率较低时信噪比较低，故此时的反演结果相对较差，而随着注水速率的提高，试验的信噪比也随之增大，反演的精度也得到了提高。当信噪比增加到一定程度时，此时的噪声对试验数据的影响基本可以忽略，故继续增加注水速率提高信噪比对提高反演精度意义不大。

综上可以分析得出，在同一试验条件下，适当提高抽水井的抽水速率可以增大试验数据的信噪比，从而提高反演的精度，但当速率增大到一定程度后，再继续增大抽水速率对渗透系数反演精度提高已经没有效果。

4.4.2 观测井间距对反演结果的影响

1. 改变观测井间距的试验方案

本节实验模型中设定的渗透系数横向和纵向相关尺度分别为 X（10m）和 Y（10m），为分别研究观测井水平间距和垂直间距对反演结果的影响，共设置 4 口观测井和 3 口抽水井，以抽水井所在位置为基准分界线，观测井分布在分界线两边，如图 4.41 所示。研究试验共分为两组，第一组固定观测井的水平间距为 X，通过改变其垂直间距研究垂直间距对反演精度的影响，第二组固定观测井的垂直间距为 Y，通过改变观测井的水平间距来研究水平间距对反演精度的影响，具体试验方案见表 4.5。

按照以上试验方案共进行 10 组反演试验，具体的反演结果如下节所示。

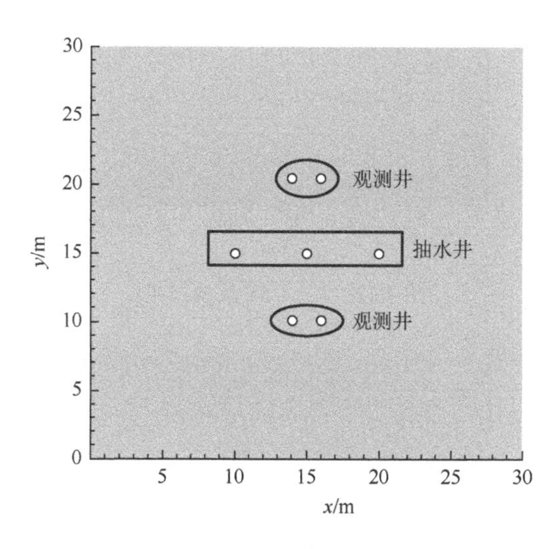

图 4.41　试验井布置示意图

表 4.5　改变观测井间距试验方案表

试验方案	改变垂直间距 V（保持水平间距 H 不变）	试验方案	改变水平间距 H（保持垂直间距 V 不变）
方案 1	$V = 0.25Y$	方案 6	$H = 0.25X$
方案 2	$V = 0.5Y$	方案 7	$H = 0.5X$
方案 3	$V = 0.75Y$	方案 8	$H = 0.75X$

续表

试验方案	改变垂直间距 V（保持水平间距 H 不变）	试验方案	改变水平间距 H（保持垂直间距 V 不变）
方案 4	$V = Y$	方案 9	$H = X$
方案 5	$V = 1.5Y$	方案 10	$H = 1.5X$

注：每次试验抽水速率都设为$-2m^3/h$（即向孔内注入 40℃热水）。

2. 不同实验方案反演结果对比和分析

通过观察这 10 组不同观测井间距实验的反演结果（图 4.42～图 4.51），可以发现不论是改变观测井的水平间距还是垂直间距都会对反演结果产生影响，且通过初步的比较可以发现，当观测井间距为 0.5～0.75 倍的相关尺度时反演结果更接近于实际分布情况。

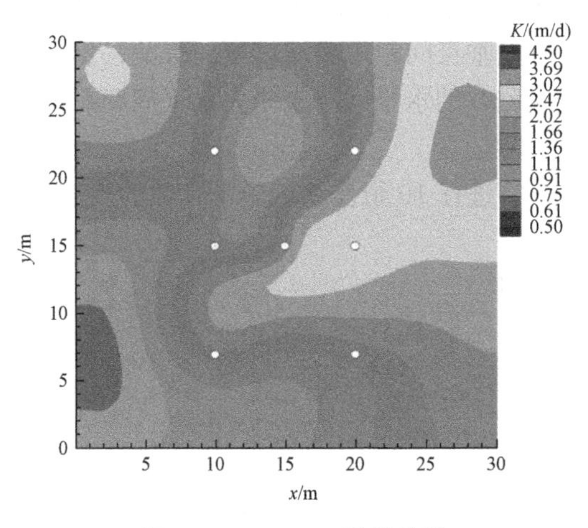

图 4.42　$V = 1.5Y$ 反演结果

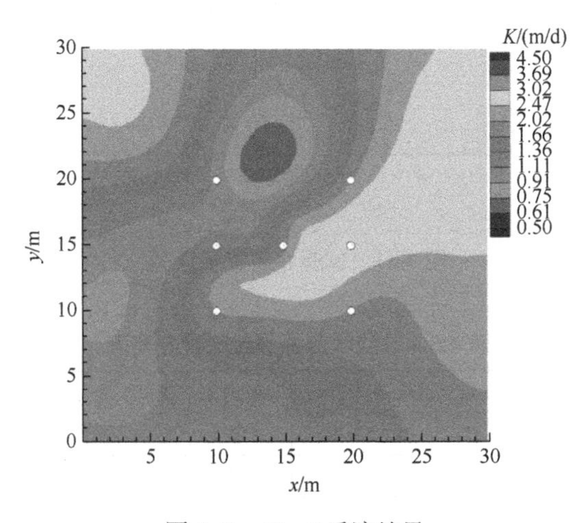

图 4.43　$V = Y$ 反演结果

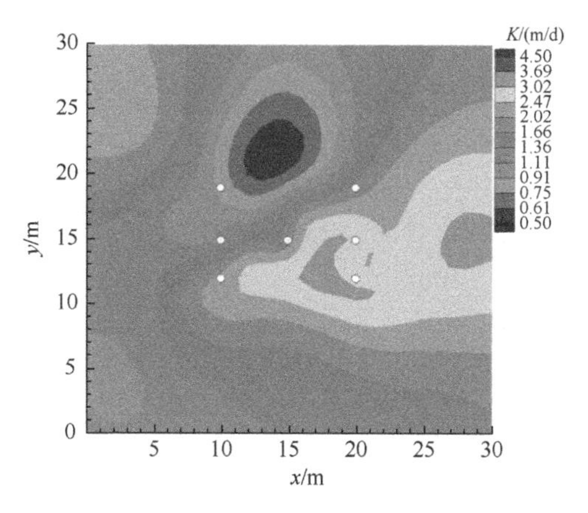

图 4.44　$V=0.75Y$ 反演结果

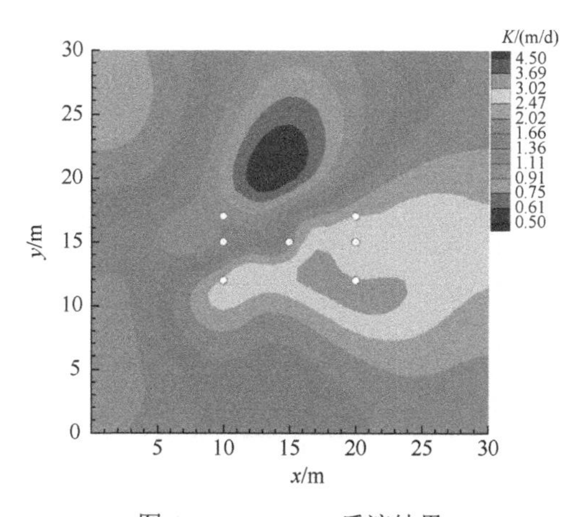

图 4.45　$V=0.5Y$ 反演结果

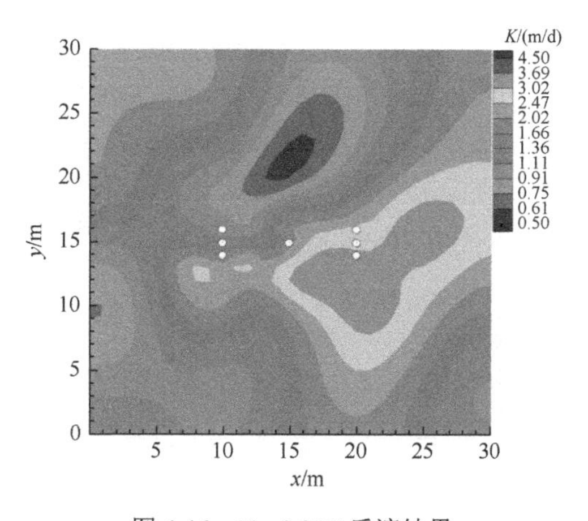

图 4.46　$V=0.25Y$ 反演结果

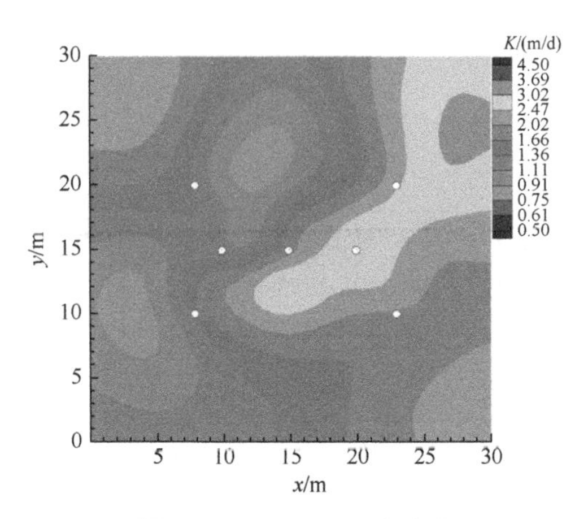

图 4.47　$H=1.5X$ 反演结果

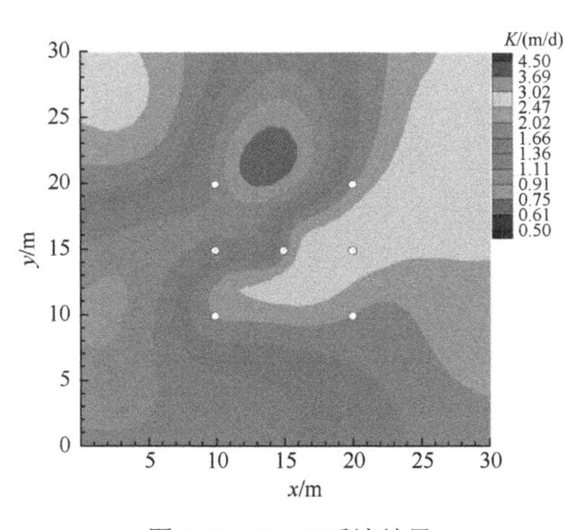

图 4.48　$H=X$ 反演结果

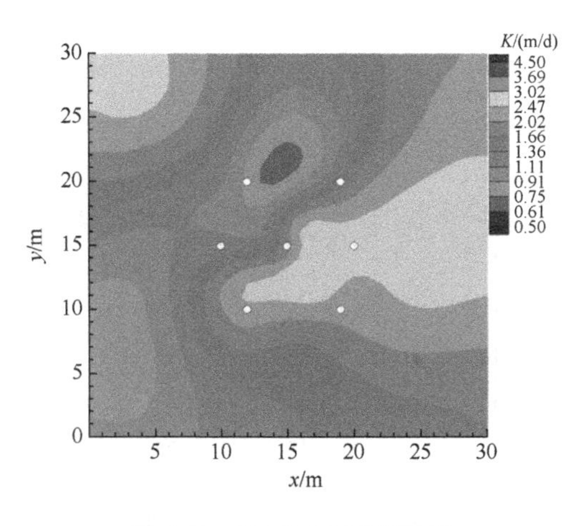

图 4.49　$H=0.75X$ 反演结果

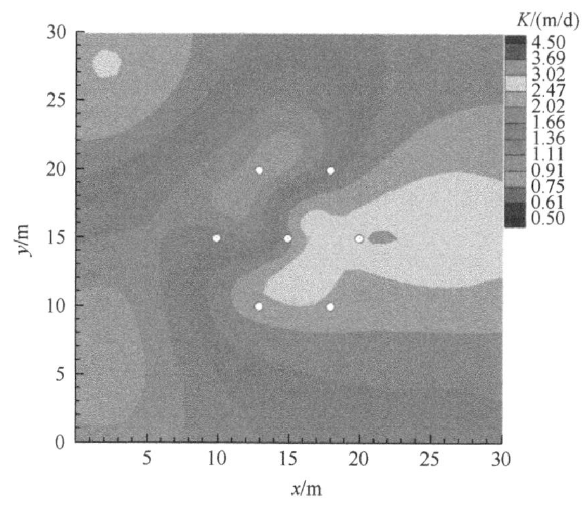

图 4.50　$H = 0.5X$ 反演结果

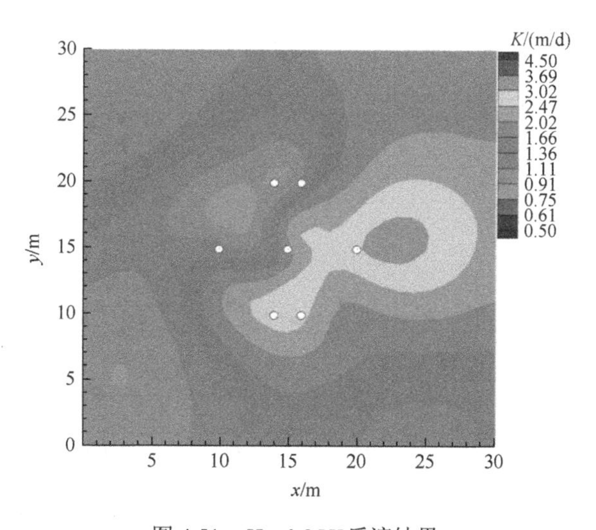

图 4.51　$H = 0.25X$ 反演结果

为了进一步评价这些反演结果，分别计算每组实验反演结果和真实渗透系数的 $L1$、$L2$、R 三种评价指标，并将其绘制成如下曲线，以便观察反演精度随观测井间距的变化趋势。

从图 4.52 可以看出随着观测井水平间距的增大，反演的精度呈现先增大后减小的变化趋势，即在 $H/X = 0.75$ 时反演精度达到最高点。同样观察图 4.53 可以发现，反演精度随着 V/Y 的增大呈现先大后小的规律，且在 $V/Y = 0.5$ 时达到顶点。从这两组试验的反演结果可以发现，联合反演试验中存在最优的观测井布井间距，可以在相同的试验条件下得到更好的反演效果。

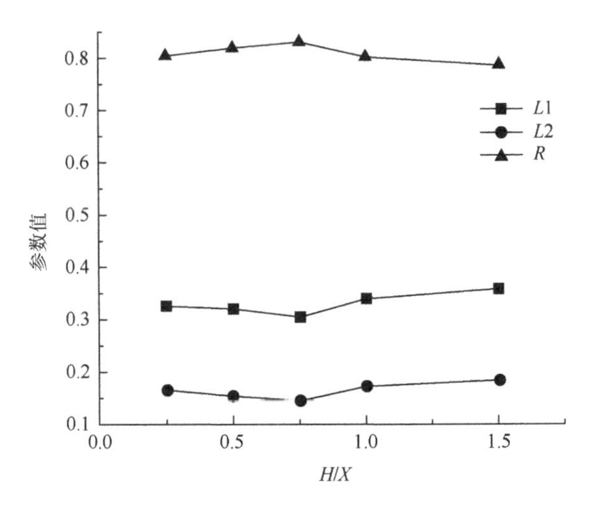

图 4.52　改变水平间距反演结果参数评价

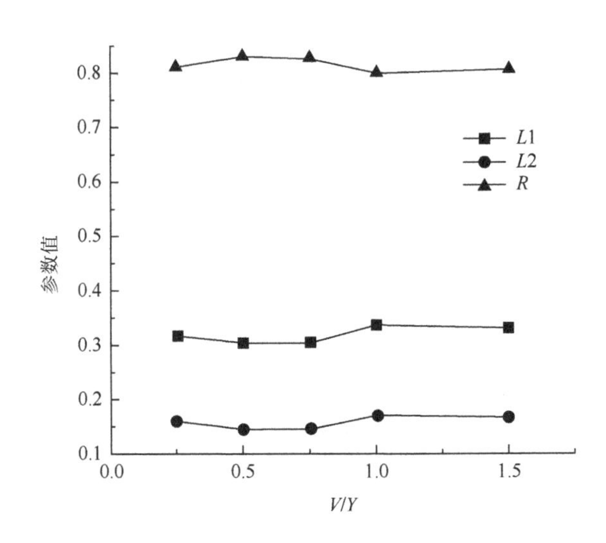

图 4.53　改变垂直间距反演结果参数评价

4.4.3　抽水试验次数对反演结果的影响

1. 改变抽水试验次数的试验方案

先在已给定的试验区域中设置 29 口观测井用于记录试验所得的数据，同时 c1、c2、13、14 和 15 号井作为试验的抽水井，共进行 5 次不同的试验。井的注水速率都设为 $2m^3/h$，水温设置为 40℃。

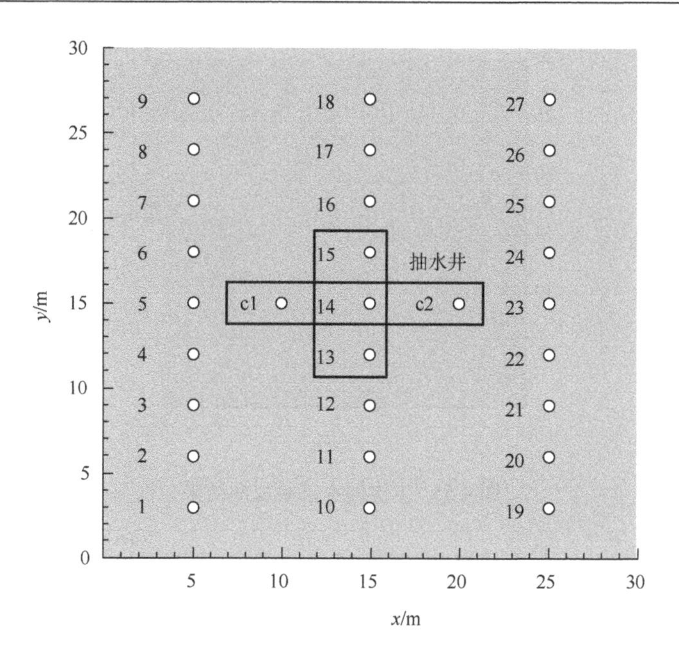

图 4.54　试验井布置示意图

表 4.6　改变抽水试验次数的试验方案

试验方案	抽水试验次数/次	抽水井编号	观测井编号
方案 1	1	14	1～27
方案 2	2	c1、14	1～27
方案 3	3	c1、14、c2	1～27
方案 4	4	c1、14、c2、13	1～27
方案 5	5	c1、14、c2、13、15	1～27

注：每次抽水试验仅使用 1 口抽水井。

按照以上试验方案(表 4.6)首先在真实渗透系数场中进行一次上述抽水试验，并将试验所得的温度和水头数据作为真实观测数据输入到反演模型之中，接着利用平均渗透系数场在同样的时间条件下进行抽水试验，利用两组试验数据的波动变化值对进行渗透系数的估计，具体的反演结果如下节所示。

2. 不同实验方案反演结果对比和分析

将以上 5 个方案的渗透系数反演结果进行可视化处理并计算出反演结果和真实渗透系数之间的 $L1$、$L2$ 和 R，其结果如图 4.55～图 4.60 所示。

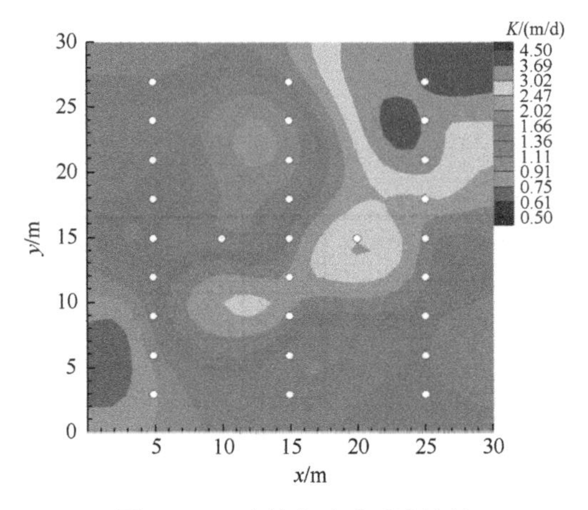

图 4.55　1 次抽水试验反演结果

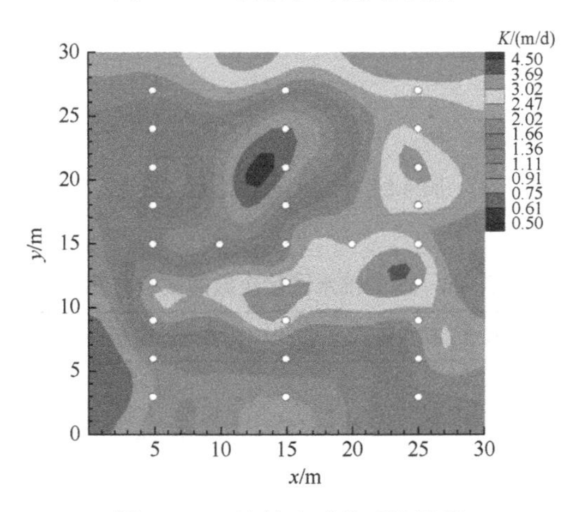

图 4.56　2 次抽水试验反演结果

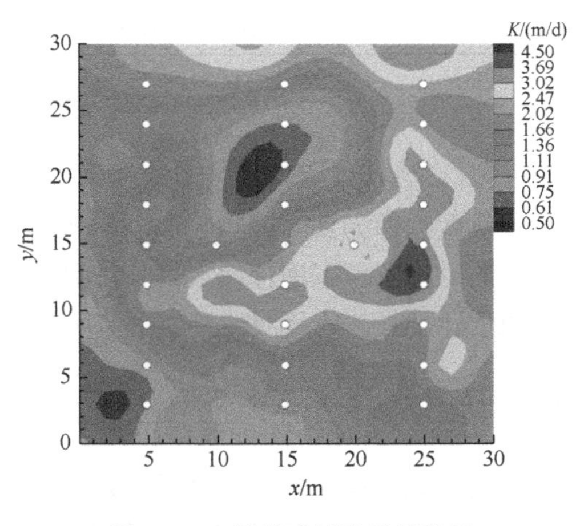

图 4.57　3 次抽水试验反演结果

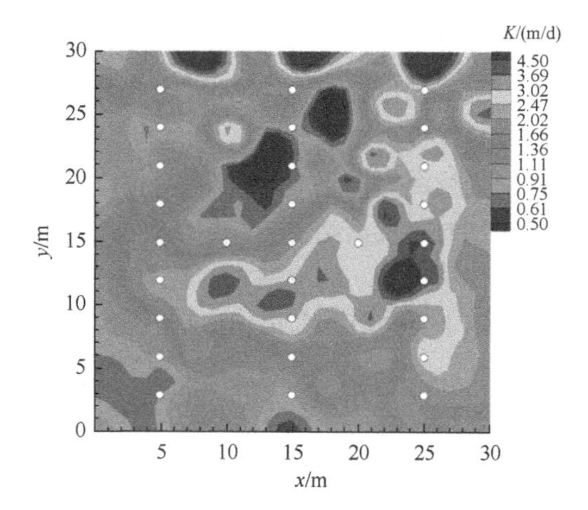

图 4.58　4 次抽水试验反演结果

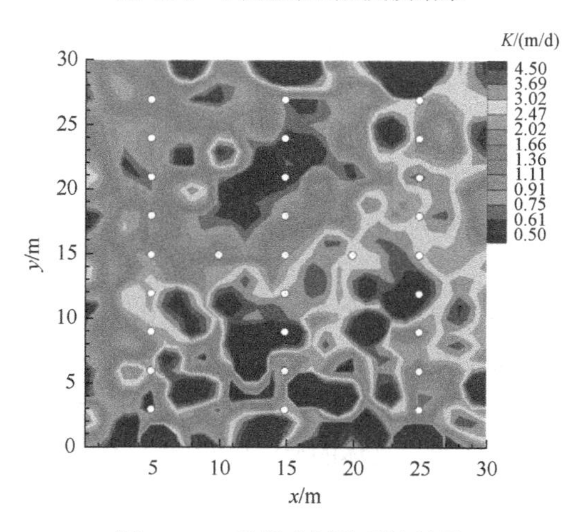

图 4.59　5 次抽水试验反演结果

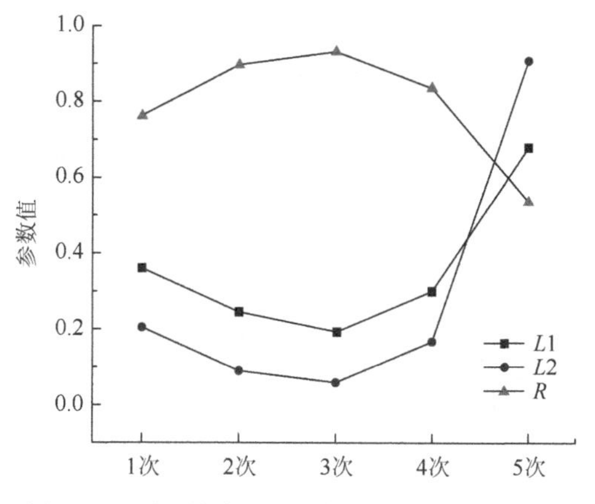

图 4.60　不同抽水试验次数反演结果参数评价

通过上述反演结果图像以及参数评价结果可以看出，随着抽水试验次数的增加，渗透系数的分布情况越来越接近于实际情况，且图像的分辨率逐渐提高，这就代表着反演结果的精度随之提高。经分析可知这是由于进行多次抽水试验可以收集到更多的实验数据，为反演提供更多的可用素材，从而使反演结果的提高。但当抽水试验次数高于 3 次时，反演结果却开始逐渐变差，这主要是因为基于互易定理在观测井数量一定的情况下，随着抽水试验的增加，新的有效数据减少，而当抽水试验所得的数据过于繁多时就会出现数据冗余，导致反演计算难以收敛，从而导致反演的精度下降。

4.4.4　抽水井位置对反演结果的影响

针对相关学者在水力层析法研究中提出的关于抽水井位置不同可能对反演结果产生影响的问题，本节将针对抽水井处于高渗透区、低渗透区以及中渗透区这三种情况进行研究，并针对其计算结果作简要的分析。

与前文类似，本节在研究区域共设置观测井 25 个，针对这三种情况分别在试验区域中的高、中、低渗透区布置一个注水井（c3、c2、c1）。注水井的注水速率都设定为 2m^3/h，注水温度设为 40℃，共设计三组试验，用以研究抽水井位置不同对反演结果影响。

同样，按照以上试验方案首先在真实渗透系数场中进行一次上述抽水试验，并将试验所得的温度和水头数据作为真实观测数据输入到反演模型之中，接着利用平均渗透系数场在同样的时间条件下进行抽水试验，利用两组试验数据的波动变化值对进行渗透系数的估计，具体的反演结果如图 4.61～图 4.65 所示。

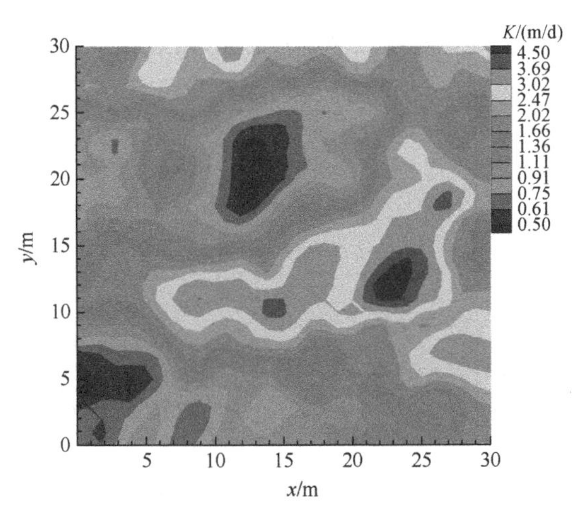

图 4.61　真实渗透系数场

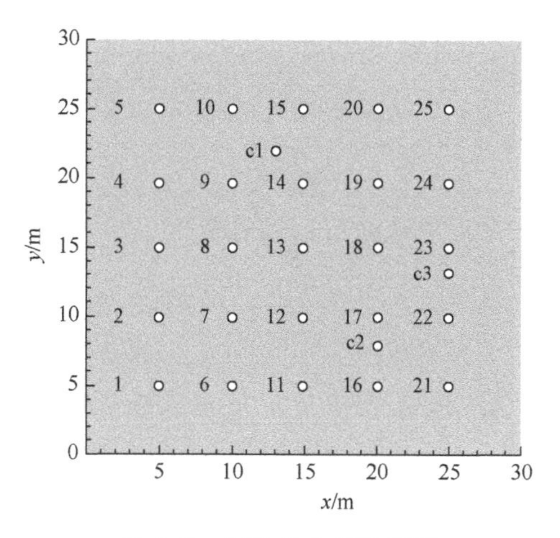

图 4.62　试验井布置示意图

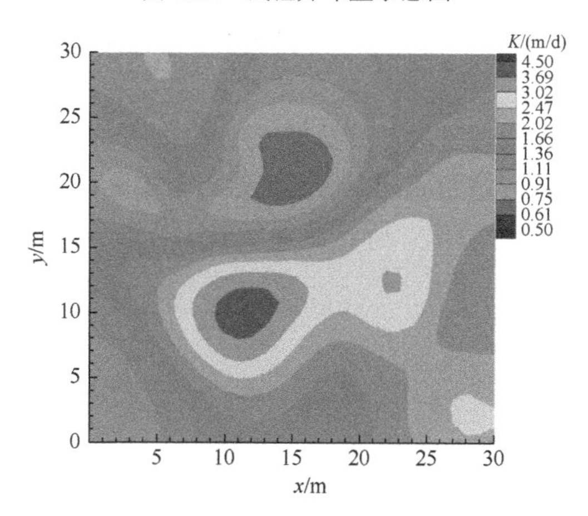

图 4.63　抽水井位于低渗透区反演结果

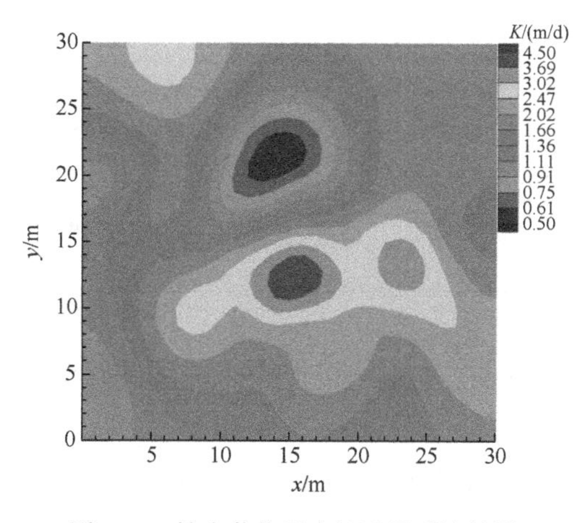

图 4.64　抽水井位于中渗透区反演结果

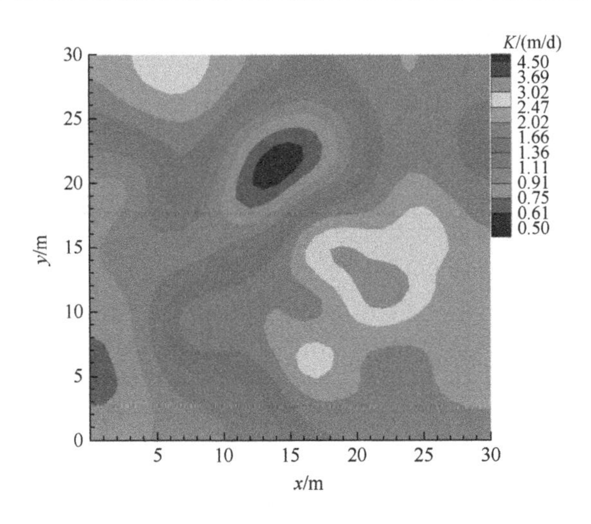

图 4.65　抽水井位于高渗透区反演结果

通过直接比较这三次试验的反演结果可视化图，可以发现当抽水井位于高渗透区域时，反演结果的渗透系数分布情况更接近于实际，但光靠肉眼的观察我们很难得出一个可靠的评价结果，所以需要借助定量的参数评价，其计算结果如图 4.66 所示。

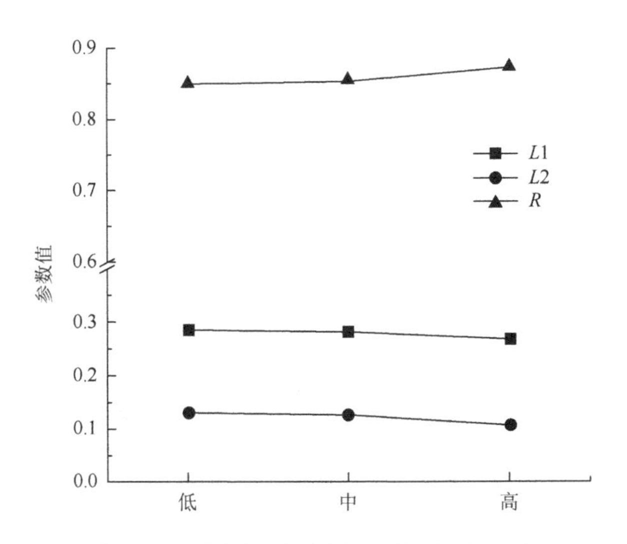

图 4.66　不同抽水井位置反演结果参数评价

观察图 4.66 中 3 组试验的 $L1$、$L2$ 和 R 值，就可以比较直观地看出随着抽水井位置处的渗透系数增大，反演的精度也逐渐提高。据分析可知，当抽水井位于高渗透区时，在相同的抽水刺激之下，会产生更大的水位降深，产生更大的降落漏斗，从而影响更大区域的水位和温度，因此可以得到更多的地层参数信息。故未来在后续实验或现场试验中，可以将抽水井置于渗透性较高的区域，以提升联合反演实验的效率得到更好的反演结果。

4.5 工 程 应 用

4.5.1 工程概况

西霞院反调节水库（简称西霞院工程）是小浪底水利枢纽配套工程，位于黄河中游最后一个峡谷段与下游宽浅河段的过渡河段，上距小浪底水利枢纽 16km。其开发目的是反调节为主，结合发电，兼顾供水、灌溉等综合利用，同时可以作为华北应急补水的水源。

该工程规模为大（2）型，主要建筑物由挡水土石坝及河床式电站、排沙洞、泄洪闸等混凝土建筑物组成。设计正常高水位 134.0m，坝顶总长度为 3.12km，总库容 1.62 亿 m^3。正常蓄水时，库区回水长度约 16km。

土石坝段长 2609.9m，分左右两段，左侧土石坝长 1725.5m，右侧土石坝长 883.5m，坝顶高程 138.2m，坝顶宽度 8.0m，最大坝高 20.2m。土石坝防渗采用复合土工膜。复合土工膜底部锚固在坝基混凝土防渗墙顶部，复合土工膜上部埋置在坝顶混凝土防浪墙底部，复合土工膜两侧分别锚固于岸坡混凝土基础墙与混凝土导墙。复合土工膜长度方向顺坝坡铺设，即土工膜的焊接接缝垂直于坝轴线。

大坝在蓄水后发现左岸土石坝段桩号 0 + 157 等处存在漏水，漏水高程在 127m，且有粉细砂颗粒随漏水流出。虽然观察到的渗漏量不大，但是由于渗漏点的高程较高，而且在堆石体下部能够听到流水声，这表明实际存在的渗漏比观察到的渗漏要大。为进行有效的加固处理，采用水力层析法进行了渗漏通道探测，并结合示踪方法进行了验证分析。

4.5.2 渗漏通道模型建立

水力层析探测区域位于水库左岸土石坝段，其位置如图 4.67 所示，探测区域钻孔位置如图 4.68 所示。

探测区域离散化为如图 4.69 所示模型，共计 60×30 单元，上边界水头为 51m，下边界水头为 50m，左右为不透水边界。

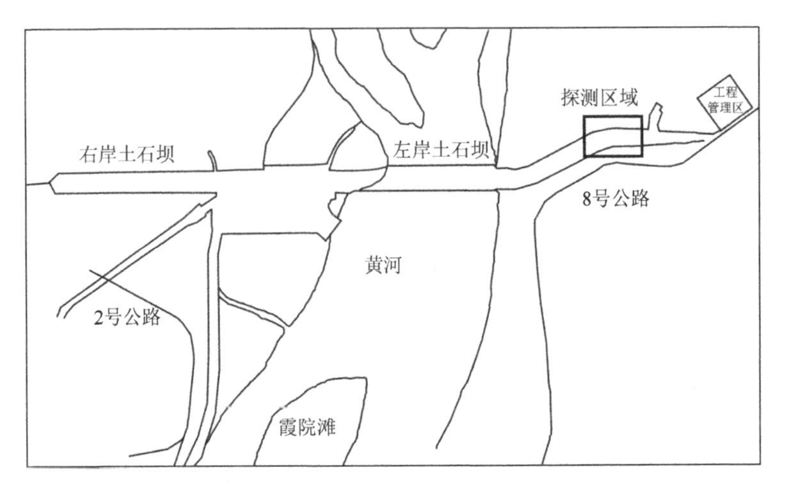

图 4.67　水力层析探测区域位置（图中方框所示）

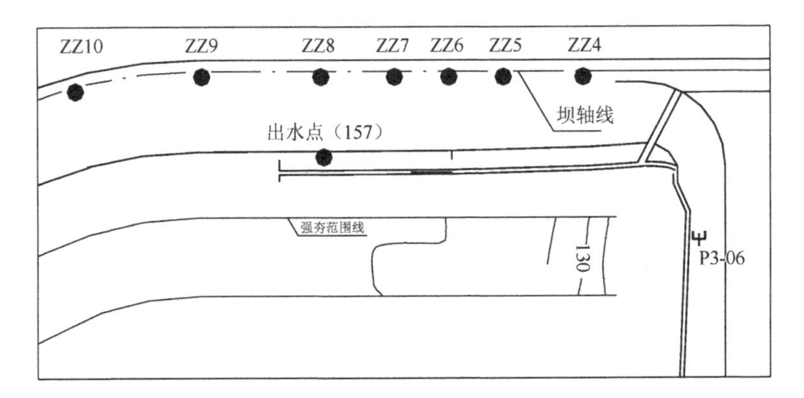

图 4.68　探测区域钻孔布置

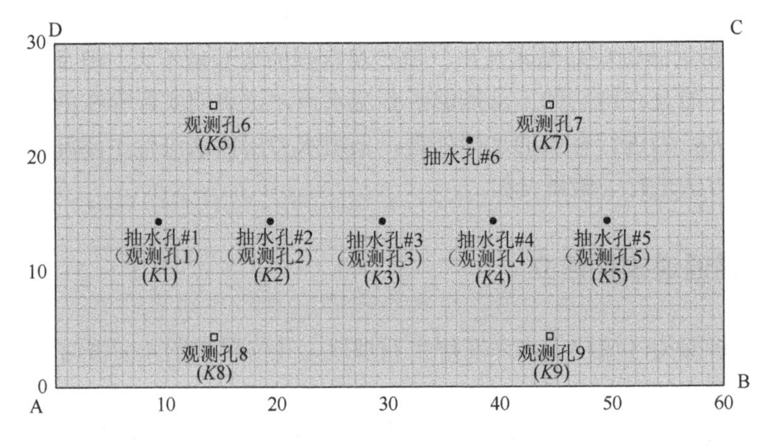

图 4.69　计算模型

为研究不同工况下水力层析法的计算效率，设置了 6 种不同抽水方案进行水力层析抽水试验，参见表 4.7。这些抽水试验方案设置的目的是研究不同数量抽水孔、观测孔、已知渗透系数和抽水速率等条件下水力层析结果的精度和分辨率。

表 4.7 抽水试验方案

试验方案	抽水孔编号	观测孔编号	已知渗透系数	抽水速率/(m^3/h)
方案 1	#1、#5	1～5	—	1
方案 2	#1、#2、#4、#5	1～5	—	1
方案 3	#1、#2、#4、#5	1～9	—	1
方案 4	#1、#2、#4、#5	1～9	*K*1、*K*2、*K*4～*K*9	1
方案 5	#1、#2、#4、#5	1～9	*K*1、*K*2、*K*4～*K*9	5
方案 6	#1～#6	1～9	*K*1～*K*9	1

4.5.3 水力层析计算结果

经过反演计算后，可以得到不同方案抽水情况下渗透系数的计算结果（参见图 4.70）。

由图 4.70（a）可知，在 $x = 30$m 处，方案 1 除了上边界附近有一个高渗透区外，没有明显的集中渗漏通道。其原因是#1 和#5 这两个抽水孔离渗漏通道位置很远，有限的信息无法反映渗漏通道的高渗透区。

显然，方案 1 的反演结果是模糊的，因为缺乏来自有限数量的抽水试验的信息。在方案 2 中，增加了两个抽水孔#2 和#4，其他条件与方案 1 相同。与方案 1 相比，渗透系数结果显示了更多的细节［参见图 4.70（b）］。此外，在 $x = 30$m 处计算出了两个高渗透区，虽然它们并没有连在一起来代表渗漏通道。

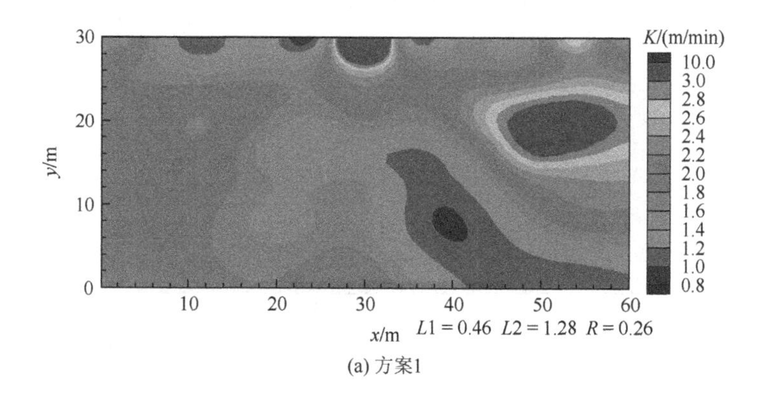

(a) 方案1

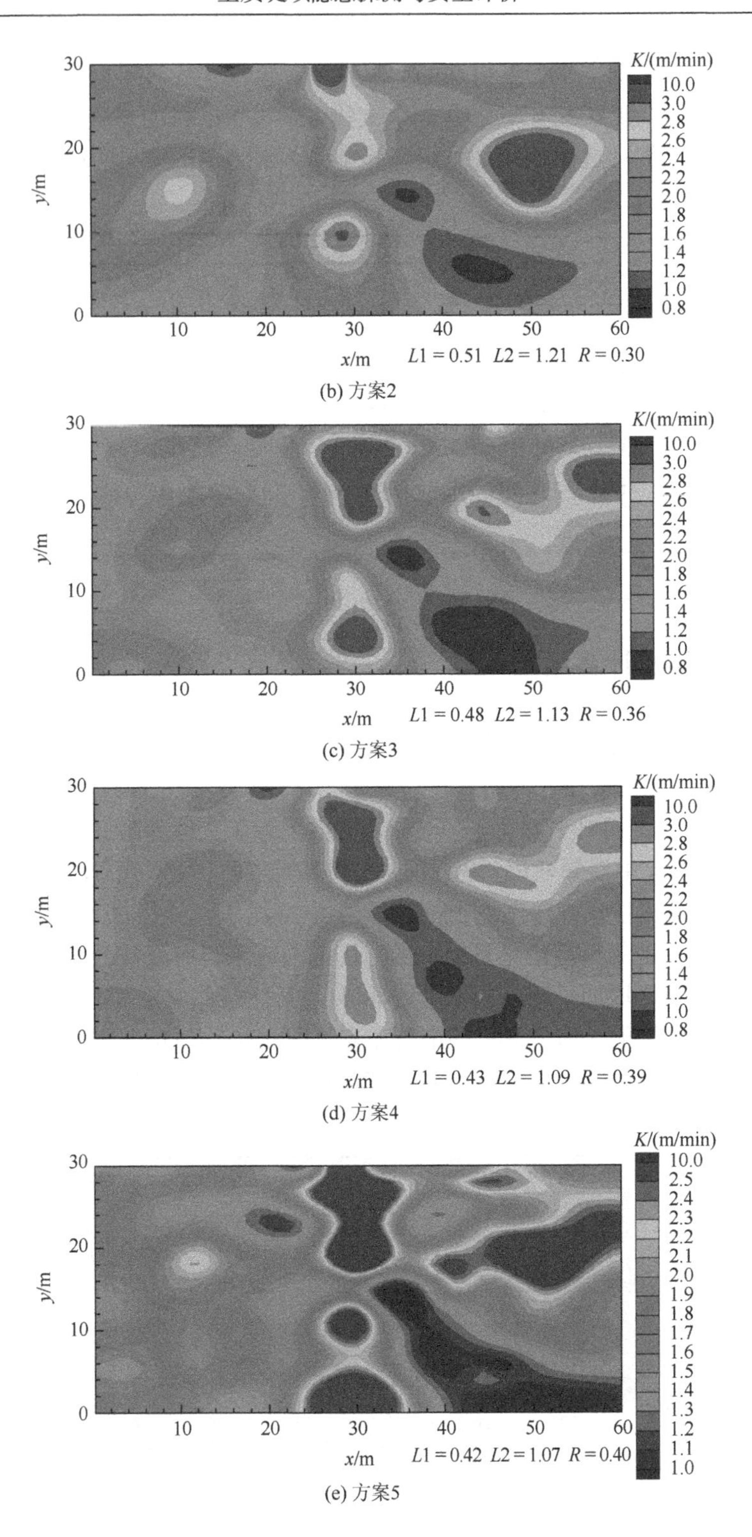

(b) 方案2

(c) 方案3

(d) 方案4

(e) 方案5

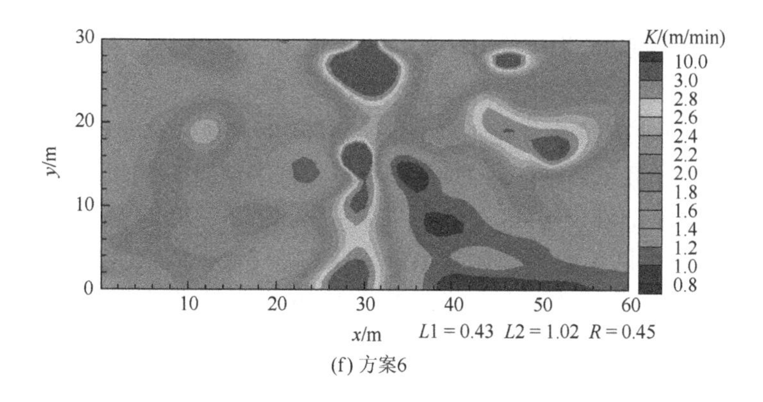

(f) 方案6

图 4.70　不同抽水方案反演结果

从方案 2 到方案 3，抽水过程中还增加了 4 个观测孔，以便从 4 个抽水/水头响应数据集获得更多信息。图 4.70（c）中的反演渗透系数较图 4.70（b）略有改善。虽然 $x = 30$m 处的两个高渗透区仍然分开，但从底部到上部边界几乎已经连接在一起。

在方案 4 中，使用 8 个额外的直接测量渗透系数作为水力层析反演的先验信息。但是，对比方案 3 与方案 4 的渗透系数分布，即图 4.70（d）与图 4.70（c），我们无法发现额外的已知渗透系数会导致明显的改善。两种情况下的渗透系数分布规律几乎相同。其原因是 8 个已知的渗透系数并不比 4 个抽水试验所传递的非冗余信息多。

方案 5 设计用于检查抽水速率对结果的影响。方案 5 与方案 4 抽水孔、观测孔和已知渗透系数均相同，只是抽水速率由 $1\text{m}^3/\text{h}$ 增加到 $5\text{m}^3/\text{h}$。但是，将图 4.70（e）与图 4.70（d）比较，我们仍然得到类似的渗透系数分布。这表明抽水速率对最终结果影响较小。但是需要注意的是水头数据可能会受到噪声误差的影响，提高抽水速率会提高信噪比，从而获得更好的反演结果。

图 4.70（f）是应用了 6 个钻孔进行抽水试验后得到的反演结果。与其他方案相比，$x = 30$m 处的高渗透区已连在一起。虽然高渗透区形状不规则，但图 4.70（f）的分辨率足以定位渗漏通道的位置。

4.5.4　工程验证

为了查找渗漏通道位置，对西霞院水库进行了水力层析探测研究，并且还进行了环境同位素分析、示踪试验、连通试验、温度示踪、电导、溶氧、pH 等多种测试与分析，得到渗漏通道探测结论如下：

（1）由温度数据以及温度梯度计算结果表明，左岸钻孔 ZZ6 和 ZZ5 号之间，在桩号 D0 + 107 附近存在库水渗漏。

（2）根据低水位（库水位在 130m 高程左右）时测量的温度数据，ZZ5、ZZ6、ZZ7 等孔都出现了较低温度，且 110m 高程以上都为低温，考虑到防渗墙的位置、深度，以及土工膜的铺设情况，渗漏点高程应在 125.5～128m 高程之间。

（3）通过人工同位素示踪探测，发现 ZZ4、ZZ6、ZZ7、ZZ8 等孔中存在明显的向下垂向流，这是由于这些孔下部 110m 高程左右存在强渗漏层。在左坝肩土石坝段坝体内既存在向下流动的垂向流，也存在流向 D0 + 157 渗水点的水平流动。

西霞院工程项目部对左坝肩土工膜和防渗墙进行了检查，发现在桩号 D0 + 100，高程 124m 的防渗墙处存在渗漏点。图 4.71 为现场检查照片，渗漏点位置对应于钻孔 ZZ6 附近。

图 4.71　现场检查所发现渗漏点位置

检查发现的渗漏点位于探测所确定渗漏位置的附近，验证了探测结论的准确性，并说明了如下事实：

（1）左坝肩坝后出水点的渗水来源并不是来自于绕坝渗漏，也不是库水从防渗墙底部绕渗而来，而是坝体正面的渗漏，这就极大缩小了检查的范围，准确地找到了渗漏的位置，最终的质量检查结果表明探测结论的误差很小。

（2）在以往的质量检查中，认为防渗墙质量很好，不存在渗漏问题。考虑到防渗墙和土工膜的检查施工问题，建议先检查土工膜。实际上恰恰是防渗墙本身存在渗漏，并不是如以前认为的不存在渗漏。

（3）库水从防渗墙高程 124m 处渗漏点流出后，在水头压力作用下沿防渗墙侧面向上越流到高程为 127m 的相对隔水层以上，然后一部分渗漏水从钻孔中垂向向下流入下部高程 110m 处强渗漏层，一部分从坝后的出水点渗出。

4.6 本章小结

针对传统的地层勘察方法存在的精度问题，本章基于水力层析法，建立了温度＋水头联合反演模型，并通过集中热源和温差边界这两种工况证明了在相同的试验条件下此算法可以进一步有效地提升反演的精度。同时，为了提升联合反演试验的效率，还对抽水速率、观测井间距、抽水试验次数、抽水井位置等因素进行研究，进行了试验方案的优化设计，得到以下结论：

（1）温度＋水头联合反演算法，在传统水力层析法的基础之上融入了温度数据，可以在相同的试验条件下得到精度更高的地层渗透系数反演结果，为堤坝渗透通道的探测提供可靠的依据。同时，由于反演过程存在二级计算误差，使用水头数据进行反演的结果略优于仅使用温度数据的反演结果。

（2）在普通非均质地层和裂隙地层工况中，后者由于存在裂隙通道的干扰，在反演过程中会出现渗透系数“中和现象”，即高渗透区域和低渗透区域通过反演会产生一个平均化的结果，故需要更多的水头和温度数据集进行反演才能获得相同精度的结果，刻画出正确的地层渗透系数非均质分布情况。

（3）进行联合反演抽水试验需要一定的抽水速率，因为如果速率过小，会导致整个抽水试验的信噪比较小，从而使反演结果的精度降低，且当水力刺激过小时，将不能在整个地层中产生水头降深和温差，将导致地层参数的信息收集不全，以致影响反演结果的精度。增大抽水井的抽水速率，可以增大实验信噪比提高反演的精度，但存在某一上限值，如本试验中抽水速率的上限值为$-2m^3/h$。

（4）增加联合反演抽水试验次数，可以增加输入反演模型的数据集，从中解析出更多的地层参数信息，从而使反演结果的精确提高。但是当抽水试验次数过多时，会产生数据冗余，导致反演计算难以收敛，从而降低反演结果的精度。

（5）联合反演抽水试验中当观测井的间距在0.5～0.75倍的相关尺度时反演得到的结果精度最高，渗透系数的非均质分布更接近于真实值。

（6）联合反演抽水试验中，当抽水井处于地层中的高渗透区域时，在相同的水力刺激下，会产生更大的水位降深，从而影响到更大范围的地层，此时收集到的水头和温度数据中含有更丰富的地层参数信息。故在现场试验中可以结合已有的地质资料，将抽水井设置在高渗透区，以提高反演的效率。

第5章 基于电磁声多源融合的土质堤坝无损隐患诊断技术研究

5.1 引言

土质堤坝隐患，是指那些可能造成土质堤坝破坏而尚未被发现的所有的天然地质缺陷、施工中的质量缺陷、生物破坏引起的洞穴和各种裂缝以及建堤坝或抢险堵口时留下的如树枝、草包、棉絮等对堤坝安全不利的物质。其显著特征是与堤坝其他部位的物性截然不同，这种缺陷大部分是隐藏在堤坝内部的，在堤坝表面是很难由人的肉眼发现的，需要通过另外的探测方法来发现这种隐患。

土质堤坝隐患探测的方法可分为破损法和无损法，前者包括坑探、槽探、井探和钻探等方法，后者则主要指物理探测方法。在物探方法中，目前技术较为成熟、使用普遍的是高密度电阻率法、探地雷达法、瑞利面波法、瞬变电磁法、音频电磁测深法，以及微波遥感、红外测温、地层测温等技术。实践表明，高密度电阻率法、探地雷达法和瑞利面波法是相对较成熟和可靠的堤坝隐患探测技术。

地球物理探测是堤坝隐患探测最有效的方法之一，它是一种无损探测技术，对堤坝是非破坏性的。多源融合无损隐患探测技术是指综合运用 2 种以上的地球物理探测技术，分析隐患类型及特征，综合判定堤坝隐患的技术。目前常用的隐患物探技术主要包括以下 4 个大类：

（1）地震法类，其中包括：①地震折射法（葛双成等，2008）、②面波法（王书增等，2005）、③弹性波 CT 法（朱昌平等，2007）、④声呐法（谭界雄等，2012）等技术。

（2）电法类，其中包括：①高密度电阻率法（宋先海等，2012）、②自然电场法（郑灿堂，2005）、③电阻率 CT 法（余志雄等，2004）等技术。

（3）电磁法类，其中包括：①探地雷达法（田锋和王国群，2006）、②瞬变电磁法（白登海等，2002）、③电磁波 CT 法（何金平等，2004）、④核磁共振法（蒋川东等，2012）等技术。

（4）其他类，其中包括：①伪随机流场法（戴前伟等，2010）、②温度场反分析法（苌坡等，2014）、③同位素示踪法（陈建生等，2005）等技术。

但是，由于土质堤坝现场环境的不同，以及渗漏的程度不同，目前常用的各种渗漏物探技术都有其多解性与局限性，不能单独实现对堤坝渗漏路径的较快速、较精确的探测。因此，亟待从常用的土质堤坝渗漏物探技术中提取总结或应用研究新的、有效的土质堤坝渗漏物探技术，并通过大量试验研究，形成一套行之有效的土质堤坝渗漏综合物探技术体系，解决土质堤坝渗漏快速、精确探测的难题。

5.2　基于电磁声多源无损探测技术综合应用研究

5.2.1　土质堤坝隐患综合物探技术探测原则

堤坝隐患综合物探技术体系应遵循“先整体后局部、先粗略后精细，各种物探技术互相结合、互相验证、相互补充、相互约束”的探测原则。

“先整体后局部、先粗略后精细”是指：对于堤坝隐患如堤坝渗漏路径探测，首先应该先从整体出发，对整体采用效率较高、分辨率较低的物探技术，对渗漏路径可能存在的区域进行大致粗略的定位；然后针对渗漏路径可能存在的重点区域，再采用分辨率较高、准确性较高的物探技术进行精细化探测，实现对渗漏路径较准确地识别与定位。

“各种物探技术互相结合、互相验证、相互补充、相互约束”是指：由于各种渗漏物探技术都有其多解性、局限性与适应性，并且单一的物探技术只能获取的某一物理性质（弹性参数、电性参数等），因此需要采用多种不同物理类型，不同适用条件的物探技术进行综合探测，起到互相结合、互相验证、相互补充、相互约束的作用。

5.2.2　土质堤坝隐患探测地球物理基础

土质堤坝渗漏通道通常含水量较大，水是良导体，从而导致渗漏通道相对于周围介质而言电导率较高，同时渗漏通道通常是由不良地质体或工程隐蔽缺陷导致的，渗漏通道的波速低于周围正常介质的波速，渗漏通道相对于周围的介质，会存在明显的电性、波阻抗差异。

针对不同的物性差异采用相应敏感度高的物探方法进行探测，再通过综合对比分析，可实现对渗漏路径较准确的探测。

渗漏探测中，常见介质的电阻率参数和横波波速参数分别见表 5.1 和表 5.2。

表 5.1　常见介质电阻率参数表

介质	电阻率/(Ω·m)
水	$1\times10^{-1}\sim1\times10^{2}$
壤土/素填土等	$1\times10^{2}\sim1\times10^{3}$
混凝土	$1\times10^{2}\sim1\times10^{3}$
基岩	$1\times10^{3}\sim1\times10^{5}$

表 5.2　常见介质横波波速参数表

介质	横波波速/(m/s)
水	0
壤土/素填土等	$1\times10^{2}\sim8\times10^{2}$
混凝土	$1\times10^{3}\sim3\times10^{3}$
基岩	$1\times10^{3}\sim5\times10^{3}$

5.2.3　土质堤坝隐患综合物探技术体系研究

常用堤坝隐患物探技术中，有的技术获取的是介质的电阻率参数，有的技术获取的是介质横波波速参数；有的技术探测效率高、分辨率较低，适合“整体、粗略”探测，有的技术探测效率低、分辨率较高，适合“局部、精确”探测。

表 5.3　常用堤坝隐患物探技术适用情况

分类	技术方法	获取参数	适用情况
地震法类	地震折射法	波速	整体
	面波法	波速	局部
	弹性波 CT 法	波速	局部
	声呐法	波速	辅助探测
电法类	高密度电阻率法	视电阻率	整体和局部
	自然电场法	视电阻率	整体
	电阻率 CT 法	视电阻率	局部
电磁法类	探地雷达法	视电阻率	整体和局部
	瞬变电磁法	视电阻率	整体
	电磁波 CT 法	视电阻率	局部
	核磁共振法	视电阻率	整体

续表

分类	技术方法	获取参数	适用情况
其他类	伪随机流场法	其他	辅助探测
	温度场反分析法	其他	辅助探测
	同位素示踪法	其他	辅助探测

常用堤坝隐患物探技术适用情况见表 5.3。其中，适合整体探测的技术较多，包括：地震折射法、高密度电阻率法、自然电场法、探地雷达法、瞬变电磁法，以及核磁共振法等；适合局部探测的技术主要有：面波法、高密度电阻率法、探地雷达法，以及 CT 技术等；辅助探测的技术有：声呐法、伪随机流场法、温度场反分析法，以及同位素示踪法等。

但是，在适合局部探测的技术中，面波法和探地雷达法探测深度较浅，CT 技术为有损探测技术，高密度电阻率法在探测过程中受限条件也较多，特别在面波法不适用的条件下，会出现没有地震法类物探技术可用的情况。

5.3　关键方法及理论概述

5.3.1　探地雷达法

探地雷达（ground penetrating radar，GPR）是采用发射宽带高频电磁波脉冲信号的形式，根据电磁波在介质中发生折射和反射情况来探测地下介质内部物质分布情况及规律的一种方法。探地雷达探测系统主要包括控制收发电磁波和存储测量数据的主机、发射天线、接收天线及其通讯线缆，其设备原理如图 5.1 所示。

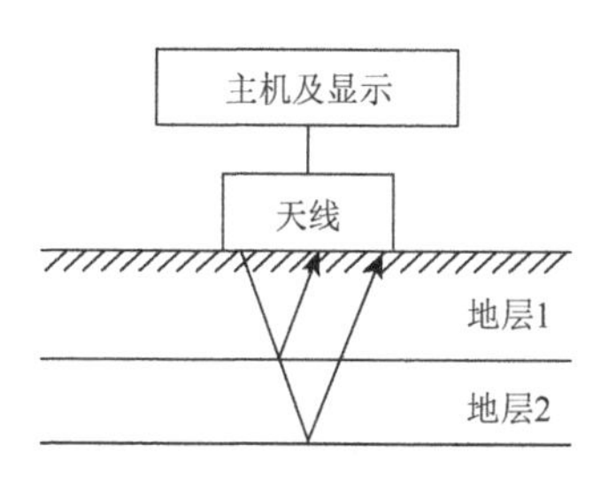

图 5.1　探地雷达原理图

1. 理论基础

探地雷达采用高频电磁波进行探测，一般选用的电磁波频率范围在 10～1000MHz 之间。根据电磁波传播理论，高频电磁波在介质中传播遵循电磁场的运动学规律和动力学规律，服从麦克斯韦方程组，即

$$
\begin{aligned}
&\nabla \times \boldsymbol{E} = \frac{\partial \boldsymbol{B}}{\partial t} \\
&\nabla \times \boldsymbol{H} = \boldsymbol{J} + \frac{\partial \boldsymbol{D}}{\partial t} \\
&\nabla \times \boldsymbol{B} = 0 \\
&\nabla \times \boldsymbol{D} = \rho
\end{aligned}
\tag{5.1}
$$

式（5.1）第一式为法拉第电磁感应定律的微分形式，第二式为安培电流环路定理，第三式为磁荷不存在定律，第四式电场高斯定理。其中，$\boldsymbol{E}$ 为电场强度（V/m）；$\boldsymbol{B}$ 为磁感应强度（T）；$\boldsymbol{H}$ 为磁场强度（A/m）；$\boldsymbol{J}$ 为电流密度（A/m^3）；$\boldsymbol{D}$ 为电位移（C/m^2）；ρ 为电荷密度（C/m^3）。其中 $\boldsymbol{E}$、$\boldsymbol{B}$、$\boldsymbol{H}$ 和 $\boldsymbol{D}$ 为场量，用于求解电磁探测问题；$\boldsymbol{J}$ 是矢量，ρ 是标量，两者均称为源量，一般在求解电磁探测问题中是给定的值。

为了充分确定电磁场的各个场量，除了求解麦克斯韦方程组的场量，还需要补充介质的本构关系。本构关系指的是各个场量之间的关系，由电磁场在介质中的性质决定。最简单的介质是线性均匀的各向同性介质，其本构关系可以表示为

$$\boldsymbol{J}=\sigma\boldsymbol{E} \tag{5.2}$$

$$\boldsymbol{D}=\varepsilon\boldsymbol{E} \tag{5.3}$$

$$\boldsymbol{B}=\mu\boldsymbol{H} \tag{5.4}$$

式中，σ 为电导率（S/m）；ε 为介电常数（F/m）；μ 为磁导率（H/m），均为标量。

自然界中的介质具有多样性，电磁波传播和本构关系也相当复杂。根据介质划分为各向同性和各向异性，结合介质的本构关系，可以将麦克斯韦方程组转换为只含两个矢量场的形式，将其称为限定形式的麦克斯韦方程组。在采用高频电磁波探测时，一般可以将地下介质转换各向同性介质；在面对含水量问题时，需要将介质各向异性问题考虑进去。

在结合麦克斯韦方程组、本构关系的情况下，参照数理方程中的标准波动方程组，可以推导得到电磁波的传播速度：

$$v=\frac{1}{\sqrt{\mu\varepsilon}} \tag{5.5}$$

在真空中

$$c=\frac{1}{\sqrt{\mu_0\varepsilon_0}}\approx 3\times10^8\mathrm{m/s} \tag{5.6}$$

由此可见，探地雷达发射的电磁波在地下传播时，受到地下介质电导率、介电常数和磁导率这三个电性参数影响。其中，电导率主要影响电磁波在传播过程中的损耗和衰减，对低频电磁波的传播速度影响较大；在探地雷达的应用领域中，大部分介质的磁性变化较小，一般不考虑磁导率对电磁波的响应的影响，在管线探测这种特例下，需要考虑磁导率的影响。在这三个物性参数中，介电常数的影响相对其他两个参数比较大，对比自然岩石土壤等介质与人造介质，水的介电常数比较大。因此，在探地雷达探测中，水的影响程度比较大。以下对电导率和介电常数影响进行分类讨论：

（1）介质的电导率

通常采用电阻率或电导率来描述介质中的导电性质，电导率是电阻率的倒数。

在电磁场中，介质中的电导率随着不同的电磁波频率，通常表现的数值大小不同。在外加电场的作用下，具有一定电导率的介质中阴离子和阳离子自由移动产生传导电流，离子位移碰撞产生的热能导致电磁波能量的衰减损耗。电导率与介质中溶解矿化度呈正相关关系。

（2）介质的介电常数

介电常数用来描述介质的介电性质或者极化能力，在探地雷达应用中，介电常数影响了电磁波在传播过程中的损耗，通常选用相对介电常数来描述，其表达式为

$$\varepsilon_{\tau}=\frac{\varepsilon}{\varepsilon_0} \tag{5.7}$$

式中，ε_0 为真空中的介电常数；ε 为介质的介电常数；ε_{τ} 为介质的介电常数与真空中的介电常数的比值，是一个无量纲的物理参数，用于反映地下介质的电性特征。

介电常数与介质密度有关，一般呈正相关关系。在水中，介电常数随水温升高而降低。在水中含有可溶性盐时，与电导率不同，水的介电常数受可溶性盐的浓度影响很小。在岩石中，一般将岩石视为近似由两相介质构成，即固相矿物和液相水。岩石中的介电常数与岩石组分、结构、孔隙度还有含水量有关，孔隙度大的岩石的介电常数主要取决于含水量和泥质含量，同样的岩石中孔隙度小的岩石矿物主要受到矿物成分的影响。此外，岩石中的介电常数与温度也有关系。在土壤中，一般认为是由土壤固体（固）、空气（气）、水（液，结合水和自由水）组成的三相混合物。土壤的介电常数主要与含水饱和度、土壤骨架和空气有关。表 5.4 列出了常见介质的相对介电常数。

表 5.4　常见介质相对介电常数表

介质名称	相对介电常数	介质名称	相对介电常数
空气	1	沼泽	12
水	81	农业耕地	15
永冻土	1～8	畜牧耕地	13
砂（干）	3～6	花岗岩	5～8
砂（湿）	25～30	石灰岩	7～9
粉砂（湿）	10	玄武岩	8
黏土（湿）	8～15	泥岩（湿）	7
黏土土壤	3	砂岩（湿）	6

2. 方法特点

探地雷达采用高频脉冲电磁波进行探测，雷达波与地震勘探地震波的运动学规律相似，因此探地雷达具有以下特点：

（1）探测剖面分辨率高，结果直观。相比较于其他地球物理方法的分辨率还要高，可以清晰直观地反映地下介质的结构特征。

（2）探地雷达的探测效率高，天线的发射接收电磁波时间短，可以进行连续测量，并且受场地限制的影响小，适应性较强。

（3）抗干扰能力强，不受行人走动的震动影响，同时不受天线中心频率以外的电磁干扰影响。

（4）无损探测，探地雷达可以贴近地面或者距离目标体一定距离进行测量。

3. 设备分辨率

探测深度和分辨率是探地雷达的两个最重要的技术指标。探测深度虽与探地雷达的工作频率、发射功率、天线特性、媒质环境和目标特性等有关，但当探测条件和设备性能一旦确定后，探测深度则取决于探测频率。由修正后的雷达方程（5.8）可知，较低的探测频率可获得较大的探测深度。

$$P_{\mathrm{r}}=\frac{P_{\mathrm{t}}G^2\lambda_0^2 S}{(4\pi)^3 R^4}L_{10}L_{01}L_{\mathrm{s}}\mathrm{e}^{-4\alpha R} \tag{5.8}$$

其中，P_{r}为雷达接收功率；P_{t}为雷达发射功率；G为天线增益；λ_0为雷达波在传播媒质中的波长（电磁波在土壤、水体等有耗媒质中传播时的波长比在空气中要短）；S为地下目标的散射截面；L_{10}、L_{01}分别为收、发天线的方向性增益；L_{s}为传播媒质的散射损耗；α为土壤衰减率；R为地下目标深度。

探地雷达分辨率是指区分两个在时间上相距很近的脉冲信号的能力。分辨率又分为垂直分辨率和水平分辨率。根据雷达系统理论，最小垂直分辨率$(\Delta R)_{\min}=\lambda_{\mathrm{m}}/2$（其中，$\Delta R$为在同一垂线上两个地下目标的距离；$\lambda_{\mathrm{m}}$为天线中心频率$f_{\mathrm{c}}$在所对应媒质中的波长）；最小水平分辨率$(\Delta h)_{\min}=\sqrt{\lambda_{\mathrm{m}}R/2}$（其中，$\Delta h$为同一深度上两个地下目标的水平距离；$R$为地下目标的深度）。

4. 含水量和介电常数关系公式研究

不同粒径级配砂土介电常数在相同体积含水量情况下有所不同，但差别很小，并且都随体积含水量增大指数增大，变化规律相同（图 5.2）。砂土粒径级配不会对这种规律产生影响，含水量是决定多孔介质介电性的决定因素。

根据土样实际含水量由 Topp 公式、Alharathi 公式计算得到的理论介电常数和 GPR 实测介电常数规律：虽然实测体积含水量要略大于公式计算体积含水量，并在高含水量情况下两者偏差加大（图 5.3），但 GPR 实测介电常数及理论介电常数随含水量变化规律呈现一致性，均随体积含水量的增大而增大，利用改进的两个公式可量化分析土体含水量大小。

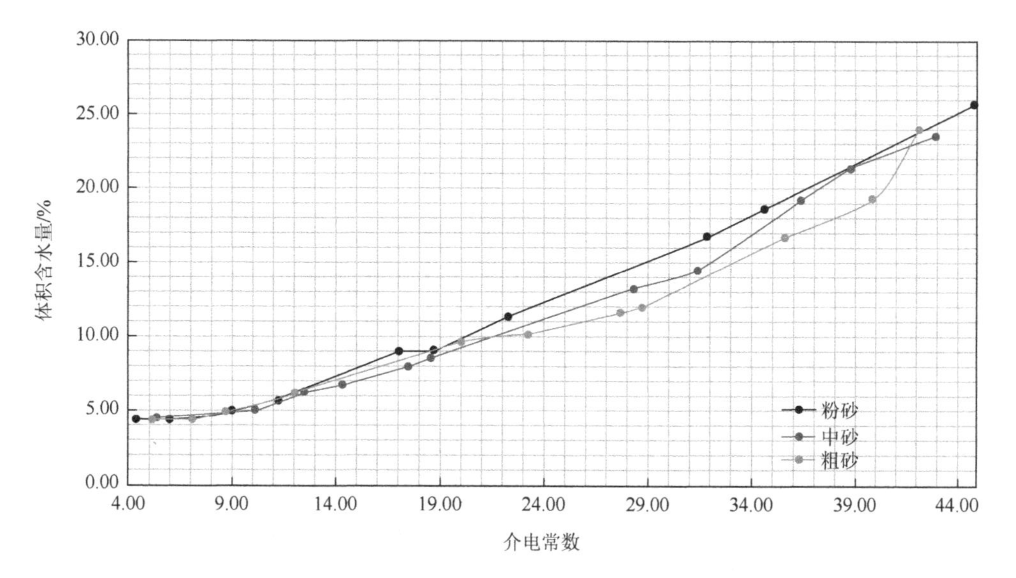

图 5.2　粉砂、中砂、粗砂体积含水量与介电常数的关系

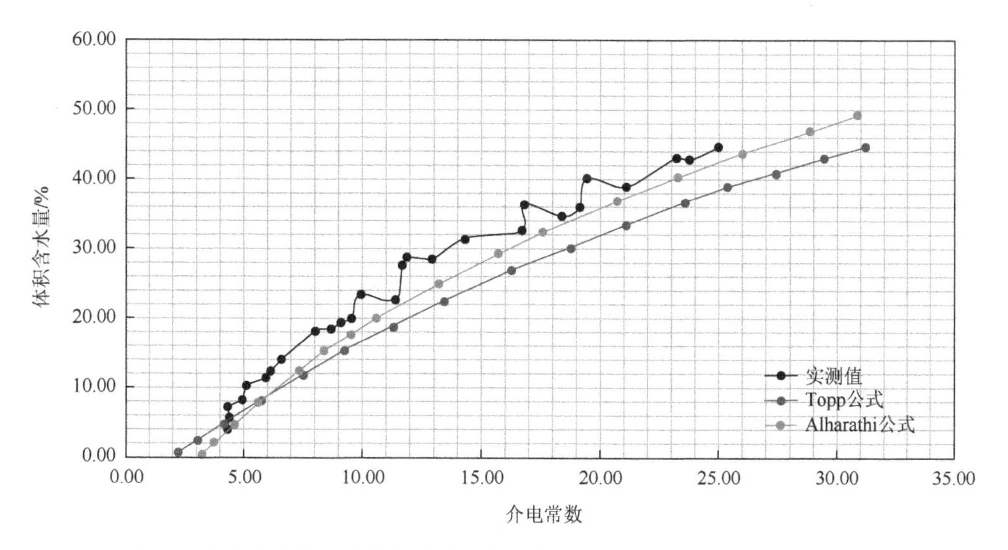

图 5.3　体积含水量与介电常数关系实测值、Topp 公式、Alharathi 公式对比

利用 GPR 实测介电常数和体积含水量拟合形成的 Topp 公式和 Alharathi 公式如下所示。

Topp 公式：

$$\theta_{\mathrm{w}} = 2\times10^{-5}\varepsilon_m^3 - 0.0015\varepsilon_m^2 + 0.0442\varepsilon_m - 0.0803 \tag{5.9}$$

Alharathi 公式：

$$\theta_{\mathrm{w}} = 0.1336\varepsilon_m^{1/2} - 0.1904 \tag{5.10}$$

式中，ε_m 为介电常数；θ_{w} 为体积含水量，$\mathrm{cm^3/cm^3}$。

5.3.2　面波法

1. 方法概述

面波法也是一种常见的无损探测方法，该方法是通过分析瑞利波在介质里的传播过程，来反演计算介质的各种工程参数。面波是沿介质表层传播的一种弹性波，其传播速度与材料干密度、抗压强度等具有良好的相关性。

2. 理论基础

面波只在介质的表面传播，但其传播速度却与地下构造有着密切的关系。高频面波波长较短，只能穿透地表附近很浅的范围内的地层，因而其传播速度只反映浅层地下构造；低频面波，波长很大，能穿透从地表到深处的地层，因而其传播速度能反映从地表到深层的地下构造的综合影响。如果能得到从高频到低频的瑞利波的传播速度，也就得到了反映整个地下构造的信息，用数学的方法按深度把这些信息分离开来，就掌握了整个的地下构造。这就是面波探测的原理，在探测中应用的主要是瑞利波，所以下面所说的面波是指瑞利波。

堤坝及其基础为一个简单的层状介质体系，将面波探测用于这一体系可求得瑞利波的传播速度。一般地，由瑞利波速度推测介质的横波速度需要进行反演分析，这是一个计算繁杂，非常费时的工作。由于沿堤坝填土层到堤坝基础的介质结构简单，介质之间的速度差别不大，一般是不做反演分析而直接将面波速度转换为横波速度，进而由横波速度判断堤身填土是否形成了空洞等隐患。

根据波动方程理论，在均匀介质中，纵波速度 V_{P} 和横波速度 V_{s} 的表达式分别为

$$V_{\mathrm{P}} = \sqrt{\frac{\lambda + 2\mu}{\rho}} = \sqrt{\frac{E(1-\sigma)}{\rho(1+\sigma)(1-2\sigma)}} \tag{5.11}$$

$$V_{\mathrm{s}} = \sqrt{\frac{\mu}{\rho}} = \sqrt{\frac{E}{2\rho(1+\sigma)}} \tag{5.12}$$

由介质弹性模量和泊松比关系，可得出纵波与横波的速度比：

$$\frac{V_{\mathrm{P}}}{V_{\mathrm{s}}}=\sqrt{\frac{1-2\sigma}{2(1-\sigma)}} \tag{5.13}$$

式中，σ 为泊松比。

将式（5.11）（5.12）（5.13）代入含有面波速度的瑞利方程，可得

$$\left(\frac{V_{\mathrm{R}}}{V_{\mathrm{s}}}\right)^{6}-8\left(\frac{V_{\mathrm{R}}}{V_{\mathrm{s}}}\right)^{4}-\frac{2(2-\sigma)}{1-\sigma}\left(\frac{V_{\mathrm{R}}}{V_{\mathrm{s}}}\right)^{2}-\frac{8}{1-\sigma}=0 \tag{5.14}$$

对式（5.14）进行求解，可得出瑞利波速度与横波速度的关系式为

$$V_{\mathrm{R}}=\frac{0.87+1.12\sigma}{1+\sigma}V_{\mathrm{s}} \tag{5.15}$$

式（5.15）可写为

$$V_{\mathrm{R}}=k_{1}\times V_{\mathrm{s}} \tag{5.16}$$

式中，k_1 称为校正系数，它依赖于泊松比，当泊松比为 0.25、0.33、0.40、0.50 时，k_1 值分别为 0.92、0.933、0.943、0.956。

一般黏土的泊松比在 0.45～0.50 之间，因此对黏土而言，横波的速度与瑞利波的速度可基本认为相等，基于这一点，进行混凝土检测可由瑞利波速度得到横波速度。

5.3.3　高密度电阻率法

1. 基本原理

高密度电阻率法主要是以地下岩土体之间的导电性差异为基础，利用相关的仪器设备，通过观测由人工供电建立起稳定的电流场在地质体间的时空分布规律及其变化特点，从而达到查明地下异常体位置和解决相关地质问题的勘探方法。在实际应用中结合相关地质资料，为矿产勘查、工程探测、环境调查等方面提供依据。因此，需要研究在施加人工电场的条件下，地下岩土体中电流分布规律和变化特征。在求解相对简单地电条件下电场分布规律时，在理论上一般采用解析法，其电场分布规律满足以下偏微分方程：

$$\nabla^{2}U=\frac{-I}{\sigma}\delta(x_{0}-x_{1})\delta(y_{0}-y_{1})\delta(z_{0}-z_{1}) \tag{5.17}$$

式中，x_0, y_0, z_0 为电场点坐标，x_1, y_1, z_1 为源点坐标。当 $x_0\neq x_1$、$y_0\neq y_1$、$z_0\neq z_1$，即在无源空间条件下，式（5.17）变为拉普拉斯方程：$\nabla^{2}U=0$。一般根据实际问题的需要，常将拉普拉斯方程转换成不同坐标系中的表达式，最常用的三种坐标系中拉普拉斯方程的表达式如下：

在直角坐标系（x, y, z）中

$$\frac{\partial^2 U}{\partial x^2}+\frac{\partial^2 U}{\partial y^2}+\frac{\partial^2 U}{\partial z^2}=0 \tag{5.18}$$

在圆柱坐标系（r, ϕ, z）中

$$\frac{\partial^2 U}{\partial r^2}+\frac{1}{r}\frac{\partial U}{\partial r}+\frac{1}{r^2}\frac{\partial^2 U}{\partial \phi^2}+\frac{\partial^2 U}{\partial z^2}=0 \tag{5.19}$$

在球坐标系(r, θ, ϕ)中

$$\frac{\partial}{\partial r}\left(r^2\frac{\partial U}{\partial r}\right)+\frac{1}{\sin\theta}\frac{\partial}{\partial \theta}\left(\sin\theta\frac{\partial U}{\partial \theta}\right)+\frac{1}{\sin^2\theta}\frac{\partial^2 U}{\partial \phi^2}-0 \tag{5.20}$$

以下是地下稳定电流场的三类边界条件：

（1）第一类边界条件

$$\begin{aligned} &r\to\infty \text{ 时，} U=0 \\ &r\to 0 \text{ 时，} U=\frac{I\rho_1}{2\pi R} \end{aligned} \tag{5.21}$$

（2）第二类边界条件

$$j_n=-\frac{1}{\rho_1}\frac{\partial U}{\partial n}=0 \tag{5.22}$$

即在地面上（除 A 点外）电流密度法向分量等于零。

（3）第三类边界条件。当界面两侧介质电阻率 ρ 为有限值时，该界面上以下连续条件成立

$$\begin{aligned} &U_1=U_2 \\ &j_{1n}=j_{2n} \text{ 或 } \frac{1}{\rho_1}\frac{\partial U_1}{\partial n}=\frac{1}{\rho_2}\frac{\partial U_2}{\partial n} \\ &E_{1t}=E_{2t} \text{ 或 } j_{1t}\rho_1=j_{2t}\rho_2 \\ &\frac{\rho_1}{\rho_2}=\frac{\tan\theta_2}{\tan\theta_1} \end{aligned} \tag{5.23}$$

上述方程概括了稳定电流场所满足的基本实验定律，反映了稳定的电流场的内在规律性。求解该方程实际上就是寻找一个和该方程所描述的物理过程诸因素有关的场函数。在研究复杂地质条件下的地电模型时，利用解析法进行求解是相当复杂的，而此时主要是采用有限差分法和有限元法等进行数值模拟计算。对于二维地电模型，选用点源二维有限元法；对于三维地电模型，则常选用面积分方程法等。电流密度在分界面上的变化，如图 5.4 所示。

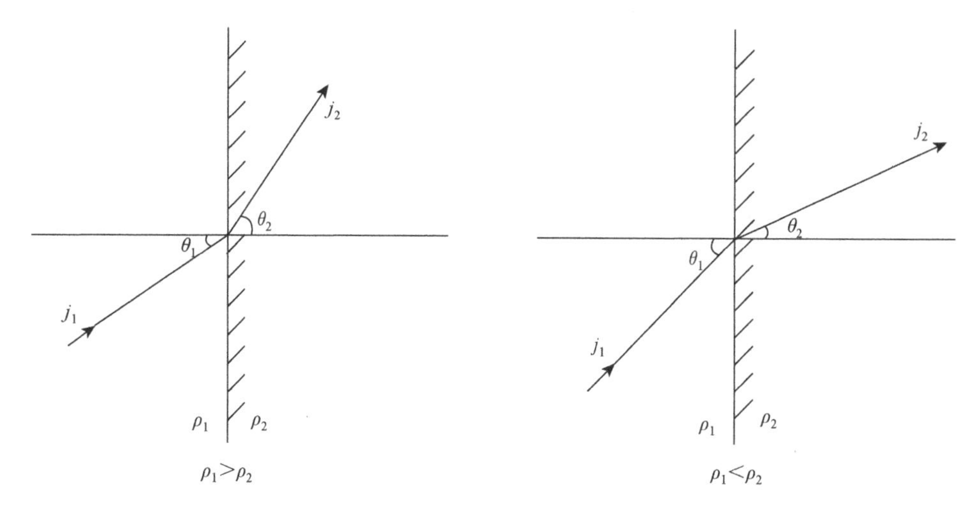

图 5.4 分界面上电流密度折向图

另外，常规直流电阻率法包括电阻率剖面和电阻率测深两类方法。电阻率剖面法是测量电极沿测线方向逐点进行测量，探测地下一定深度内地电断面沿水平方向电阻率变化情况的一种探测方法，可通过分析地质体的导电性和视电阻率间的关系来了解地下一定深度内地质体的变化情况。电阻率测深法是在同一测点上逐次扩大电极距，探测深度由浅入深，探测垂直方向视电阻率变化情况的一种探测方法。同样可根据地质体导电性强，视电阻率低；导电性弱，视电阻率高的特点了解某一测点下沿垂向变化的地质情况。

2. 高密度电阻率法数据采集装置

高密度电阻率法是集电剖面与电测深于一体的一种阵列勘探方法。它是在常规直流电阻率法的基础上进行改进而形成的一种探测方法。其理论基础与常规电阻率法相同，主要区别在于方法技术。高密度电阻率法在野外测量时只需将几十根电极置于观测剖面的各测点上，然后利用程控电极装换装置和微机工程电测仪进行数据的自动和快速采集。通过上述可知，高密度电阻率法探测技术与常规直流电阻率法相比在智能化程度上迈进了一大步。

此外，使用高密度电阻率法进行野外数据采集时，电极布设是一次性完成的，不仅可提高野外数据采集效率，而且也为高密度电阻率法数据的快速和自动采集奠定了基础。同时，高密度电阻率法可进行多种电极排列方式的测量，因而可获得较为丰富的地质信息，为后期的数据处理与解释提供方便。综上所述，高密度电阻率法与常规电阻率法相比，成本低、效率高，实现了自动化或半自动化的数据采集方式。目前，高密度电阻率法常用装置类型主要包括二极装置、温纳三极装置 A、温纳三极装置 B、温纳四极装置（AMNB）、温纳偶极装置（ABMN）和温纳微分装置（AMBN）等。具体各装置类型示意图如图 5.5 所示。

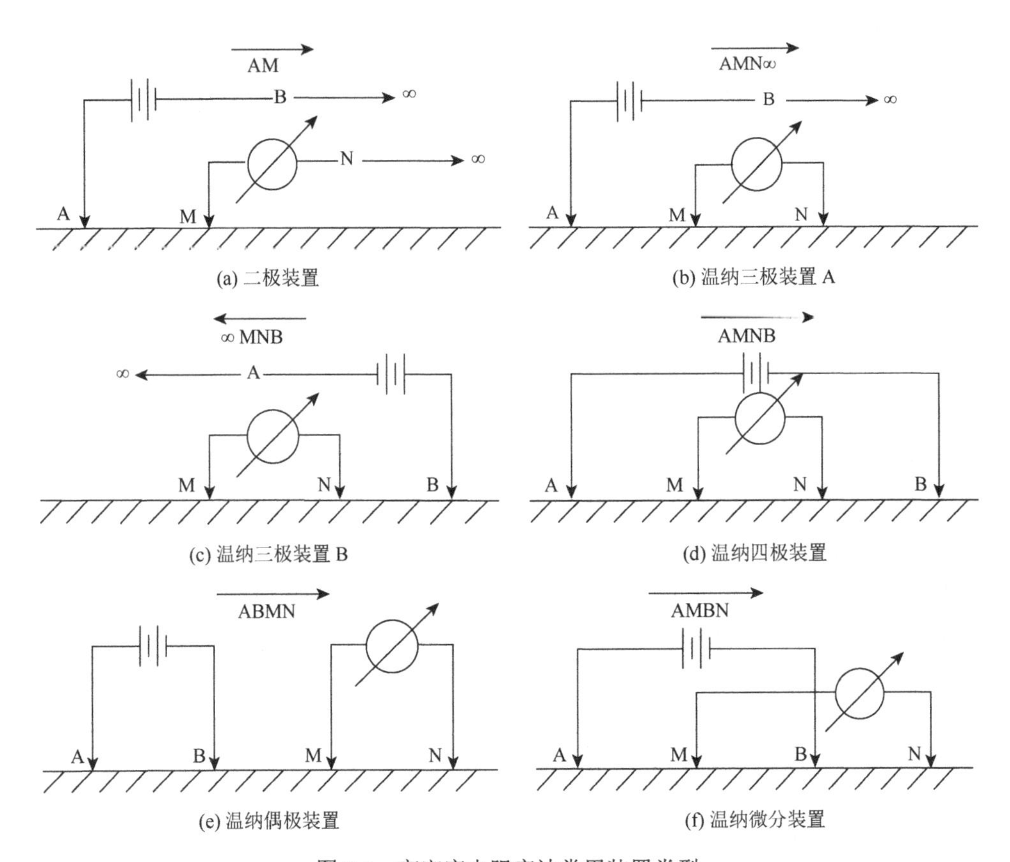

图 5.5　高密度电阻率法常用装置类型

其共同的特点是：使用供电电极（A、B）向地下供电，同时在测量电极（M、N）间观测电位差（UMN），以此计算出视电阻率。而通过不同装置间的电极排列方式可以看出，所有四极装置均可看作是由两个三极装置组成的，而三极装置与二极装置间也有一定的联系，因此它们之间的视电阻率也必然存在着一定的关系。理解和掌握上述各装置间的关系，无论做理论计算或进行异常解释都是非常有用的。

3. 电阻率与土体物理性质的关系研究

土的电阻率随着土的粒度成分和矿物成分的变化有很明显的变化，其规律大体为：在含水率相同的情况下，土的电阻率的大小为卵砾＞粗砂＞细砂＞粉土＞

黏土，不同材料的典型电阻率值如表 5.5 所示。本研究基于典型土质堤坝黏土场地的电阻率试验，在现场试验与归纳相关文献的基础上，结合室内基本土工试验，分析典型场地电阻率与孔隙液含盐量、黏粒含量、塑性指数等基本土性参数和力学特性参数间的关系，研究电阻率与各影响因素之间的相关关系。

表 5.5　不同材料的典型电阻率值

电阻率/(Ω·m)	主要特征	说明
1～10	未淋滤的海相沉积黏土	沉积过程中受到很少的淋滤作用，孔隙中仍含有使土体结构稳定的盐水。孔隙水具有较高的离子浓度，土体导电性良好，电阻率值低
10～100	经淋滤的沉积黏土	由于地下水的离子淋滤作用，逐渐转变为灵敏性土，土体电导率较高
＞100	沉积黏土的干外壳、粗泥沙、基岩	黏土的干外壳；流黏土滑坡中产生的干的重塑黏土；粗颗粒材料，如砂土、砂砾等，较海相黏土具有较高的电阻率值，大多数基岩的电阻率值高达数千 Ω·m

1）电阻率与孔隙液含盐量

土颗粒表面存在有双电层，双电层中的阳离子和阴离子在电场作用下具有一定的导电能力。土体中溶盐矿物通常以离子形态存在于孔隙液中，当孔隙液含盐量发生变化时，离子交换作用方向和双电层作用范围受到影响，最终导致土体电阻率改变。

图 5.6 显示，两参数关系十分显著，随着孔隙液含盐量增加，电阻率急剧减小，呈明显的指数衰减形式，其表达式为

$$y = 53.8x^{-0.85} \tag{5.24}$$

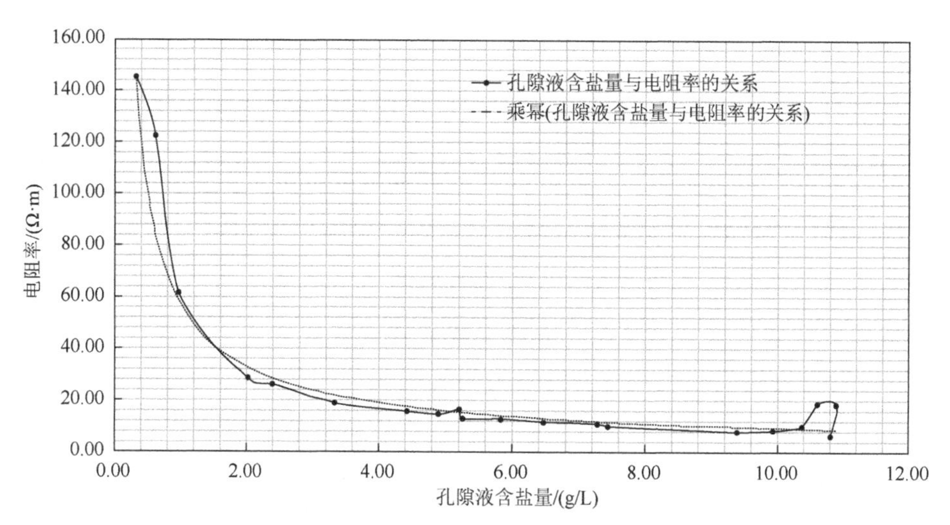

图 5.6　电阻率与孔隙液含盐量的关系

式中，y 为电阻率数值（Ω·m）；x 为孔隙液含盐量数值（g/L）。当孔隙液含盐量大于 6g/L 时，电阻率值接近为常数 8Ω·m。

2）电阻率与黏粒含量

土体是由各种大小不同的颗粒组成的散粒体，一定质量的土体，颗粒越细，表面积越大。黏粒表面带有一定的电荷，这些电荷具有吸引外界极性分子或离子的能力，同样质量的土体，黏粒含量越多，比表面积越大，土颗粒带电性越强，土体电导率也越大。

电阻率随黏粒含量的增加而减小。从图 5.7 可以看出，两参数表现出相对显著的相关关系，随着黏粒含量增加，土体电阻率逐渐减少，呈指数衰减形式，经修正，其表达式为

$$y = 7.8 + 511.58\exp(-x/11.39) \tag{5.25}$$

式中，y 为电阻率数值（Ω·m），x 为黏粒含量数值（%）。这一现象如前所述，黏土颗粒有助于增加土体比表面积，且具有较强的带电性，有助于增加土体电导率，减小土体电阻率。当黏粒含量超过 60%时，电阻率值趋于定值。

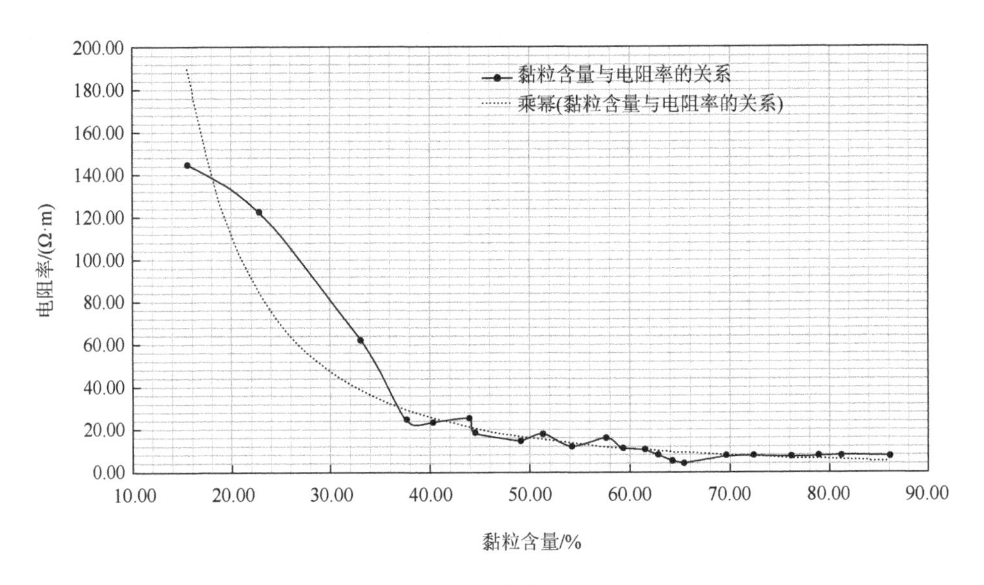

图 5.7　电阻率与黏粒含量的关系

3）电阻率与含水率

土的电阻率是随着其含水率及饱和度的增加而逐渐减小的，但是不同成分的土有不同的变化规律，即使相同成分的土，其含水率及饱和度在不同的范围内变化规律也是不尽相同的。土的电阻率与其含水率的关系具体见图 5.8～图 5.10。

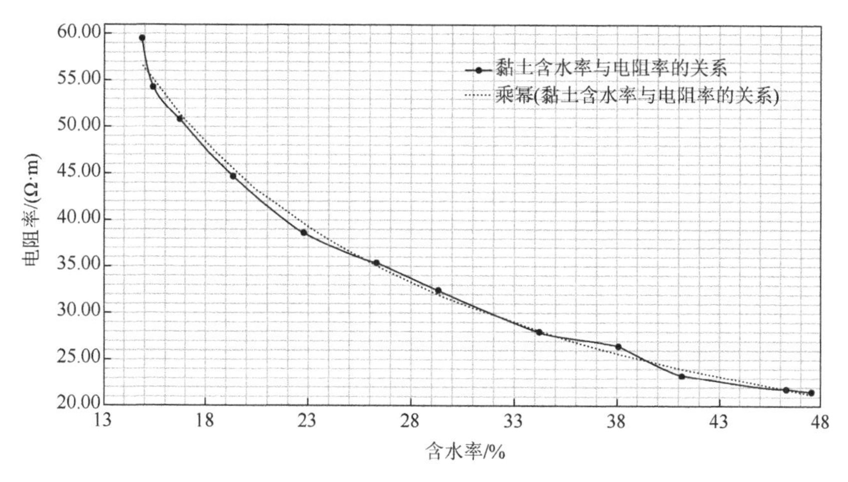

图 5.8　黏土含水率与电阻率的关系

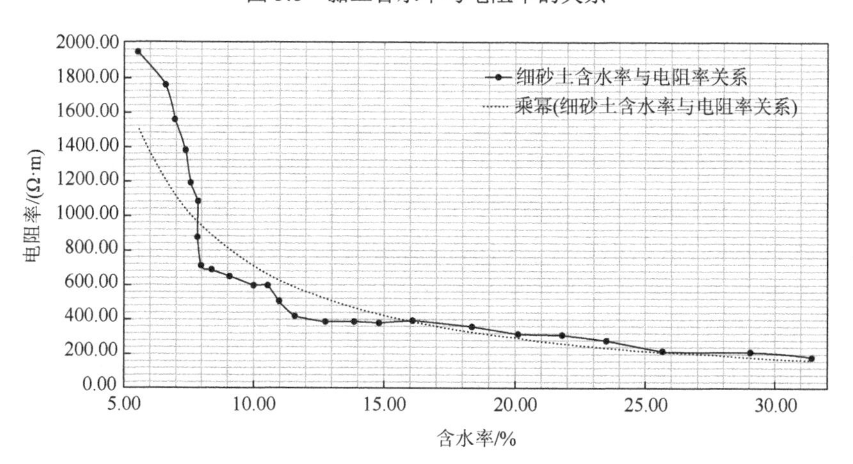

图 5.9　细砂土含水率与电阻率的关系

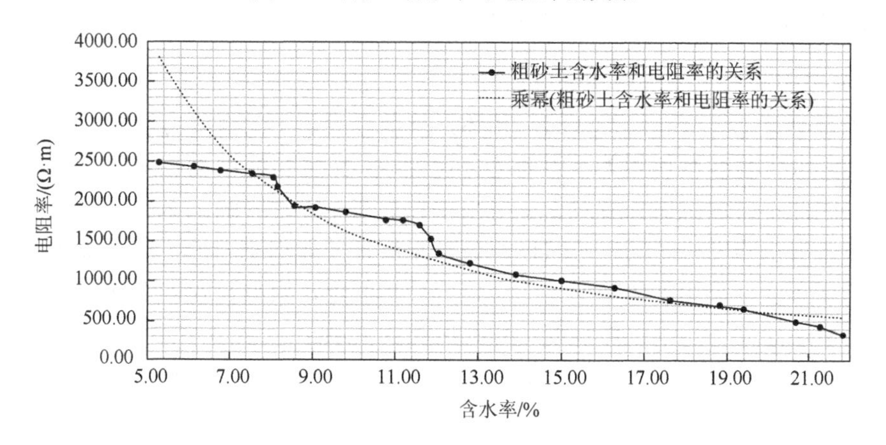

图 5.10　粗砂土含水率与电阻率的关系

根据其关系曲线我们可以推导出其经验公式为

$$y = ax^{-b} \tag{5.26}$$

黏土曲线关系为

$$y = 532.03x^{-0.8386}，R^2 = 0.9687 \tag{5.27}$$

细砂土曲线关系为

$$y = 36\,230x^{-1.3744}，R^2 = 0.8729 \tag{5.28}$$

粗砂土曲线关系为

$$y = 30\,626x^{-1.0959}，R^2 = 0.8385 \tag{5.29}$$

系数 a 不同反映了土的成分的不同，黏土的 a 值较小，砂土则较大。b 值反映了土的电阻率随含水率变化的程度，b 值越大，说明电阻率随含水率变化得越剧烈，一般来说砂土的 b 值大于黏土。但是在砂土含水率增加的过程中其电阻率变化程度也是有差别的：含水率在 5%～10%区间变化时，电阻率的变化非常剧烈，其关系曲线较陡；当含水率大于 10%时，电阻率的变化较小，其关系曲线较缓和。出现这种变化的原因是非常复杂的，一般认为是在含水率小于 5%时，砂土的电阻率主要取决于土壤骨架，而当含水率大于 10%时，其电阻率取决于土壤孔隙中的水。含水率在 5%～10%之间是一个过渡阶段，所以此时电阻率的变化较剧烈。

4）电阻率与塑性指数

与电阻率和黏粒含量的关系相似，即随着塑性指数增加，土体电阻率逐渐减小。这与上述黏粒含量的分析结果是一致的，土体塑性指数越大，颗粒越细，其比表面积越大，双电子层厚度越大，电阻率越小。

4. 电阻率与力学特性指标的关系研究

1）电阻率与不排水剪切强度

土是具有土骨架孔隙特性的三相体，抗剪强度是土的重要力学特性参数，与土中孔隙液含盐量密切相关。由前述分析可知，土体电阻率受孔隙液含盐量影响显著，因此不排水抗剪强度对土体电阻率也存在一定的影响。本研究所涉及的土体不排水剪切强度均是基于 CPTU 测试结果解译的非均质固结不排水条件下三轴抗压剪切强度，采用无体积变化的总应力分析假定，根据孔穴扩张理论的半经验半解析解，建立不排水抗剪强度与超孔压间的关系。

总体上，电阻率与不排水抗剪强度间相关性不明显。土体不排水抗剪强度随沉积环境、测试方法以及解译方法等变化而变化，虽然不排水抗剪强度对土体电阻率有着一定的影响，但是这种影响并不明显或可能被其他因素所抵消。

2）电阻率与压缩模量

压缩模量 Es 是表征土体力学特性的另一重要指标。压缩模量来自 CPTU 测试数据解译结果，解译方法采用 Mayne 等（1990）提出的经验关系式。电阻率随压缩模量的增加而增加。当压缩模量小于 20kPa 时，电阻率随压缩模量增加而缓慢增加；当压缩模量大于 20kPa 时，电阻率随压缩模量增加而急剧增加。土体电阻率受压缩模量影响显著。

5.4　工 程 应 用

5.4.1　广州市天湖水库隐患综合探测应用研究

天湖水库位于广东省广州市从化区温泉头甲山，流溪河支流头甲水下游，距从化中心城区约 16km，水库兴建于 1972 年，1974 年建成。水库属中型水利工程，工程等别为Ⅲ等，主要建筑物级别为 3 级，地震设防烈度为 6 度，大坝可达百年一遇洪水设计标准，千年一遇洪水校核。是一座以灌溉为主，兼有防洪、旅游和发电等功能的综合运行型水库。

工程由大坝、副坝、溢洪道、输水涵管和坝后电站等建筑物组成：①大坝为均质土坝，主坝坝顶高程为 240.00m，最大坝高 39m，坝顶宽 8m，坝顶长度 131.5m。②副坝坝顶高程 240.00m，坝高 4m，坝顶宽 5m。③溢洪道采用近似驼峰型断面堰，堰顶高程为 234.10m，堰下接陡坡采用挑流鼻坎消能，溢洪道宽为 5m，闸门为 5m×2.5m（宽×高）弧形钢闸门。④输水涵管设于坝左岸，为钢筋砼压力涵管，内径 1.2m，壁厚 0.4m，压力圆涵长 143.2m，直伸放水塔，涵管进口底部高程为 213.00m，出口高程为 211.14m，砼圆涵管离开坝后与内径为 1.2m 钢管衔接，钢管设三条分岔管，其中两条用于引水发电，一条灌溉。⑤坝后电站设计水头为 25m，设计流量 2.1m^3/s，总装机容量 400kW。

本次多源无损联合探测，综合使用了三维激光扫描技术、探地雷达技术、高密度电阻率法、CCTV 对水库隐患进行了由外到内的全方位系统性的隐患探测，取得了较好的效果，针对性地指导了下一步的除险加固工作的实施。

1. 三维激光扫描——大坝三维数字孪生

三维激光扫描可自动、连续、快速地获取目标物体表面的密集点云数据，实现了从点测量到面测量的跨越，三维扫描获取的信息量也从点的空间位置信息扩展到了纹理信息和色彩信息，在桌面重新生成同尺寸的数字天湖水库。天湖水库空间三维激光扫描部分截图见图 5.11～图 5.13，主坝高程、主坝坡比三维激光扫描检测数据与设计体型数据的对比见表 5.6 和表 5.7。三维激光扫描成果，首先能检测出坝体表面变形等基本隐患，同时为后续的隐患探测测线布置、成果标注以及 CCTV 管道隐患坝体表面定位等提供基础量测数据。

图 5.11　主坝现状全景图

图 5.12　主坝现状剖面图

图 5.13　溢洪道现状剖面图

表 5.6　主坝高程三维扫描检测数据与设计体型数据对比表

项目	测量结果/m（以实际高程 + 240.00m 为基准高程）			检测高程/m	设计高程/m	差值/m
坝顶	0.001	0.002	0.002	240.002	240.00	0.002
坝顶人行道	0.163	0.165	0.163	240.164	240.20	−0.036
背水面一级马道	−10.007	−10.003	−10.005	229.995	230.00	−0.005
背水面二级马道	−19.058	−19.054	−19.055	220.944	221.00	−0.056
背水面三级马道	−25.854	−25.856	−25.858	214.144	214.00	0.144
背水坡电站	−36.953	−36.952	−36.955	203.047	203.00	0.047
迎水面一级马道	−2.043	−2.045	−2.044	237.956	238.00	−0.044
迎水面二级马道	−8.271	−8.273	−8.272	231.728	231.75	−0.022
迎水面三级马道	−12.434	−12.435	−12.433	227.566	227.50	0.066

表 5.7　主坝坡比三维扫描检测数据与设计体型数据对比表

项目	测量结果			检测坡比	设计坡比	差值
背水面一级坡	1∶2.322	1∶2.320	1∶2.322	1∶2.321	1∶2.5	0.179
背水面二级坡	1∶2.823	1∶2.821	1∶2.824	1∶2.823	1∶2.75	−0.073
背水面三级坡	1∶3.199	1∶3.197	1∶3.197	1∶3.197	1∶3.0	−0.197
反滤体	1∶1.548	1∶1.548	1∶1.549	1∶1.548	1.1.5	−0.048
迎水面一级坡	1∶2.773	1∶2.774	1∶2.775	1∶2.774	1∶2.756	−0.018
迎水面二级坡	1∶2.947	1∶2.946	1∶2.948	1∶2.947	1∶3.0	0.053

2. 坝体隐患探测——探地雷达以及高密度电阻率法探测

1）探地雷达以及高密度电阻率法测线布置

探地雷达以及高密度电阻率法技术野外工作测线布置根据勘探目的，结合场地情况（地质、地形等）进行布线设网。探地雷达天线频率，高密度电阻率法的电极数量、极距应根据勘探目标体的大小、埋深等因素进行选择。天湖水库大坝开展的探地雷达以及高密度电阻率法探测工作，根据现场的实际情况，在主坝背水坡一级马道、二级马道、三级马道布置分别布置测线，其中高密度电阻率法在背水坡沿坝坡向测压管剖面位置布置了测线，对比大坝浸润线监测成果，测线布置见图 5.14，测线概况见表 5.8。采用地质雷达探测主要针对坝身填土及坝基的隐患进行探测。结合现场操作平台条件，沿坝轴线布置测线，往返测试，探地雷达测线布置见图 5.14，测线概况见表 5.9。

图 5.14　天湖水库多源无损探测测线布置图

表 5.8　高密度电阻率法测线概况

测线编号	位置	电极间距/m	电极数量/个	排列长度/m	排列类型
测线 01	三级马道	2	56	110	温纳阿尔法
测线 02	二级马道	2	56	110	温纳阿尔法
测线 03	沿背水坡	2	24	46	温纳阿尔法
合计	—	—	136	266	—

表 5.9　探地雷达测线概况

测线编号	位置	测试方向	测线长度/m	预报方法
测线 55	二级马道	右坝肩→坝中	75	探地雷达 100MHz 探测
测线 56	二级马道	坝中→左坝肩	70	探地雷达 100MHz 探测
测线 61	三级马道	左坝肩→右坝肩	145	探地雷达 100MHz 探测
测线 62	三级马道	右坝肩→左坝肩	105	探地雷达 100MHz 探测
测线 63	二级马道	左坝肩→右坝肩	145	探地雷达 100MHz 探测

2）探地雷达以及高密度电阻率法测线分析及结论

（1）探地雷达测线 55（二级马道）。

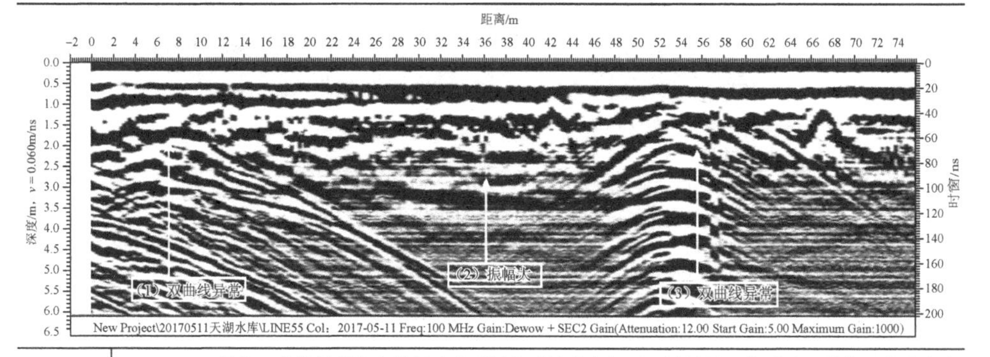

测线解译	（1）、（3）处的双曲线异常为右岸树木及雷达行进途中车辆对雷达波的干扰所致，其校正的波速为雷达波在空气中的传播速度，因此并非雷达波对地下物体的反射。 （2）处出现强振幅强反射异常，表明此处土体受水浸润处于相对饱和的状态，是相对密实度较差的区域。

（2）探地雷达测线 56（二级马道）。

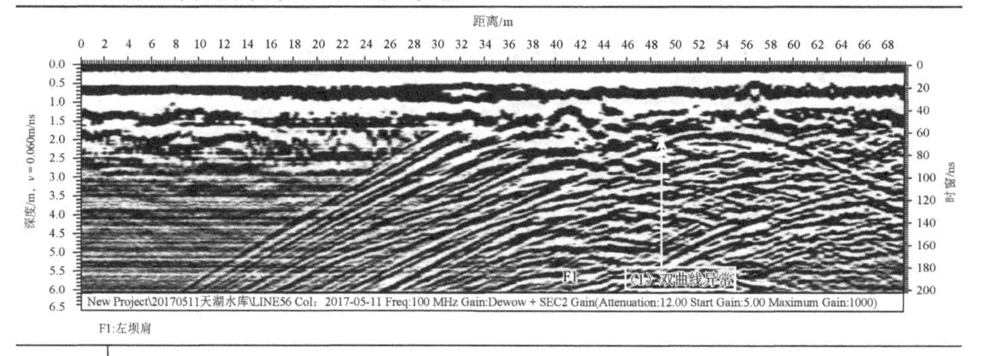

F1:左坝肩

测线解译	（1）处的双曲线异常为地面上的树木对雷达波的干扰。由于地面物体对非屏蔽雷达波的干扰较强，因此该测线的解译较为困难。

（3）探地雷达测线 63 以及高密度电阻率法测线 02（二级马道）。

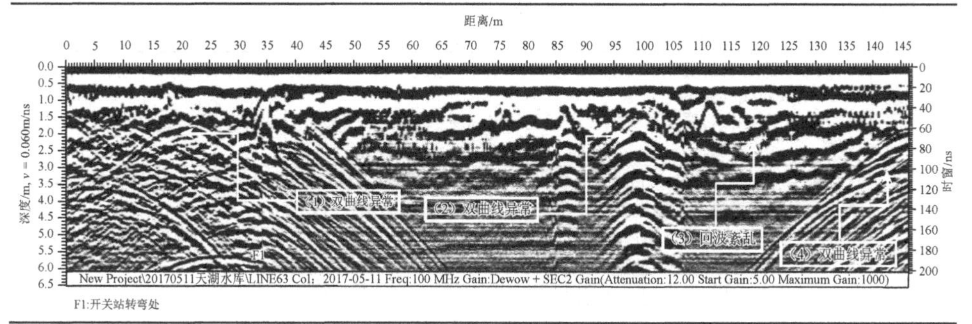

F1:开关站转弯处

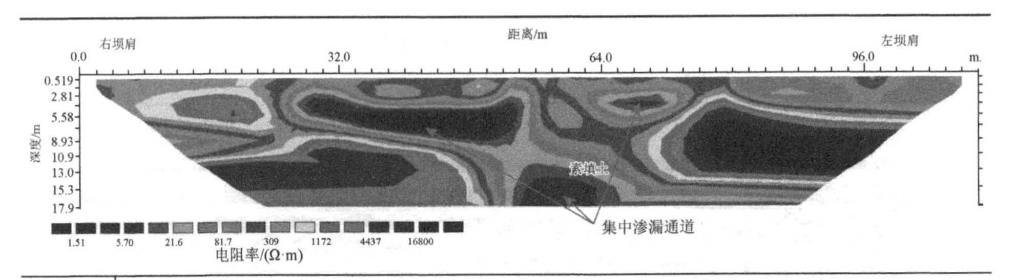

探地雷达测线解译	（1）、（4）处的双曲线异常为地面左右坝肩高耸的树木对雷达波的干扰出现的双曲线异常。 （2）处表现出的双曲线异常为车辆对雷达回波的干扰。 （3）处出现强振幅强，且波形紊乱，同相轴中断，表明此处土体受水浸润处于相对饱和的状态，是相对密实度较差的区域。
高密度电阻率法测线解译	（1）结合高密度电阻率法反演成果图和地质钻孔资料综合分析，高密度电阻率法测得的地层分布（二维）的电阻率特性与地质勘察的地层（一维纵向）分布基本吻合。 （2）坝身填筑土在坝中部偏右侧区域、坝体深处中部有延伸的孤立的低阻区域，土体含水率较高，此处回填土与其他地方回填土相比相对密实度较差，现场检查发现该区域内表层土体较为湿软。
综合解译	大坝二级马道由右坝肩为起点 24～54m 范围内，土体含水率较高。

（4）探地雷达测线 62 以及高密度电阻率法测线 01（三级马道）。

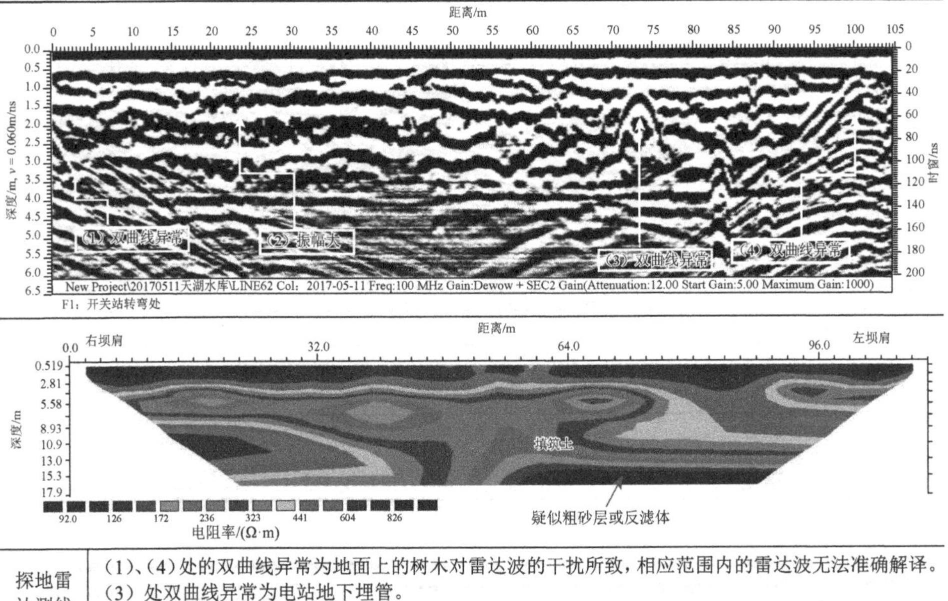

探地雷达测线解译	（1）、（4）处的双曲线异常为地面上的树木对雷达波的干扰所致，相应范围内的雷达波无法准确解译。 （3）处双曲线异常为电站地下埋管。 （2）处出现强振幅强反射异常，表明此处土体受水浸润处于相对饱和的状态，是相对密实度较差的区域。
高密度电阻率法测线解译	（1）结合高密度电阻率法反演成果图和地质钻孔资料综合分析，高密度电阻率法测得的地层分布（二维）的电阻率特性与地质勘察的地层（一维纵向）分布基本吻合。 （2）坝身填筑土在坝体距离右坝肩 0～70m，三级马道以下 5～8m 范围内延伸的低阻区域，土体含水率较高，此处回填土与其他部位回填土相比相对密实度较差。 （3）反演成果图中右下侧的延伸的低电阻区应为粗砂层或反滤体。
综合解译	大坝三级马道由右坝肩为起点 0～70m 范围内，土体含水率较高。

（5）高密度电阻率法测线03（沿背水坡）。

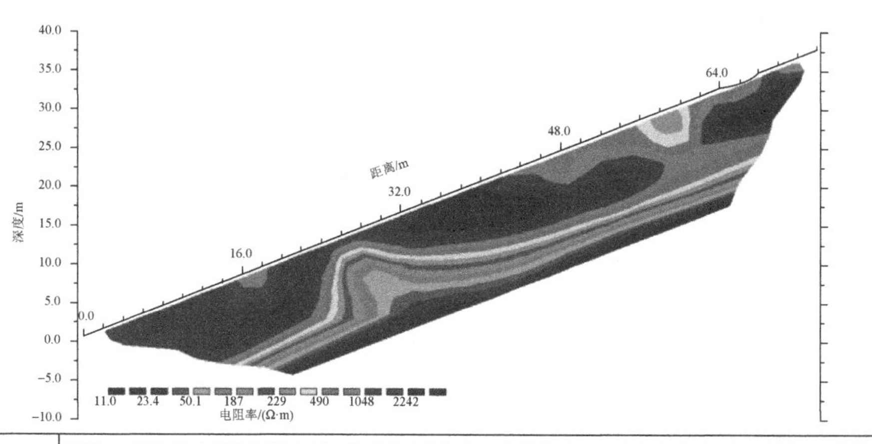

测线解译	测线03沿坝坡布置在坝体右侧，其反演出的视电阻率等值线图基本能真实地反映坝身填土的浸润线，浸润线在三级马道位置处上翘，有从坝面出逸的趋势，且浸润线总体高度，尤其是三级马道以上的浸润线高度比坝体左侧高。

3. 结论及隐患分布示意图

结合三维激光扫描、探地雷达、高密度电阻率法、CCTV等多种无损探测手段的探测成果综合判断分析，隐患分布见图5.15，结论如下：

（1）坝体填筑质量不均匀，右侧坝体局部含水量较大，并存在局部集中渗漏点。

（2）大坝二级马道由右坝肩为起点24～54m范围内，土体含水率较高。大坝三级马道由右坝肩为起点0～70m范围内，土体含水率较高。

（3）右侧坝体三级马道处浸润线有逸出的趋势。

（4）输水塔闸门漏水较为严重，呈喷射状。

图5.15 隐患分布示意图

5.4.2 中山市逸仙水库对比探测应用研究

逸仙水库位于广东省中山市南朗镇翠亨村县道 X579 西南侧，承担着南朗镇的防洪、灌溉和供水任务。水库总库容 625 万 m^3，属小（1）型水库。主坝长 315m，最大坝高 20.70m，副坝长 140m，最大坝高 21.10m，现主坝顶宽为 4.5m，迎水坡坡度 1∶2.5，背水坡坡度 1∶2.4 及 1∶3.0。

逸仙水库主坝左右坝肩渗漏较为严重。以往针对探明渗漏隐患的地质勘察由于是点状勘探，无法准确定位坝体的渗漏通道，耗时长，且对坝体原状土有扰动。

本次试验利用高密度电阻率法无损探测，共布置了 4 条平行于坝轴线测线（376m 长）和 2 个验证勘探钻孔（29.1m 深），并利用等高程折线布置使测线横跨坝体和坝肩，测试结果以坝体纵剖面电阻率等值线图的形式，结合土体含水率高低的电阻率分析，并辅以钻孔验证，确定左右坝肩渗漏通道，为除险加固提供针对性的指导。

1. 测线布置

水库主坝迎水坡和背水坡二级坝坡以上皆为六角棱体覆盖，二级坝坡以下为草皮护坡，高密度电阻率法仪探针需与坝身填土紧密接触，因此本次探测区域设定在二级坝坡以下及与坝体两侧连接的原山体，本次探测的主要目的是确定左右坝肩的渗漏位置，探测对象为主坝背水坡草皮护坡区域及邻近的原山体。

根据坝肩渗水情况和密度电法仪特性，本次探测共设置了 4 条测线，其中右坝肩 2 条（测线 1、2），中间坝体 1 条（测线 3），左坝肩 1 条（测线 4），由于要同时探测原山体和坝身，测线 1、2、4 只能折线布置，折线角度均为 105°，测线和钻孔概况见表 5.10，测线和钻孔布置见图 5.16。

表 5.10 高密度电阻率法测线和钻孔概况

编号	位置	排列长度/m	电极间距/m	排列类型
测线 1*	原山体—二级坝坡（马道高程）	126	2	温纳阿尔法
测线 2*	原山体—二级坝坡（马道和堤脚中间高程）	94	2	温纳阿尔法
测线 3	二级坝坡（马道和堤脚中间高程）	126	2	温纳阿尔法
测线 4*	二级坝坡—原山体（马道和堤脚中间高程）	94	2	温纳阿尔法
ZK2（钻孔）	位于测线 3 中部位置，钻孔深度 16.6m	—	—	—
ZK3（钻孔）	位于测线 4 中部位置，钻孔深度 12.7m	—	—	—
合计	—	440	—	—

*为弯折测线。

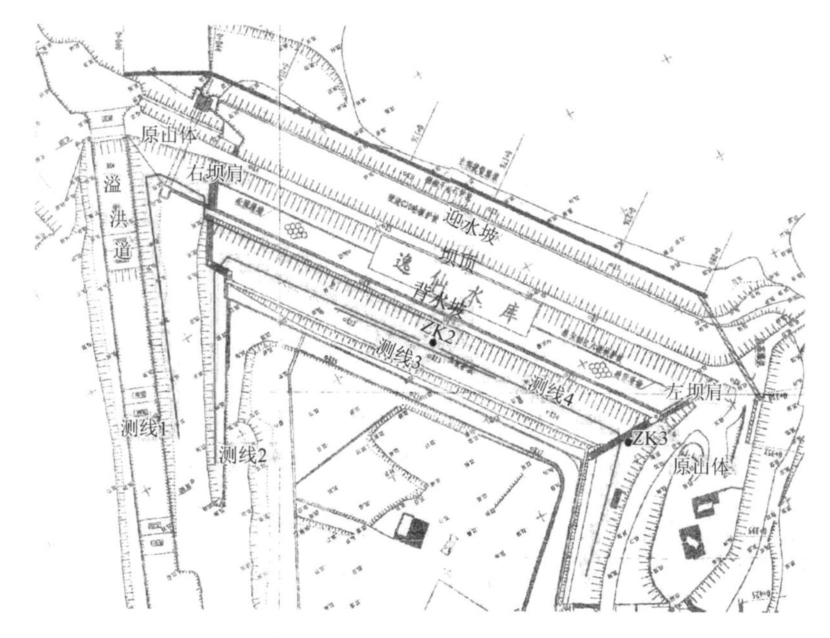

图 5.16　高密度电阻率法测线和钻孔布置示意图

2. 成果分析

根据所探测对象的电性差异及以往工程经验，典型堤防隐患的电阻率异常特征如表 5.11 所示。

表 5.11　典型堤防隐患的电阻率异常特征

序号	隐患类型	异常特征
1	孔洞、不均匀体	孤立的高电阻异常
2	充水后的孔洞、不均匀体、小型渗漏通道	孤立的低电阻异常
3	裂缝、软弱层	延伸分布的高电阻异常
4	堤坝浸润线、含水裂缝、基础渗漏形成的含水面或空间带层	延伸分布的低电阻异常

探测结果分析可根据表 5.11 列举的异常特征、现场检查记录对堤坝隐患进行初步的判断分析。

图 5.17～图 5.20 中横轴表示以测线最左端为起点的横向距离，纵轴表示坝体深度，颜色深浅表示电阻率的大小，冷色代表电阻率较低，暖色代表电阻率较高。

测线 1 分析：现场记录在测线横轴 32m 处（测线 1 折线拐点后）有一个排水涵洞（无水），如图 5.17 所示，显示为孤立的高阻区。以 48m 为界，左侧为原山体，右侧为坝体。涵洞左侧（距离：20～32m，深度：0.5～13.5m）范围内存在一个孤立的正三角形低阻区域，该区域是一个可能的渗漏通道。

测线 2 分析：如图 5.18 所示，现场记录在测线在 48～50m 范围内为原山体和坝体的交界处，左侧为原山体，右侧为坝体。在原山体距离交界处（距离：38～46m、深度：0～5m）范围内存在一个孤立的低电阻异常，可能与测线 1 测试到的低电阻异常形成了一个渗漏通道。

测线 3 分析：测线 3 测试的为 126m 长的坝体，电阻率随坝体的高度降低，图 5.19 为较为正常的视电阻率等值线图，可判断出深度 7m 左右为浸润线，现场坝后反滤出水为较为正常。

测线 4 分析：如图 5.20 所示，现场记录 46～50m 为坝体交界处，左侧为坝体，右侧为原山体。在（距离：16～32m，深度：1.5～13.5m）范围内的堤身填土存在孤立的低电阻异常，整个深度范围内的堤身填土可能碾压不密实，低阻区覆盖范围较广，是可能的渗漏通道。另一个孤立的低阻区在原山体与坝体交界处（距离：46～53m，深度：0.5～4.98m），偏向原山体，该区域土质含水率较高。说明该处填土碾压不密实。

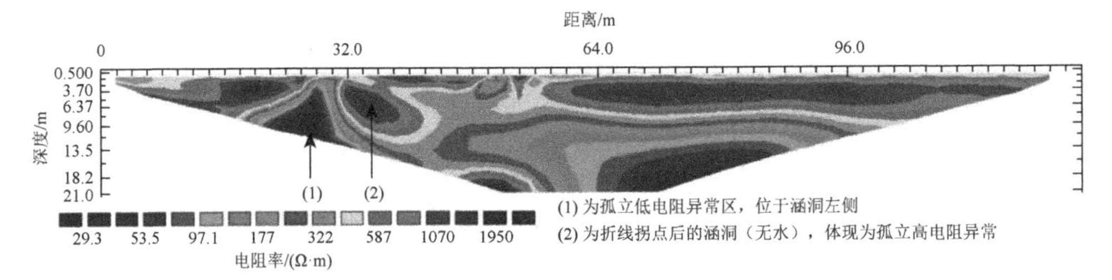

图 5.17　测线 1 视电阻率等值线图

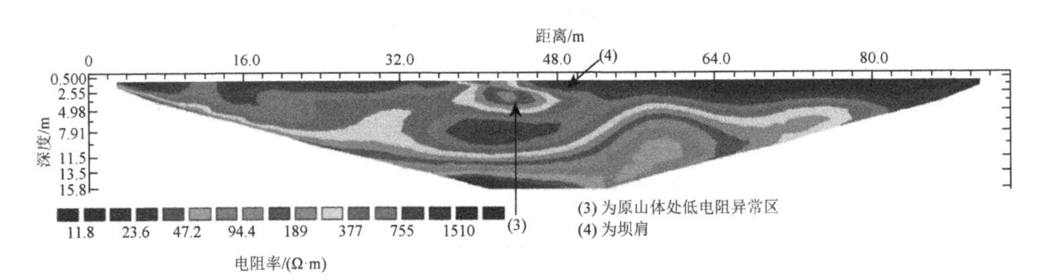

图 5.18　测线 2 视电阻率等值线图

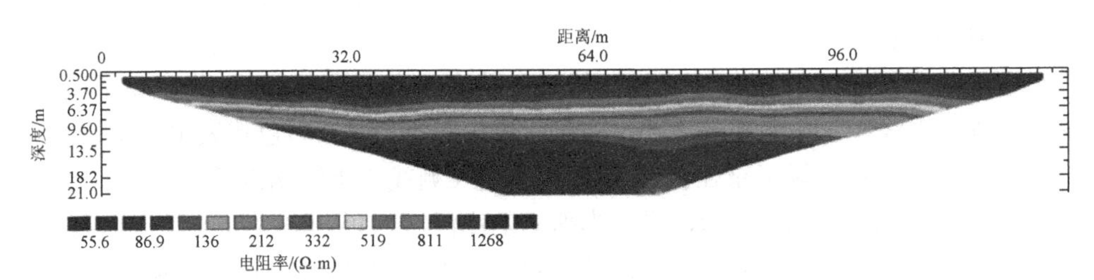

图 5.19　测线 3 视电阻率等值线图

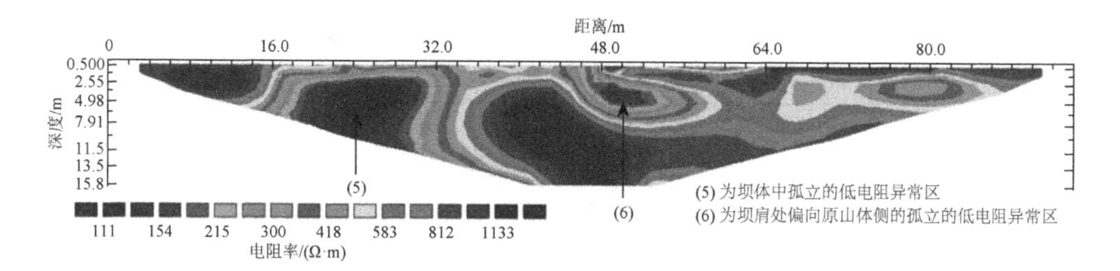

图 5.20 测线 4 视电阻率等值线图

3. 验证分析

为了提高地质钻孔的准确性和针对性，依据本次高密度电阻率法的探测成果，分别在背水坡二级马道坝中即测线 3 上布置 ZK2、左坝肩（二级马道高程）即测线 4 上布置 ZK3。孔位所对应的视电阻率等值线图和钻孔柱状图如图 5.21 和图 5.22 所示。

图 5.21 表明：素填土层（钻孔层厚范围 0～5.10m），结构松散，充填空气，稍湿，体现为高阻，在等值线图中以红色为主（0～5.035m）；粉质黏土层（钻孔层厚范围 5.10～7.20m），湿润，在等值线图中以绿色为主（5.035～7.985m）；圆砾层（钻孔层厚范围 7.20m 以下）透水性强，同时在坝体浸润线以下，含水率高，体现为低电阻，在等值线图中以蓝色为主（7.985m 以下）。

图 5.22 表明：素填土层（钻孔层厚范围 0～1.70m），其特性与 ZK2 相似，体现为高阻，在等值线图中以红色为主（0～1.725m）；砾质黏性土层（钻孔层厚范围 1.70～6.80m），湿润，含水率较高，在等值线图中以蓝色为主（1.725～6.445m）；中风化花岗岩层（钻孔层厚范围 6.80m 以下）块状构造，透水性弱，体现为高电阻，在等值线图中以蓝色为主（6.445m 以下）。

通过钻孔验证说明，折线布置下的高密度电阻率法在土石坝渗漏探测的成果是可信的。

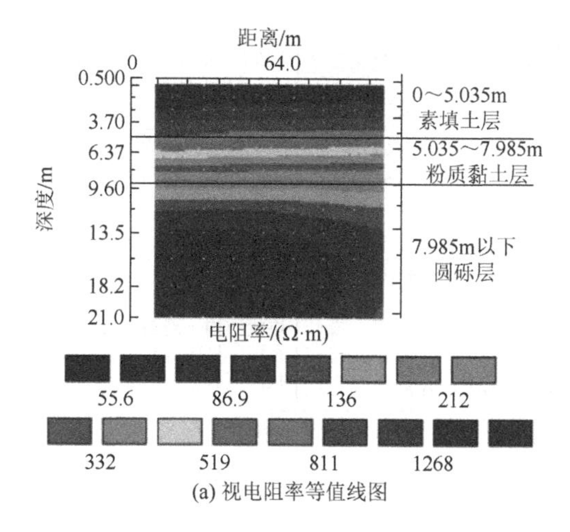

(a) 视电阻率等值线图

分层	时代成因	层底标高/m	层底深度/m	分层厚度/m	岩层剖面 1:150	岩土描述
〈1〉	Q^{ml}	29.60 24.50	5.10	5.10		素填土：褐黄色、黄褐色，稍湿，主要由花岗岩风化残积土组成，含较多粗砾砂，其结构松散，经分层碾压，顶部10cm为砼。
〈2-1〉		22.40	7.20	2.10		粉质黏土：灰黄色、灰褐色，湿，可塑，成分以粉黏粒为主，含较多粗砾砂，黏性较差。
〈2-2〉	Q^{al}	14.40	15.20	8.00		圆砾：黄褐色，饱和，稍一中密，成分以石英为主，主要由圆砾、砾砂组成，含约18%碎石、卵石，粒径2～5cm，含约10%黏粒。
〈4-3〉	γ_y^3	13.20	16.40	1.20		中风化花岗岩：肉红色，粗粒结构，块状构造，裂隙较发育，呈闭合状，岩芯破碎，呈块状、短柱状，岩质坚硬。

(b) 钻孔柱状图

图 5.21　测线 3 上 ZK2 孔位的视电阻率等值线图和钻孔柱状图

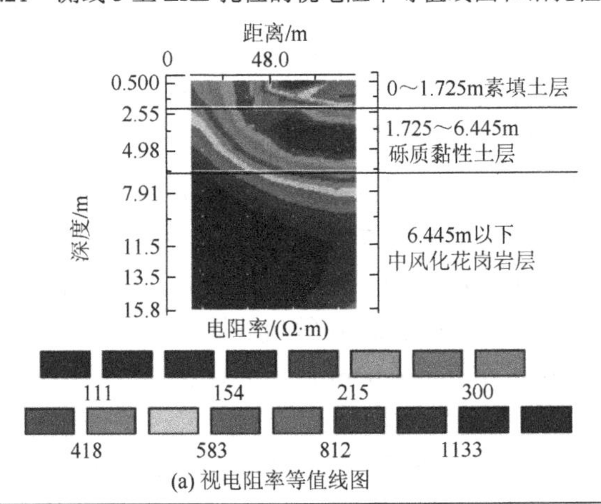

(a) 视电阻率等值线图

分层	时代成因	层底标高/m	层底深度/m	分层厚度/m	岩层剖面 1:150	岩土描述
〈1〉	Q^{ml}	29.60 27.90	1.70	1.70		素填土：褐黄色，黄褐色，稍湿，主要由花岗岩风化残积土组成，含较多粗砾砂，为人工回填而成，其结构松散，经分层压实，顶部10cm为砼。
〈3〉	Q^{el}	22.80	6.80	5.10		砾质黏性土：黄褐色，硬塑，局部坚硬，为花岗岩风化残积而成，黏性差，遇水易崩解软化。
〈4-3〉	γ_y^3	16.90	12.70	5.90		中风化花岗岩：肉红色、麻灰色，粗粒结构，块状结构，裂隙发育，裂隙由钙、铁、锰质充填，呈闭合状，岩芯破碎，呈块状、短柱状，节长5～10cm，岩质坚硬。

(b) 钻孔柱状图

图 5.22　测线 4 上 ZK3 孔位的视电阻率等值线图和钻孔柱状图

4. 结论

（1）本次测试中测线 1 的探测结果能清晰地反映出处于折线拐点后的涵洞所表现出的孤立的高电阻异常，说明在折线条件下高密度电阻率法探测也具有良好效果。

（2）高密度电阻率法是一种高效、成本低的无损探测方法，根据土体电性差异所得到的反演结果能形象直观地反映堤坝的内部结构。在对堤坝进行隐患探测或安全鉴定时，可优先使用高密度电阻率法，经验证，其结果对指导除险加固和钻探工作更具有针对性。

5.5 本章小结

采用电磁声综合物探方法应用于土质堤坝可视化与寻找隐患方面，高密度电阻率法可以很好地得到土质堤坝回填土和周边山体围岩的空间分布情况，探地雷达方法可以探明浅地表填土的密实度情况，采用三维激光扫描可以获得精细的土质堤坝地面模型。

（1）高密度电阻率法是一种无损、高效、分辨率高、较大测深的监测手段，探测深度达到 40m，能够有效查明土质堤坝地下中深部情况，并提出了广东地区土的物理性质与其视电阻率的相关关系。

（2）探地雷达具有无损、高效的特点，对于地表 2m 范围内的分辨率比高密度电阻率法高，探测结果直观反映地表回填土的精细层位结构，并探索了介电常数和被探测土体含水量的常数关系。

（3）提出了一种高效的标准化土质堤坝多源无损探测流程和方法，探测测线应分别沿堤坝轴线和垂直堤坝轴线分别进行交叉布置；探测程序上应先采用高密度电阻率法进行整体探测，再采用高密度电阻率法、探地雷达或面波法进行局部探测，形成了一套标准化的堤坝隐患综合物探技术体系，取得了较好的探测效果。

（4）土质堤坝隐患电磁声综合物探技术体系应遵循“先整体后局部、先粗略后精细，各种物探技术互相结合、互相验证、相互补充、相互约束”的探测原则，并结合工程地质、水文地质等多学科进行综合分析。

（5）每种探测方法的应用前提及局限性，以及探测深度和分辨率这一矛盾的对立统一性，需要针对可能的隐患性质及分布特点选用合适的物理探测方法及其组合。

第6章　基于CCTV和三维激光重构的穿堤坝涵管隐患识别与定位技术研究

6.1　引　　言

三维激光扫描是基于激光测距的原理，能够快速高精度获取被测目标体表面海量密集点的三维坐标和反射率等信息，从而通过计算机图形技术逆向重建被测目标体的三维模型及点、线、面等图件。三维激光扫描技术最早主要应用于工业领域的模型设计与制造中，随着长距离的三维激光扫描技术的数据质量得到提升，其逐步推广到大型建筑物、地形测量、矿山环境、数字城市等大规模场景中，并有着广阔的发展前景。

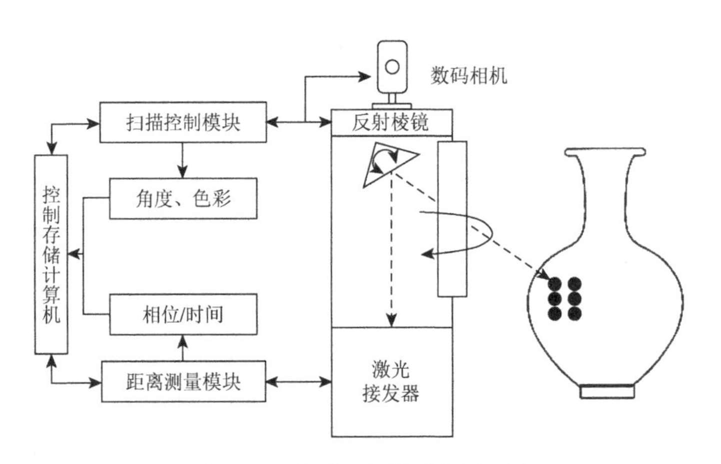

图6.1　三维激光扫描系统原理图

三维激光扫描系统主要由三维激光扫描仪、支架、数码相机、计算机及配套控制软件、供应电源系统等组成。其中三维激光扫描仪作为三维激光扫描系统的核心组成部分之一，一般由激光发射器、激光接收器、垂直反射棱镜、水平反射棱镜和控制器组成。控制器通过控制激光接发器和反射棱镜方位角度，从而记录相位、时间、反射强度等信息，由此计算距离（图6.1）。

地面三维激光扫描测量系统的基本工作原理：一般采用激光发射器发出主动、非接触式高速激光，接收器接收激光在目标体反射后的回波，从而记录被测物体空间位置信息。目标体的空间位置信息是以特定的坐标系统为基准的，通常将这种特殊的坐标系称为仪器坐标系。一般坐标轴定义为：坐标原点为激光发射源，z 轴在仪器的垂直扫描面内，以上为正；x 轴在仪器的水平扫描面内并且垂直于 z 轴；y 轴在仪器的水平扫描面内与 x 轴垂直，以指向物体为正，与 x 轴、z 轴构成右手坐标系。

三维激光扫描仪在测量过程中，由激光传播的时差计算出扫描点 P 的距离 s，再根据记录的激光束的水平 α、垂直方向上的角度 θ，计算出每个扫描点在仪器坐标系中的坐标值，同时记录激光的反射强度，而内置数码相机的三维激光扫描仪在测量过程中可以拍照获取物体真实色彩信息（图 6.2）。因此，三维激光扫描能够记录有限体表面上离散点的三维空间坐标、反射强度和色彩信息，即（x，y，z，Intensity，R，G，B）。

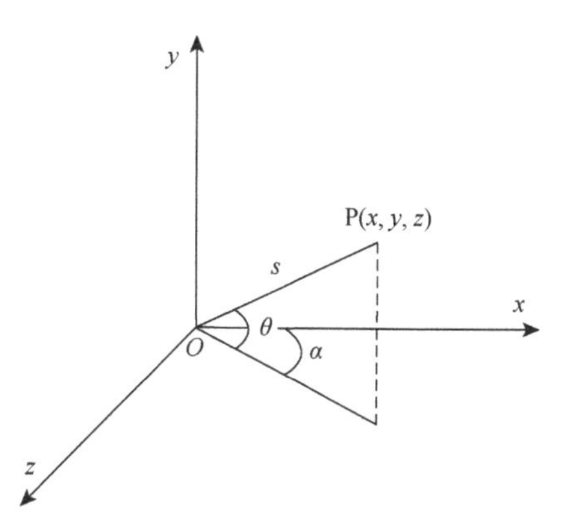

图 6.2　三维激光扫描系统定位原理

三维激光扫描相对于传统的测量技术手段，克服了单点测量获取目标体三维坐标信息的缺点，实现了快速、连续和自动地获取目标体海量的点云。由此可见，地面三维激光扫描技术具有非接触式测量、采样率高、分辨率高、精度高、主动光源扫描、数字化全景化采集、效果直观且附加彩色信息等特点。

6.2　点云数据处理理论

由于三维激光扫描外业获取点云时受到多种因素影响，得到的点云通常存在数据量庞大、噪声较多和规则性较弱的质量问题。点云数据质量直接影响到后续数据处理效率和三维建模精度。因此点云数据处理工作十分重要，其中包含了点云配准、点云滤波、点云压缩、点云分割等。

6.2.1　点云配准

三维激光技术应用于较大规模、较复杂的工程景观时，单站点不能完整获取目标体表面信息，且场地通常存在遮挡视角的障碍物，例如山体、植被、车辆和行人等。为了能够获取完整的目标体表面点云，通常需要从不同视角进行扫描，从而得到不同视角坐标系下的点云数据。将多次扫描的点云由扫描坐标系统一到工程坐标系下，这一过程称为点云配准，也称为点云拼接。

点云配准是点云数据处理中最主要的内容之一。点云配准一般分为两种类方法，一类是基于点云实体几何特征的点云配准，另一类是没有实体几何特征的点云配准。基于几何形状特征的点云配准中，一般利用事先布置的靶标或者目标实体的点、线、面几何特征来求解坐标变换参数，将相邻的扫描点云转换到统一坐标系下。每个测站上的点云数据，都是以本测站的仪器坐标系为基准，涉及到的坐标系转换参数有 7 个：3 个平移参数，3 个旋转参数，1 个尺度参数。

在目标体表结构特征不明显时，基于几何形状特征的点云配准方式不适用。而另一类没有实体几何特征的点云配准，是直接在原始数据点云上进行配准。

6.2.2　点云滤波

在野外使用三维激光扫描采集到的点云中，受到多方面因素影响，不可避免地存在噪声。产生噪声点云的原因主要有以下几个方面：

①被扫描目标体表面材质性质造成的误差。例如粗糙度差异、表面材质、纹理波纹和颜色对比度等光学性质差异引起的误差，比如水面，高温界面引起的漫反射。此外，当目标体表面颜色较暗或者反射激光信号较弱的情况下，同样容易产生噪声。

②偶然噪声。即在扫描过程中，由于一些偶然因素造成的噪声点云，例如行人和车辆在仪器和被测目标体之间经过时，得到的人与车辆的点云即为明显噪声；在矿山扫描中，仪器附近的植被遮挡和场址植被覆盖，相对于地面点云，也是噪声点云。这一类偶然噪声应当采用手动删除或者过滤。

③测量系统本身引起的系统误差。例如三维激光扫描仪的精度、CCD 摄像机的拍摄精度和分辨率、仪器在旋转过程中产生的振动、仪器内部反射棱镜转动等因素引起的误差。

对于以上引起噪声点云，如果没有对点云降噪处理，直接影响后续的提取特征点的精度、三维模型重建的质量，将会导致点云配准误差较大、曲面不平滑、局部出现异常曲面、三维模型重建精度降低，其三维重构模型与实际目标体存在较大差异。因此，需要在三维模型重建之前，对点云进行去噪。

有序点云的压缩去噪一般采用平滑滤波的方法对其去噪，常见的平滑滤波方法有高斯滤波、平均滤波、中值滤波（图 6.3），其他滤波方法还有双边滤波、条件滤波、直通滤波、随机采样一致性滤波等。在滤波中引入算子和选择性滤波研究较多。

散乱点云中数据点之间的拓扑关系没有建立，没有比较简洁、快速的方法进行去噪。目前对于散乱点云滤波研究主要分为两种：一种是将散乱点云转换成网格模型，采用网格模型下的滤波方法进行处理；另一种是将滤波直接应用到散乱点云中，常用的方法有双边滤波算法、Laplace 算法、二次 Laplace 算法、平均曲率流和稳健滤波等。

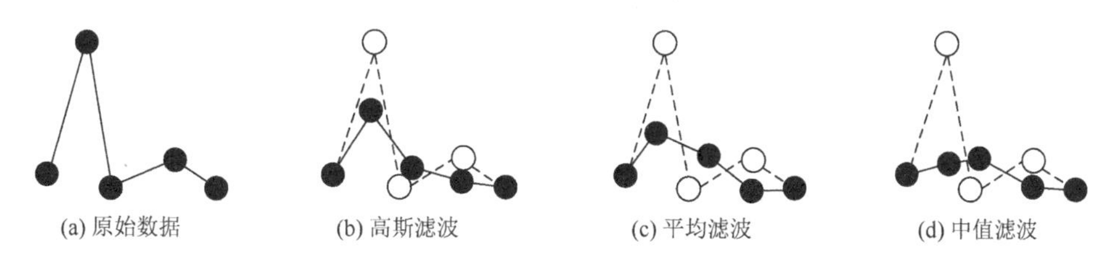

图 6.3　常见的平滑滤波方法

6.2.3　点云压缩

三维激光扫描仪可以在短时间内获取海量点云，尤其当要求的扫描分辨率和采样率越高，得到的点云总数据量越大。海量点云在存储显示、处理操作、构建模型输出时，会占用大量的计算机系统资源，使得运行速度和效率降低，因此有必要对点云进行压缩处理。

点云压缩是对海量密集的点云进行数据缩减处理，从而实现点云总数据量减少，可以显著提高点云的运行速度和处理效率。点云压缩主要是根据点云表征对象的几何特征，去除冗余点云，保留目标体表面点云的主要形体特征和细节结构点云，理想的点云压缩应当是以最少的点云来表示更多的目标体信息，在给定的精简误差范围内寻找最小采样率的点云，使精简压缩后的点云重构的几何模型表面与原始的点云生成的模型或实际目标体之间的误差最小，以此提高点云存储和处理速度。

在点云压缩中，主要针对去除冗余和抽稀简化。多个测站的点云配准之后可以得到完整的点云模型，但是测站之间会生成大量重叠区域的点云，重叠部分点云会占用大量的计算机存储空间和运算内存，降低后续重建模型的处理效率和质量。通常这部分数据称为冗余数据，一般采用人机交互或者滤波方式去除。在某一些非重要测站的点云或结构比较简单的点云，可能会出现该区域点云过密的情况，可以采取抽稀简化的方式，一般结构简单的点云可以采用设置点间距采样，复杂结构的点云可以利用曲率或者网格进行缩减。由此可见，点云压缩方法主要分为两种：

①在获取点云时，根据目标体的规模形状和项目任务分辨率要求，采取不同的采样间隔进行简化数据，并且使得相邻两个测站之间的点云重叠较少。这种方法可以显著降低点云密度，但是极大地降低了分辨率。

②在正常采样的基础上，采用一些缩减算法对点云进行压缩。常用的数据缩减算法有基于八叉树立体细分的缩减算法、基于 Delaunay 三角化的算法（主要包

含包络网格法、顶点聚类法、区域合并法、边折叠法、小波分解法等）和直接缩减算法。最常用的方法是基于八叉树立体细分的缩减算法。

在点云压缩过程中，应当选用合适的算法和参数，保证在点云压缩精简之后失真较小，能够满足任务的精度要求，算法简洁且处理效率高，在此基础上最大限度地压缩点云总数据量。点云压缩可以遵循以下多个准则：压缩率准则、点云密度准则、数量准则、距离准则、法向量准则和曲率准则等。其中，法向量准则和曲率准则常见应用在文物建筑等曲面结构的数字存储当中，在曲率较大或者角度较尖的边界处保留较多的点云，而在曲率较小、曲面较平缓的部位采取较小点云表征整个曲面。

6.2.4　点云分割

点云分割是根据目标体的点云在空间、几何、纹理等特征对点云进行划分，使得同一划分内的点云有相似的特征或代表同一类型目标点云。点云分割是点云数据处理的重要内容，主要目的是为了更好地提取不同关键地物，从而实现分析识别、突出重点并单独处理。点云分割的准确性直接影响到后续应用的可执行性和有效性，例如在逆向工程中，三维激光扫描对零件的不同部位进行扫描并分割点云，进而可以对其空洞修复重建、模型特征提取和描述，便于模型三维数据的检索和组合。点云分割选取的特征有：空间几何属性（点坐标、曲面法线、梯度、曲率）、反射强度、光谱特征等。

分割算法主要分为基于边缘的算法和基于区域的算法，有学者提出了基于点云发射强度和颜色分割的算法，在面对复杂目标体的点云，特殊情况下需要手动进行分割。

基于边缘的算法一般将距离和法线方向的剧变作为边缘。而基于区域增长算法的点云分割，其基本思想是考虑激光点与空间邻近点的一致性特征（曲面法向、曲率），选择分割区域中最具有代表性、正确的一组点云作为种子，通过事先确定好的一致性特征作为生长或相似准则，将临近点包括进来，直至阈值所限制的范围。

6.3　基于 CCTV 的输水涵管隐患识别与评价

6.3.1　检测设备与操作程序

1. 检测设备

输水涵管检测采用德国进口的 IPEK CCTV 进行，设备主要由操控面板、自动电缆箱、爬行车以及摄像头等组成，设备检测概况图如图 6.4 所示。操控面板主要用于操控爬行车，同时操控面板上的屏幕可实时展现爬行车传回图像；自动电缆箱为连接爬行车和操控面板的构件，操控面板下达的指令、爬行车的动力以及爬行车获取的图像均通过自动电缆箱传递，自动电缆箱电缆长度也是限制最大检测长度的关键，本次采用的 IPEK CCTV 电缆线长度为 200m，基本可以满足绝大多数水库输水涵管的全线检测；爬行车重约 6kg，长 31cm，宽 11cm，高 90cm，可实现 10m 防水，爬行车采用 LED 照明；摄像头安装在爬行车支架上，可随爬行车支架上下活动，同时摄像头自身可实现 270°前后旋转，配置的摄像头光学变焦为 10 倍，感光度为 1lx。

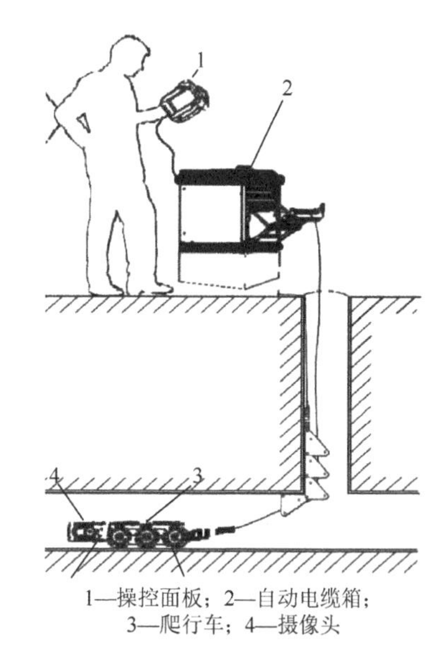

1—操控面板；2—自动电缆箱；
3—爬行车；4—摄像头

图 6.4　IPEK CCTV 设备检测概况图

2. 操作程序

输水涵管 CCTV 检测操作程序如图 6.5 所示，主要包括历史资料收集、现场勘查、检测方案编制、关闭上游闸阀、检测并采集数据、校验数据质量、输水涵管评估 7 个步骤。

步骤一：历史资料收集，主要是明确输水涵管管径、管材、走向、运行年限以及运行工况等基本信息；

步骤二：现场勘查，主要是通过现场勘查确定是否有作业条件，以及如何创造作业条件以及作业过程中可能存在的风险；

步骤三：检测方案编制，主要是根据历史资料和现场查勘情况实际情况编制合理的作业方案，同时对可能存在的风险应有相应的应对措施；

步骤四：关闭上游闸阀，CCTV 检测需要在无水或者是少水的条件下进行作业，因此须关闭上游闸阀，放空输水涵管，然而水库输水涵管排水过程中会在管内产生大量的雾气影响检测结果，因此在检测前至少 24h 关闭输水涵管闸阀，保证雾气散去；

步骤五：爬行器安放在输水涵管管口后，归零计数器，爬行车采集数据过程中宜沿输水涵管轴线行驶，且在爬行过程中不应变焦，进行输水涵管侧壁摄像时，应停止爬行器，为保证图像清晰，隐患图像拍摄应在爬行车停止 10s 以上再进行；

步骤六：校验数据质量，主要检验输水涵管内窥检测图像是否满足要求，对数据质量不满足要求的，应找准问题原因并重新检测；

步骤七：输水涵管评估，结合输水涵管检测结果，综合评估输水涵管安全性态。

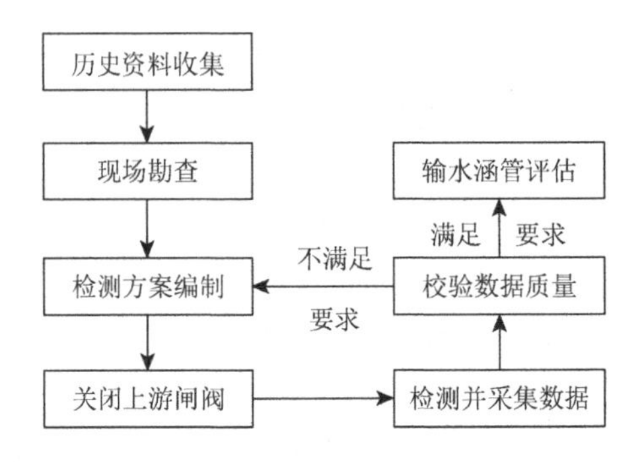

图 6.5　输水涵管 CCTV 检测操作程序

6.3.2　检测结果

输水涵管由于上下游水头差较大，沉积等功能性缺陷通常并不常见，主要以结构性缺陷为主。输水涵管结构性缺陷主要包括破裂、错位、脱节、渗漏和腐蚀等缺陷，根据其严重程度由轻至重可划分为 1～4 级。本次 CCTV 检测从输水涵管下游出水口往上游检测至进水口（涵管出水口设为检测起始点，起点位置记为 0.00m），输水涵管缺陷轴向位置通过里程桩号确定，环向位置通过时钟法表征，时钟法包含 4 位数字，前 2 位表示隐患开始位置对应钟表上的时间刻度，后 2 位隐患结束时对应的刻度，时钟法表征输水涵管环向示例如图 6.6 所示，0903 表示隐患环向从 9 点钟位置开始，到 3 点钟位置结束。

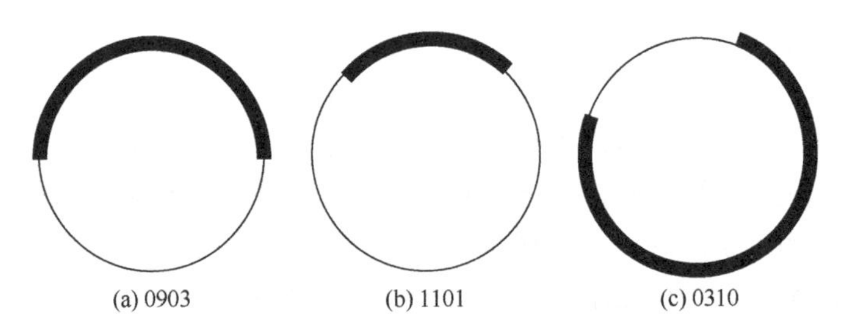

图 6.6　时钟法表征输水涵管环向示例

本次检测长度约为 120.00m（下游出水口至上游进水口闸门），检测时管内水深约 8cm，由于输水涵管底部存在积水，因此涵管底部局部区域隐患无法判断。检测结果表明（图 6.7），未发现输水涵管存在不均匀沉降现象，涵管整体结构较完整。共检测到明显隐患点 4 个，其中破裂 2 处，分别位于距涵管下游进口 92.11m

和 101.46m 位置，环向位置分别为 1101 和 0006 位置，隐患等级均为 1 级；错位 1 处，位于距涵管下游进口 16.94m 处，环向位置 0506，分缝处流水有明显落差，错位距离少于管壁厚度 1/2，隐患等级为 1 级；渗漏 1 处，上游闸门顶部出现线漏，水持续从缺陷点流出，由于渗漏发生在进口闸门顶部，推测其主要原因是闸阀止水橡胶破损，隐患等级为 2 级。

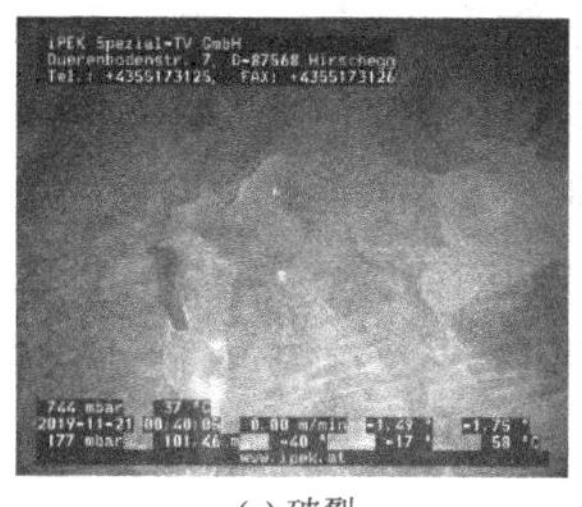

(a) 破裂

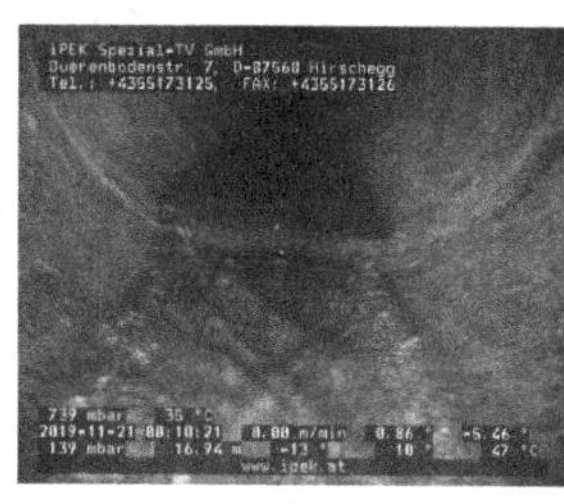

(b) 错位

(c) 渗漏

图 6.7　输水涵管隐患图

6.3.3　输水涵管评估

为合理评估输水涵管安全性态，引入《城镇排水管道检测与评估技术规程》（CJJ 181—2012）对管道的评估方法进行输水涵管评估。则输水涵管损坏状况参数 S 和最严重处的分值 $S_{\max}$ 分别可通过式（6.1）和式（6.2）进行计算得到。

$$S=\frac{1}{n}\left(\sum_{i_1=1}^{n_1}P_{i_1}+\alpha\sum_{i_2=1}^{n_2}P_{i_2}\right) \tag{6.1}$$

$$S_{\max}=\max\left\{P_i\right\} \tag{6.2}$$

式中，n 为输水涵管结构性隐患数量，本次输水涵管共检测出 4 个隐患点，故 $n=4$；n_1 为输水涵管纵向净距大于 1.5m 的隐患数量，本次检测隐患纵向净距均大于 1.5，故 $n_1=4$；n_2 为隐患纵向净距在 1.0m 到 1.5m 之间的数量，检测段无纵向间距在 1.0～1.5m 之间的隐患，故 $n_2=0$；P_{i_1} 为隐患纵向净距大于 1.5m 的分值，其中渗漏隐患为 2 级，分值为 2 分，其余隐患均为 1 级，分值为 0.5 分；P_{i_2} 为隐患纵向净距在 1.0～1.5m 之间的分值，检测段无纵向间距在 1.0～1.5m 之间的隐患，$P_{i_2}=0$；α 为输水涵管结构性隐患影响系数，$\alpha=1.1$。

则输水涵管结构性缺陷参数 F 可表示为

$$当\ S_{\max}\geqslant S\ 时，F=S_{\max} \tag{6.3}$$

$$当\ S_{\max}<S\ 时，F=S \tag{6.4}$$

经计算，水库输水涵管损坏状况参数 $S=0.88$，$S_{\max}=2$，故输水涵管结构性缺陷参数 $F=2$，$1<F\leqslant 3$ 输水涵管可综合评估为 2 级，输水涵管有明显缺陷，对其结构状况有一定影响，具有逐步恶化的趋势。

6.4　基于图像融合和改进阈值的图像增强技术

6.4.1　输水涵管探测图像缺陷

近年来，广东省水利水电科学研究院开展了近百宗管道机器人探测，为各种管道工程复核计算和安全评价提供依据，为落实“河长制”保障水安全提供了技术支撑。然而管道内由于光线昏暗、空气潮湿、大量颗粒悬浮等问题使得探测的图像普遍存在以下缺陷（图 6.8）：①管道内光线不足，其主要光源为管道机器人自带的 LED 灯，光照分布不均，当物体距光源较远时，照度不足导致物体整体轮廓模糊，而距光源较近时，照度过强产生镜面反射导致图像中出现亮白一片；②管道机器人自带的 LED 灯与自然光成像明显不同，管道中悬浮颗粒会散射和吸收物体表面反射光，照度明显不足，对比度低，细节模糊；③图像呈灰、白和黑色，图像处理时，可利用色彩信息少。管道机器人探测图像缺陷严重影响输水涵管隐患评判与分析，危及管道安全运行。因此，为保障涵管探测分析结果可靠性，须首先对管道机器人探测图像光照不均、对比度低、细节模糊的问题进行处理。

(a) 照度不足物体整体轮廓模糊

(b) 照度过强产生镜面反射

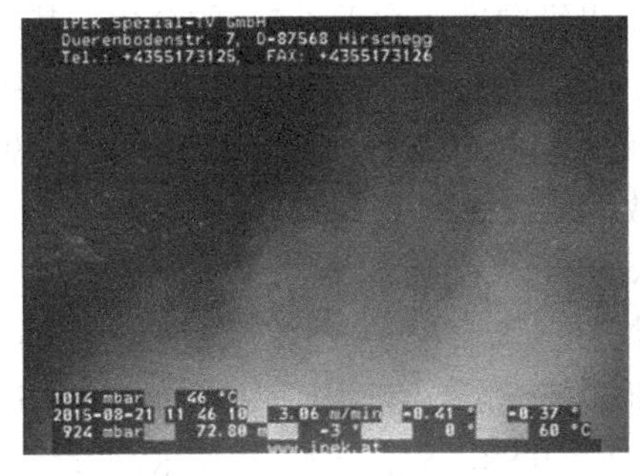

(c) 管道内雾气较重

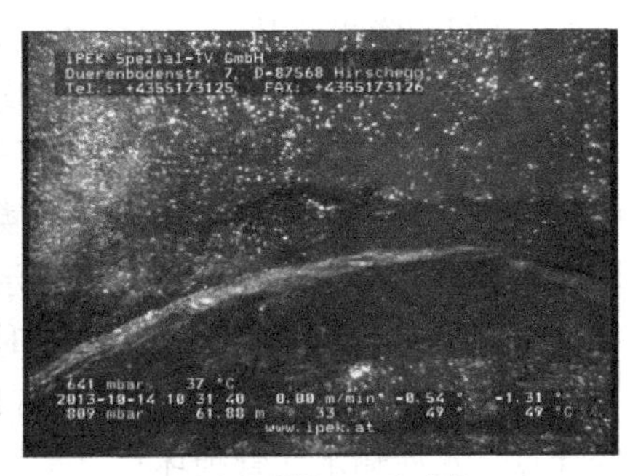

(d) 细节模糊、对比度低

图 6.8　典型管道机器人探测图像

为有效解决管道机器人获取的图像存在的光照不均、对比度低、细节模糊等问题，本节提出了一种基于图像融合和改进阈值的图像增强技术，该技术流程图如图 6.9 所示。其设计思路为根据管道机器人获取图像对光照不均和比度较低的特点，首先融合了 HF 和 CLAHE 方法的优势，提高图像的对比度和亮度；其次根据 Bayes-Shrink 阈值提出改进的阈值，使用 NSCT 对图像进行噪声抑制；最后使用映射函数对图像细节进行增强。

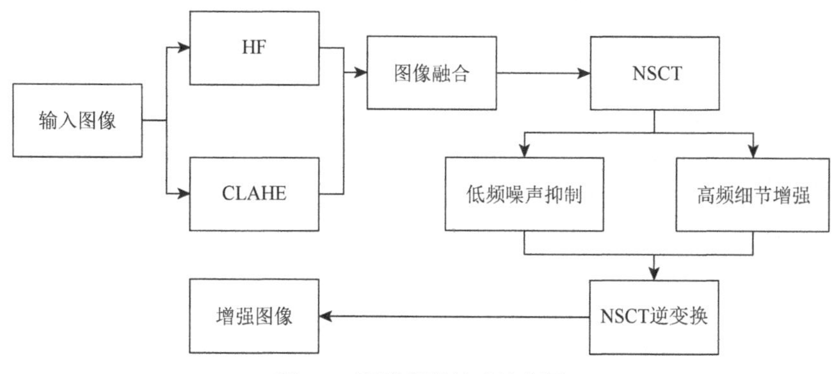

图 6.9　图像增强技术流程图

6.4.2　基于空域融合的对比度增强

同态滤波（HF）是一种频率图像增强方法，可基于图像的成像模型将亮度进行操作实现对比度增强，其基本步骤如图 6.10 所示。一幅图像 $f(x,y)$ 可以使用照度分量 $i(x,y)$ 与反射分量 $r(x,y)$ 的乘积得到：

$$f(x,y)=i(x,y)r(x,y) \tag{6.5}$$

进行对数变换，得到两个加性分量，即

$$\ln f(x,y)=\ln i(x,y)+\ln r(x,y) \tag{6.6}$$

进行傅里叶变换，得到其对应的频率表示系数：

$$\mathrm{DFT}\left[\ln f(x,y)\right]=\mathrm{DFT}\left[\ln i(x,y)\right]+\mathrm{DFT}\left[\ln r(x,y)\right] \tag{6.7}$$

设计一个频率滤波器 $H(u,v)$，进行频率域滤波操作，并进行傅里叶反变换，返回空域对数图像，取指数，即可得到空域结果图像。

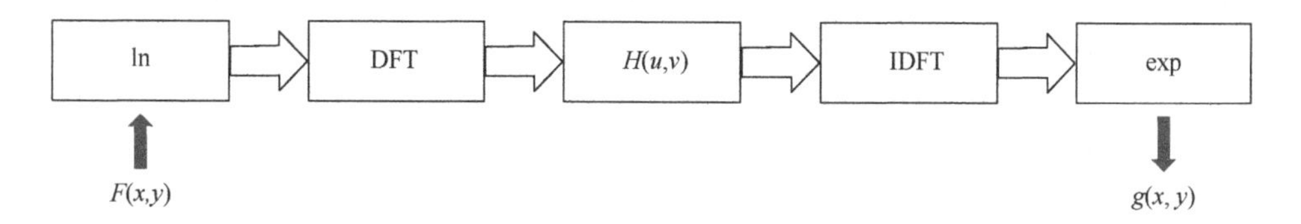

图 6.10　同态滤波的基本步骤

CLAHE 与普通自适应直方图均衡主要不同在于其对比度限幅，为克服 AHE 的过度放大噪声的问题，在 CLAHE 中对每个小区域都进行了对比度限幅。虽然 HF 和 CLAHE 都能提高图像的对比度，但是这 2 种方法各有优势，因此本研究提出对 HF 和 CLAHE 的结果进行加权融合，公式如下：

$$F(x,y)=w_1g_1(x,y)+w_2g_2(x,y) \tag{6.8}$$

式中，$g_1(x,y)$ 和 $g_2(x,y)$ 分别为 HF 和 CLAHE 的结果图像，w_1 和 w_2 为融合加权系数，$F(x,y)$ 为融合结果图像。由图 6.11 可知，空域融合图像包含了 HF 和 CLAHE 2 种方法的优点，提高了图像的局部对比度也改善了亮度不均。

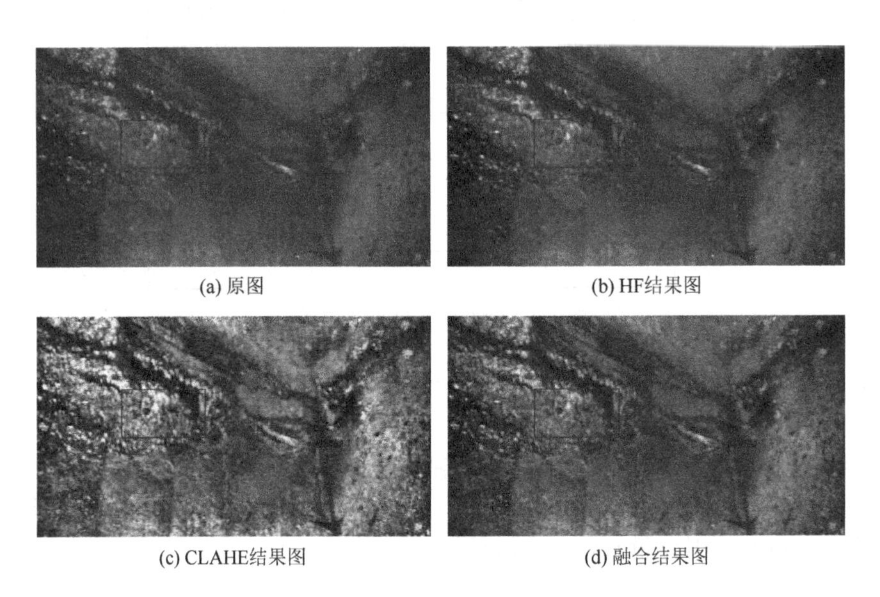

(a) 原图　(b) HF结果图　(c) CLAHE结果图　(d) 融合结果图

图 6.11　原图及 2 种方法融合前后图像结果对比

6.4.3　改进阈值函数

受探测环境限制，管道机器人获取的图像噪声较大，且 CLAHE 和 HF 在增强图像时会将噪声放大，需对图像进行去噪处理，NSCT 是一种新型平移不变，多尺度，多方向性的快速变换，是基于非下采样金字塔（nonsubsampled pyramid，NSP）和非下采样方向滤波器（nonsubsampled directional filter band，NSDFB）的一种变换。其操作方法为首先采用 NSP 对输入图像进行塔形分解，得到高通和低通 2 个部分，然后使用 NSDFB 将高频子带分解为多个方向子带，低频部分继续进行如上分解。图像通过 NSP 进行多尺度分解减少了采样在滤波器中的失真，获得了平移不变性。NSDFB 是一个双通道的滤波器，将分布在同方向的奇异点合成 NSCT 的系数。每个尺度下的方向子图的大小都和原图同样大小。

在小波域中，假设小波系数服从广义高斯分布，BayesShrink 阈值能获得接近于理想阈值的去噪效果。而图像经过 NSCT 变换后，其高频系数也符合广义高斯分布，故引入 BayesShrink 阈值：

$$T = \sigma_{\mathrm{n}}^2 / \sigma_{\mathrm{f}} \tag{6.9}$$

式中，σ_{n}^2 为噪声方差；σ_{f} 为信号标准差。

噪声经过 NSCT 多层分解之后，其值逐渐衰减变小，而边缘细节的值经过多层分解后逐渐变大，因此在 NSCT 域中，在不同尺度、不同方向的子带系数均有差异，因此对每一层均需采取不同的阈值。为此，本节提出了一种改进的阈值：

$$T_{\mathrm{t}} = \beta \times \sigma_{\mathrm{n}}^2 / \sigma_{\mathrm{f}} \tag{6.10}$$

噪声方差 σ_{n}^2 通过中值法得到：

$$\sigma_{\mathrm{n}} = \mathrm{med}\left(\left|w_{i,j}\right|\right) / 0.6745 \tag{6.11}$$

式中，$w_{i,j}$ 为 NSCT 域中不同尺度不同方向子带的系数。

信号方差 σ_{f}^2 可以采用最大似然估计法得到：

$$\sigma_{\mathrm{f}}^2 = \max\left[0, \frac{\sum_{i=1}^{m}\sum_{j=1}^{n} w_{i,j}^2}{S_{mn}} - \sigma_{\mathrm{n}}^2\right] \tag{6.12}$$

式中，S_{mn} 为子带图像大小。

第 l 个分解尺度第 d 个分解方向的阈值因子 $\beta(l,d)$ 可表示为

$$\beta(l,d) = \alpha^{l-1} \times \left(\left(\overline{|w(l,d)|}\right)\left(\overline{|\sigma_{\mathrm{n}}^2(l,d)|}\right)\right) / \left(\left(\overline{|w(l)|}\right)\left(\overline{|\sigma_{\mathrm{n}}^2(l)|}\right)\right) \tag{6.13}$$

式中，α 为一个常数，本研究取 0.95，从 α^{l-1} 可以看出随分解层数增加，噪声的系数越来越小，符合噪声系数随分解层数增加噪声系数逐渐变小的特点；$\left(\overline{|w(l,d)|}\right)$ 和 $\left(\overline{|\sigma_{\mathrm{n}}^2(l,d)|}\right)$ 分别为第 l 个分解尺度第 d 个分解方向系数的绝对值的均值和方差；$\left(\overline{|w(l)|}\right)$ 和 $\left(\overline{|\sigma_{\mathrm{n}}^2(l)|}\right)$ 分别为第 l 个分解尺度系数绝对值的均值和方差。

通过改进，可以更多地保留高层子带的系数，抑制底层子带的噪声，有助于增强图像的清晰度。

6.4.4　细节增强

由于 CLAHE 和 HF 不能较好地对图像细节进行增强，通过 NSCT 高频系数操作可实现图像细节的增强。为便于 NSCT 对图像细节的提取和增强，首先对图

像对比度进行了有效的增强。由于 NSCT 可有效地捕捉图像每个方向的细节，故仅需对细节系数进行合理的调节，即可获得理想的结果。

NSCT 高频系数可分为 3 种：噪声系数、弱边缘系数和强边缘系数。噪声系数绝对值相对较小，需对其进行抑制，采用本研究改进的 BayesShrink 噪声阈值对其进行简单的置零操作即可抑制噪声；弱边缘系数绝对值大小适中，对其进行适当的放大，则可有效地增强弱边缘；强边缘系数绝对值相对较大，不需要进行增强处理，直接保留。细节增强操作可表示为

$$w(i,j)=\begin{cases}0 & |w(l,d)|\leqslant T\\ \lambda\times w(i,j) & T<|w(i,j)|\leqslant \mu\times\max|w(l,d)|\\ w(l,d) & \mu\times\max|w(l,d)|<|w(i,j)|\end{cases}\tag{6.14}$$

式中，T 为第 l 个分解尺度第 d 个分解方向得到的噪声阈值；$\max\left|w(l,d)\right|$ 为第 l 个分解尺度第 d 个分解方向系数绝对值的最大值；λ 为增强系数（$\lambda>1$），本研究取 1.5；μ 为系数因子（$0<\mu<1$），本研究取 0.8。为更大限度地增强弱边缘，该细节增强操作产生了系数跳跃，但本次试验结果良好，未出现系数幅值跳跃对结果造成振荡的情况。

6.4.5　图像增强技术验证

为验证提出的基于图像融合和改进阈值的管道机器人探测图像增强技术的有效性，选取 5 幅典型管道机器人探测图像，分别编号为 P1、P2、P3、P4 和 P5，并将本研究方法与 4 种图像增强方法（HE、CLAHE、HF 和文献方法）进行对比试验，其中文献方法为一种目前最新的图像增强方法。操作平台为 Windows 7，内存为 16GB，编程软件为 Matlab2016a。本研究方法和文献方法使用的方向滤波器为“dmaxflat7”，金字塔滤波器使用的是“maxflat”。通过多次参数设定测试，将同态滤波中滤波器的截止频率设定为 80Hz，高频增益设置为 2.2，低频增益设定为 0.5，锐化系数设定为 1.6；HF 和 CLAHE 的融合参数 w_1 和 w_2 分别设置为 0.4 和 0.6。管道机器人探测图像为彩色的，故分别对图像的 RGB3 个通道进行增强处理。

管道机器人探测原图像与采用 5 种方法增强后的图像如图 6.12～图 6.16 所示。可知：HE 虽然增强了整体对比度但不能较好地增强局部对比度；CLAHE 可有效地增强局部的对比度；HF 可以提高图像的整体和局部对比度，但是其没有 CLAHE 对局部对比度提升得好；文献方法虽然增强了图像的细节，但是并没有对图像的对比度有太大的提升；本研究方法结合了 HF、CLAHE 和 NSCT 的优势，可有效地提高图像的整体和局部对比度，并有效地增强图像的细节。

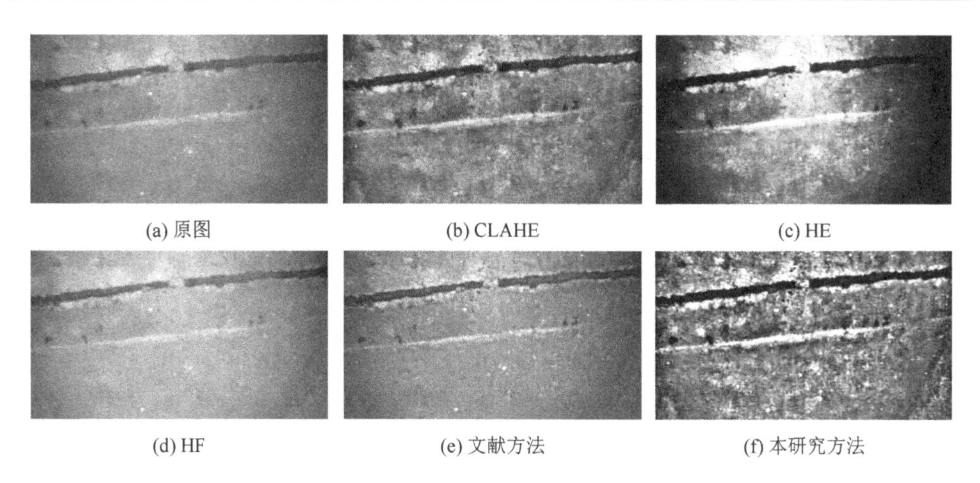

图 6.12　P1 原图及不同方法的增强图像结果示意图

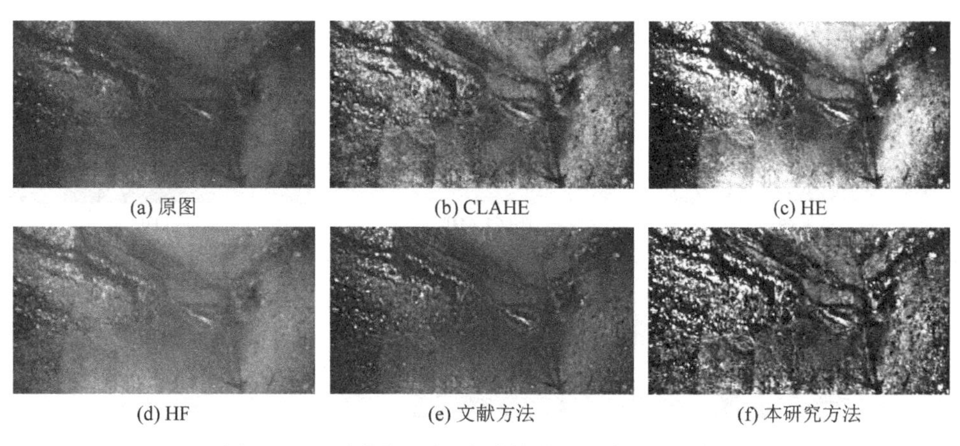

图 6.13　P2 原图及不同方法的增强图像结果示意图

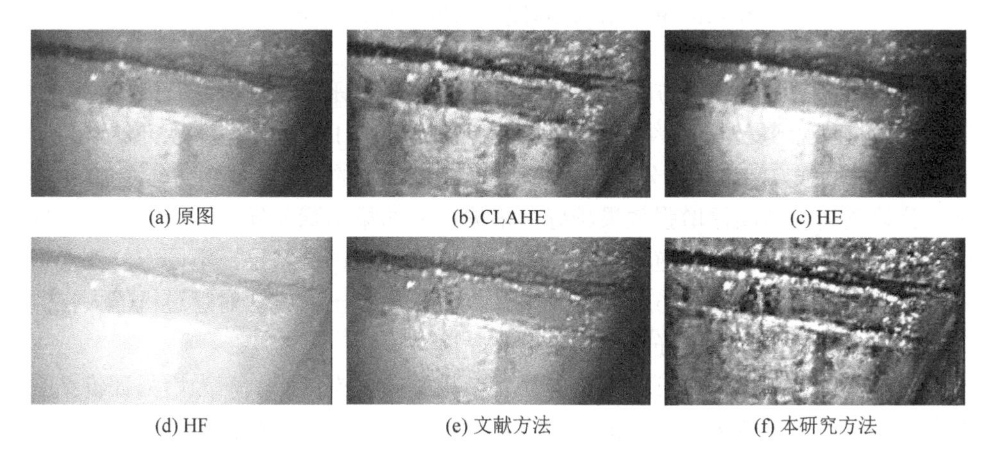

图 6.14　P3 原图及不同方法的增强图像结果示意图

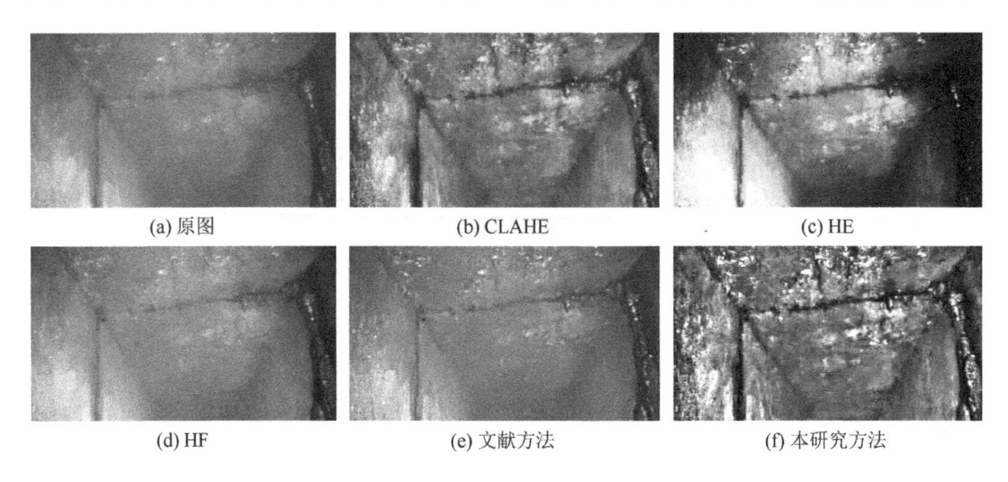

图 6.15　P4 原图及不同方法的增强图像结果示意图

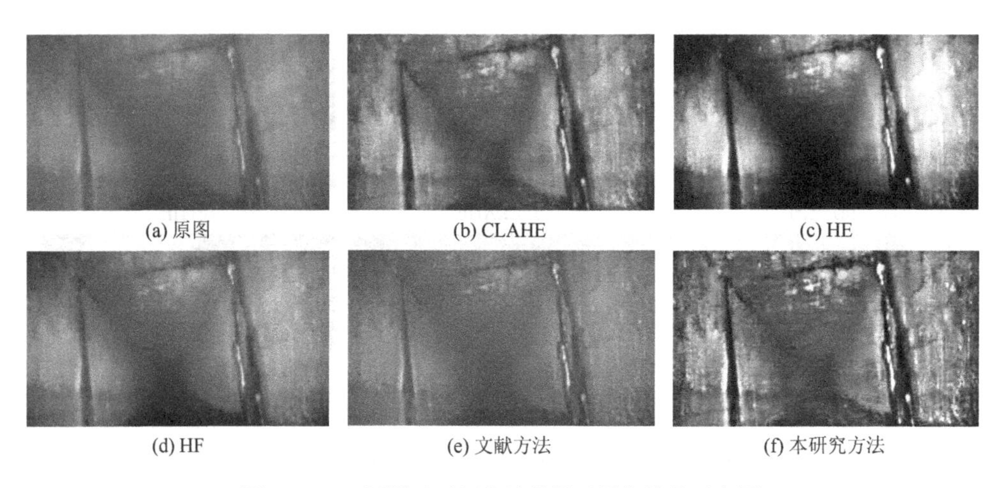

图 6.16　P5 原图及不同方法的增强图像结果示意图

目前图像增强的评价方法主要有人为评价和客观评价 2 种方法。人为评价是通过人眼的直观感受对增强结果进行评价，本次邀请了 10 位评价者，凭借人类视觉感知对 5 种增强方法进行打分，分数从 0.1～1.0 按 0.1 的梯度从低到高分为 10 个等级，分数越高说明图像增强效果越好，根据评分结果剔除差异性较大的样本，取剩余样本的平均值作为管道机器人探测图像增强主观评价结果，不同方法图像增强平均主观质量分数如表 6.1 所示。可知，本研究提出的方法对管道机器人探测图像增强主观评价分数最好，增强效果最好。

人为评价具有一定的可信度，但易受个人主观因素的影响，为增强评价结果可靠性，对 5 种增强方法处理的管道机器人探测图像进行客观评价。客观评价方法为信息熵评价法和对比度增加指数评价法，信息熵计算公式为

$$H = -\sum_{i=1}^{255} P_i \lg P_i \tag{6.15}$$

式中，P_i 为灰度值 i 出现的概率。

对比度增加指数计算公式为

$$E = \frac{C_F}{C_0},\ C = \frac{G_{max} - G_{min}}{G_{max} + G_{min}} \tag{6.16}$$

式中，C_F 为增强结果图的对比度；C_0 为原始图像的对比度；G_{max} 为区域的像素值的最大值；G_{min} 为区域的像素值的最小值。本研究在计算对比度时，将图像进行分块处理，每一块大小为 16×16 。

表 6.1　不同方法图像增强效果评价参数表

编号	CLAHE			HE			HF			文献方法			本研究方法		
	S_1	S_2	S_3	S_1	S_2	S_3	S_1	S_2	S_3	S_1	S_2	S_3	S_1	S_2	S_3
P1	0.78	7.25	2.86	0.75	5.98	3.23	0.50	7.05	1.17	0.55	7.13	1.58	0.80	7.35	3.30
P2	0.65	7.51	2.11	0.70	5.96	2.29	0.78	6.66	1.11	0.50	6.82	1.52	0.80	7.52	2.82
P3	0.70	7.59	2.40	0.68	5.99	2.06	0.60	7.46	0.82	0.50	7.56	1.43	0.85	7.71	2.48
P4	0.70	7.25	2.89	0.60	5.98	3.12	0.65	7.07	1.47	0.75	7.03	1.34	0.88	7.39	3.34
P5	0.70	7.19	2.68	0.50	5.97	3.23	0.60	7.07	2.01	0.65	6.71	1.39	0.80	7.31	3.44

注：S_1 为平均主观质量分数，S_2 为信息熵，S_3 为对比度增加指数。

5 种方法增强图像信息熵和对比度增加指数的值如表 6.1 所示。可知，CLAHE 信息熵较高，说明图像中包含了更多的信息；HE 信息熵较低，包含的信息较少；文献的方法只对细节进行增强，因此其信息熵也较低；HF 虽然可以消除光照不均，但在提升图像对比度上并没有太大的优势；本研究方法充分使用了 CLAHE、HF 和 NSCT 方法的优势，有效地提升局部对比度和细节信息，因此信息熵较高，包含的细节信息最多。HE、CLAHE 和本研究方法在对图像对比度增强上效果较好，本研究方法对比度增加值最高，图像最容易辨识。

6.5　CCTV 和三维激光扫描联合定位技术

龙潭水库位于广州市从化区，水库大坝为均质土坝，坝顶宽度 4m，最大坝底宽度 154.95m，最大坝高 28.40m，坝轴线长 400m。水库设计洪水位 216.60m，相应库容 612.7 万 m^3；校核洪水位 216.90m，总库容 633.5 万 m^3。水库按 50 年一遇设计，500 年一遇校核的洪水标准进行防洪复核，水库的工程等别为Ⅳ等，为小（1）型水库，主要建筑物级别为 4 级，次要建筑物为 5 级。工程主要建筑物包括土坝、溢洪道和输水涵管等。

输水涵管位于大坝右坝段坝体内，是直径为 0.80m 钢筋混凝土圆管，进口高程为 198.00m，设置转动门盖板控制放水。有压管段内径 $D = 0.80$m，设计输水流量 $Q = 1.3\text{m}^3/\text{s}$。

6.5.1 CCTV 检测

检测人员将 CCTV 检测系统从输水涵管入口放入，操作人员通过操作操控面板上的键盘和操纵杆来控制爬行车在管道内的前进速度和方向，控制摄像头在管道内部的摄像方向、镜头焦距、灯光亮度等；拍摄的管道内部影像和参数（日期时间、水平竖直方位、前进距离等）则通过电缆传输到操控面板显示屏上，操作员可实时监测管道内部状况，同时将原始影像数据记录并存储下来，以便做进一步的评估分析（图 6.17）。当完成 CCTV 检查的外业工作后，根据相关规范规程和要求对管道检查的录像资料进行缺陷编码和抓取缺陷图片，进行缺陷分析并编写检查评估报告，以指导下一步的管道修复或养护工作。

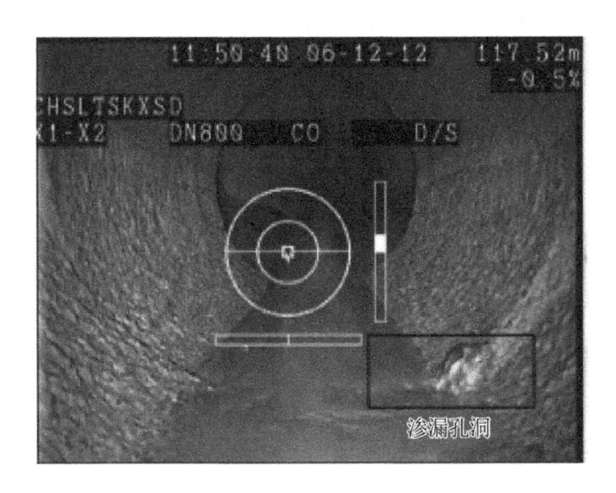

图 6.17　CCTV 拍摄隐患图

6.5.2 三维激光扫描

本次对大坝扫描共设 10 站，标靶 30 个（次），检测人员通过三维点云处理软件提供的坐标匹配功能，将扫描得到的 10 站点云数据在软件中进行标靶拼接或者点云拼接，将各测站测得的点云数据拼接成为同一个坐标系下的完整点云模型。

点云模型经过复杂的技术处理可以生成投影图、剖面图、等值线图等，并可以根据具体的应用需要将模型以 CAD 的格式输出，也可以根据点云数据对模型进行渲染重构得到晕渲图。

此次采用 Leica ScanStation C10 对工程进行整体扫描，得到水库大坝的整体模型，再通过 Cyclone 软件进行处理，获得输水涵管中心线处的大坝剖面，如图 6.18 所示。

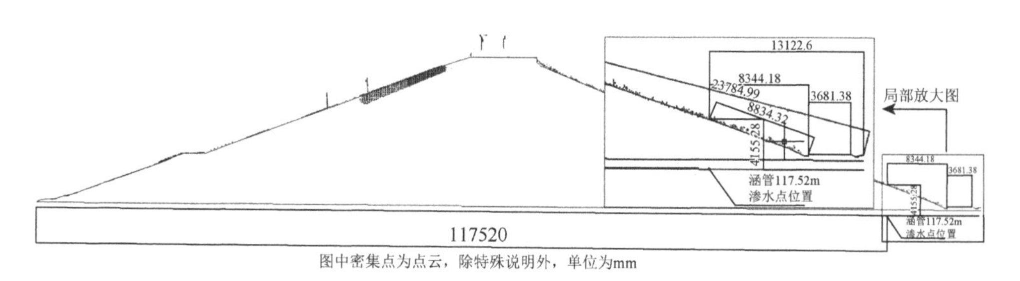

图 6.18　输水涵管所在剖面点云及 CAD 描线图

6.5.3　综合数据处理

利用 CCTV 所测得的渗漏点的位置，再经过三维数据处理所得到的输水涵管中心线坝体剖面图，经过几何换算，可以得到涵管渗漏点在背水坡对应的位置。

6.5.4　检测成果

图 6.19 就是综合运用三维激光扫描仪 Leica ScanStation C10 和 CCTV 检测系统的成果，其中大坝剖面和输水涵管进水口出水口的定位由 Leica ScanStation C10 获得，管道内的隐患位置和特征由 CCTV 检测系统获得。

6.6　本 章 小 结

（1）针对穿堤坝涵管特点，总结了适用于穿堤坝涵管 CCTV 检测程序，明确要求在开展穿堤坝涵管检测时，至少提前 24h 关闭输水涵管闸阀，以保证涵管在排水过程中产生的雾气散去，该套程序有效保障了穿堤坝涵管 CCTV 检测成果的质量。

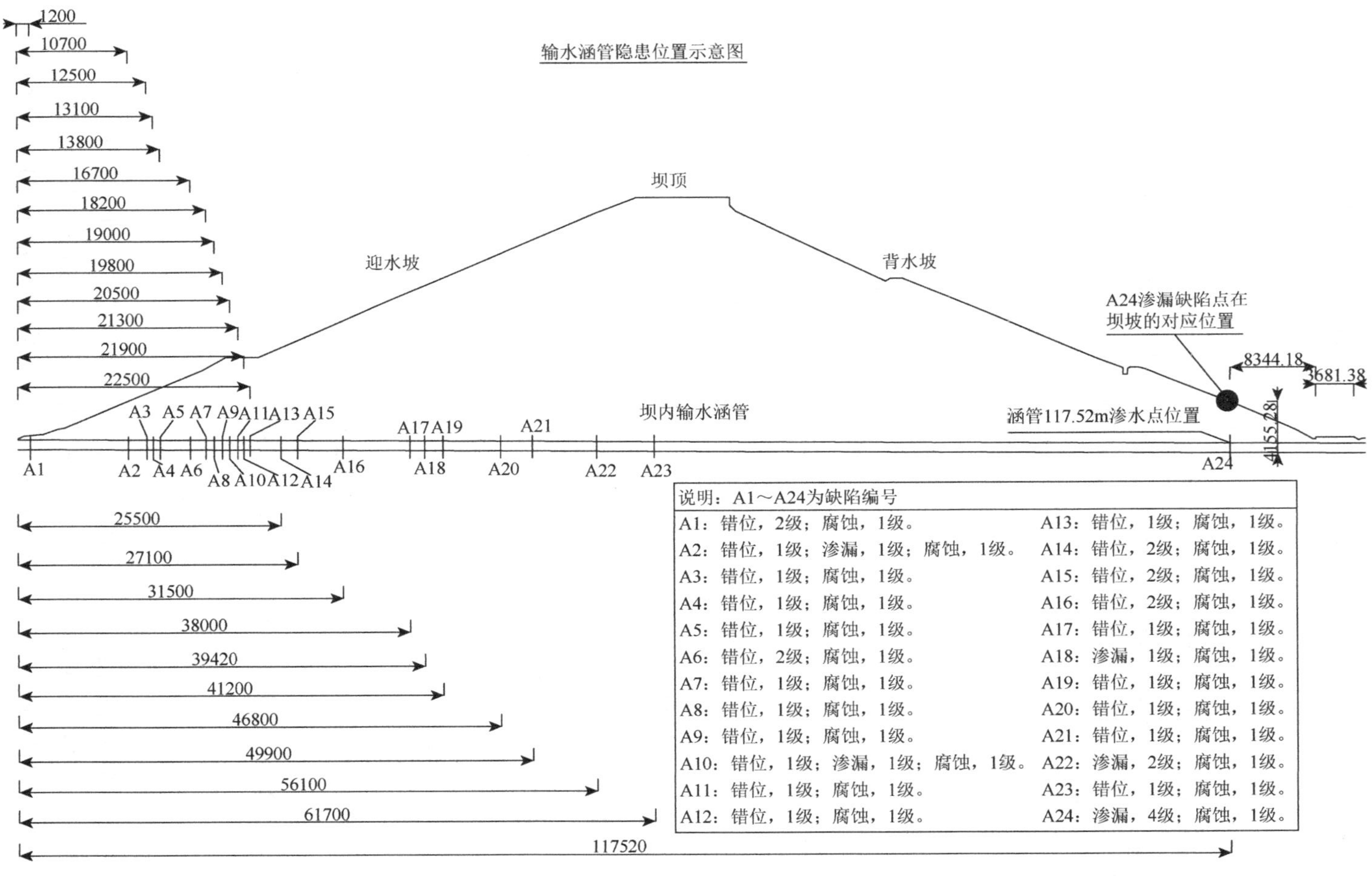

图 6.19　输水涵管隐患位置汇总图（除特殊说明外，单位为 mm）

（2）基于开展的近百宗管道机器人探测成果的综合分析，系统总结了管道机器人探测图像中普遍存在的问题：光照分布不均，照度明显不足，对比度低，细节模糊，图像呈灰、白和黑色，可利用色彩信息少。

（3）针对管道机器人探测图像存在的普遍缺陷，提出了一种基于图像融合与改进阈值的管道机器人探测图像增强方法，并采用多种评价方法对提出的增强方法进行验证，结果表明提出的图像增强方法平均主观质量分数、信息熵和对比度增加指数均明显优于试验采用的其他方法，对比度增加值最高，细节信息最丰富，增强后的图像最容易辨识。

（4）综合 CCTV 检测的直观性、便利性、精确性和三维激光扫描技术的高精度、数字化的特点，融合创新了一种全新的水利工程管道检测方法，这种方法能快速直观定位管道隐患，使除险加固更具有针对性。

第 7 章　堤坝安全评价创新理论与方法研究

7.1　引　　言

对堤坝开展安全评价，基础在于对堤坝的渗漏、缺陷等各种隐患能有效探测。而前述各种新的堤坝隐患诊断技术的应用，最终目的就是为了评价堤坝的安全状态。由于堤坝的安全状态是一个受多种因素影响的复杂系统，各因素间既存在层次关系，又存在随机性和模糊性，因此，本章在前述堤坝隐患探测技术和现有堤坝安全评价标准的基础上，进一步对堤坝安全评价方法深入研究，建立堤坝安全综合评价体系。通过对传统的 AHP 方法、G1 法进行改进，计算得到指标的主观权重，采用熵权法计算专家自身权重，并进行优化组合，使得各指标的权重分配更加科学、合理。参考现有堤坝安全评价规范的评级标准，以现场质量检测和安全评价复核结果为基础，通过专家组群决策，综合考虑影响堤坝安全的因素，融合各个安全因素的影响，分别建立定量化安全评价模型、模糊风险综合评价模型和云模型对堤坝进行安全评价，为工程后续采取除险加固措施提供科学依据。

由于过去缺乏相应的安全评价技术标准和工作要求，堤防安全评价工作开展起来难度很大，且对很多问题的看法存在争议，难以统一。为判别已建堤防工程的安全类别，规范开展堤防工程安全评价工作，确保堤防安全运用，通过编制《堤防工程安全评价导则》(DB44/T 1095—2012)，对堤防工程安全评价的原则、程序、资料、内容、要求和评价分类标准等进行了规定，对具体的计算分析方法、参数、指标等不作详细规定，而是结合堤防工程和海堤工程等相关规范加以明确，具有对具体细节不作专门要求、注重评价原则、内容和方法的规定、科学合理界定堤防工程安全分类标准的特点，该导则是国内首个堤防工程安全评价标准。

7.2　堤防工程安全评价标准研究

7.2.1　堤防工程安全评价原则

在进行堤防工程安全评价时，堤防安全可定义为：堤防现状能够满足现行标准的要求。要确定堤防现状是否能满足现行标准的要求，首先必须明确堤防工程级别，不同级别的堤防工程所对应的安全要求是不同的。堤防工程级别应根据保护对象的防洪标准来确定（表 7.1）。由于堤防多是不同历史时期的产物，在运行一定时间后，防护区防护对象会发生改变，往往与建堤之初或除险加固时有一定差异，在安全评价时，堤防工程级别应根据防护对象现状或规划的防洪（潮）标准确定。

表 7.1　堤防工程级别

江、河、湖堤	防洪标准[重现期（年）]	≥100	<100 且≥50	<50 且≥30	<30 且≥20	<20 且≥10
	堤防工程级别	1	2	3	4	5
海堤	防潮（洪）标准[重现期（年）]	>100	≤100 且>50	≤50 且>30	≤30 且>20	≤20
	堤防工程级别	1	2	3	4	5

堤防安全评价周期应根据工程级别、类型、历史或保护区经济社会发展状况等来确定，一般每 5～15 年进行一次，原则上新建堤防竣工验收后 5 年内作首次安全评价，“老堤”原则上 6～15 年一次；当出现较大洪水、发现严重隐患的堤防应及时进行安全评价。由于堤防工程与水库大坝不同，一般长度较长，不同堤段的运行条件和安全状况差别较大，在一些情况下，其安全评价是针对出险堤段或安全存在问题的堤段进行，因此，为便于实施和操作，安全评价对象可以是堤防整体，也可以是局部堤段。堤防安全评价应划分评价单元，宜以独立核算的水管单位管辖的全部堤防或局部堤段进行评价。评价范围应包括堤防本身、堤岸（坡）防护工程，有交叉建筑物（构筑物）的还应根据其与堤防接合部的特点进行专项论证。此外，在进行安全评价时，应选择有代表性的典型断面进行分析。

7.2.2　堤防工程安全评价内容

《堤防工程设计规范》（GB 50286—2013）规定：“堤防安全评价应包括现状调查分析、现场检测和复核计算工作。”其中，对于复核计算工作内容，要求“复核堤顶高度、堤坡的抗滑稳定、堤身堤基渗透稳定、堤岸的稳定及穿堤建筑物安全等”。因此，堤防工程安全评价内容应包括：工程质量评价、工程运行管理评价、防洪安全复核、渗流安全复核、结构安全复核、工程安全综合评价等。考虑到堤防工程一般都有交叉建筑物，交叉建筑物（尤其是穿堤建筑物）所处位置往往是其薄弱环节，运行中容易出现问题。在进行堤防工程安全评价时，不能只对堤本身的安全进行评价，而应将交叉建筑物的安全评价纳入其综合评价结论当中。就交叉建筑物而言，穿堤建筑物如水闸、泵站目前已有相应的安全评价标准，在安全评价时可直接采用进行安全评价；对于跨堤建筑物，一般可不进行工程安全复核，主要评价其对堤防工程防洪安全的影响。因此，建立了堤防工程安全评价标准体系（图 7.1）。堤防工程安全评价要收集工程设计、施工、管理以及与安全评价相关的社会经济、水文、气象、地形、地质等资料，其中工程现状材料参数取值对安全评价结论影响很大。由于堤防工程一般较长，要进行大范围的、全面的

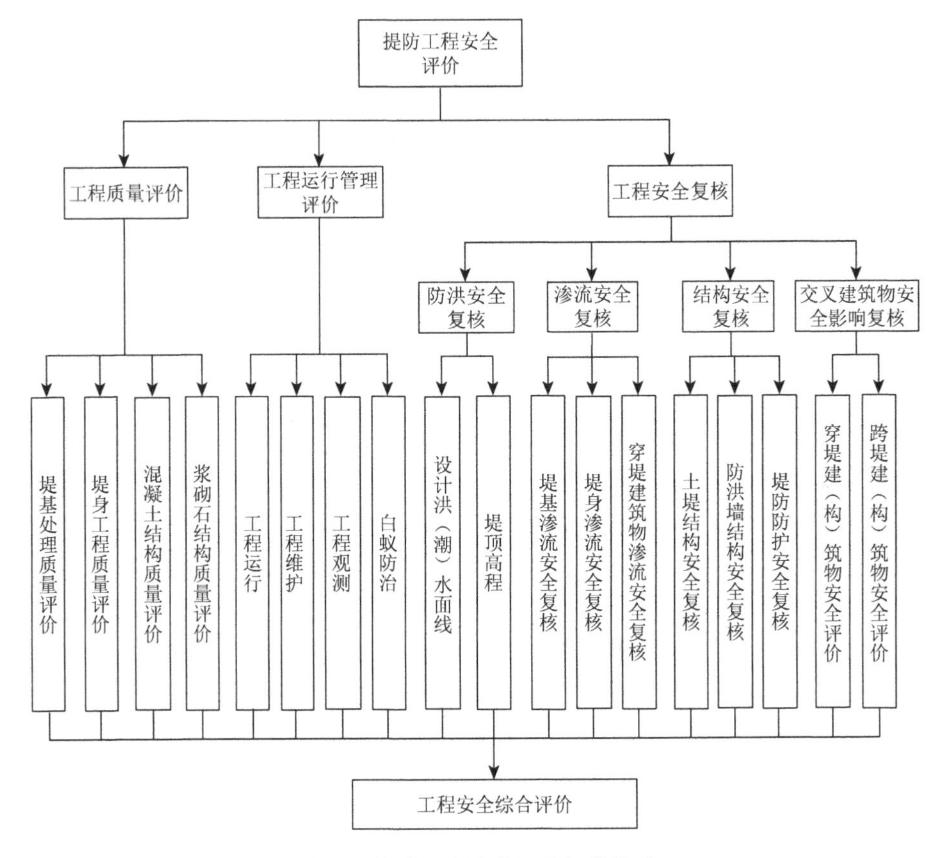

图 7.1　堤防工程安全评价标准体系

测量、勘察、试验或质量检测工作投入很大，为便于实施，在进行评价时，对出现过影响工程安全现象、质量存疑或资料不齐全的堤段，应进行补充测量、勘察、试验或质量检测等复查工作，复查时布置适量的地质钻孔，查明堤身、堤基情况。补充勘察、质量检测应遵循下列要求：

（1）应与工程安全评价内容相协调。

（2）宜在非汛期进行。

（3）应选择在能较好地反映工程实际安全状态的部位进行。

（4）宜采用无损检测方法，如必须采用破损检测，应在检测结束后及时予以修复。

7.2.3 堤防工程质量评价

堤防工程质量评价主要是通过现场安全检查，辅以必要的手段，对现状工程质量与设计要求进行对比，评价现状工程质量。工程质量评价可采用下列方法：

（1）现场巡视检查。通过直观检查或辅以简单测量、测试，复核堤防各部分的体形尺寸、外部质量以及运行情况等是否达到了现行标准的要求。

（2）历史资料分析。对有资料的堤防通过工程施工期的质量控制、质量检测、监理、验收报告以及运行期管理记录（包括安全监测）等档案资料进行复查和统计分析；对缺乏资料的堤防，通过走访收集资料，并与有关标准相对照，评价工程的施工质量。

（3）勘探、试验检查。根据需要对堤身或堤基进行补充勘探、试验或原位测试检查，取得参数，并据此进行评价。

堤防工程质量评价包括堤基处理质量评价、堤身工程质量评价、混凝土结构质量评价、砌石结构质量评价等内容。堤基质量评价应根据堤基特性和土层结构，复查堤基处理方法的可靠性和处理效果等，重点复查含有“老口门”、古河道、地震断裂带的堤基以及软弱堤基、透水堤基处理的工程质量是否达到有关标准要求。堤身工程质量评价的复查重点是填料压实度或相对密度合格率，填料的性质和强度、变形及防渗、排水性能是否满足规范要求，防渗体和反滤排水体是否可靠，堤坡是否稳定。混凝土结构质量评价的重点是混凝土结构的整体性、耐久性以及基础处理的可靠性，对已发现的裂缝、剥蚀、漏水等问题需进行调查、检测，并分析其对堤防稳定性、耐久性以及整体安全的影响。砌石结构质量评价的重点是砌石结构的整体性以及基础处理的可靠性，对已发现的倾斜、裂缝、砂浆脱落、石块松散、浆砌石漏水等问题需进行调查、检测，并分析其对堤防稳定性、耐久性以及整体安全的影响。

综合堤基处理质量、堤身工程质量、混凝土结构质量、砌石结构质量等的评价结论，可将堤防工程质量分为三类：

（1）实际工程质量均达到现行标准和设计要求，且工程运行中未暴露出质量问题，工程质量评价为优良。

（2）实际工程质量大部分达到现行标准和设计要求，或工程运行中已暴露出某些质量缺陷，但尚不影响工程安全，工程质量评价为合格。

（3）实际工程质量大部分未达到现行标准和设计要求，或工程运行中已暴露出严重质量问题，影响工程安全，工程质量评价为不合格。

7.2.4 堤防工程运行管理评价

运行管理评价的目的是为安全评价提供堤防工程的运行、管理及性状等基础资料，作为堤防工程安全综合评价及分类的依据之一。运行管理评价重点是考评运行管理有关制度的制定、落实以及已发现问题的处理情况，评价应涵盖工程整个运行期，重点评价工程现状。堤防工程运行管理评价内容包括：

（1）堤防工程是否明确管理体制、机构设置和人员编制，是否明确工程管理和保护范围，管理部门是否按要求进行管理。

（2）工程是否按审定的防洪规程合理运用，各项设施和设备是否完备，是否制定了应急预案，各项规章、制度或计划（或文件）是否齐全并落实。

（3）堤防工程是否得到完好的维护，并处于完整的可运行状态。

（4）工程观测项目和设施是否合理，观测是否得到有效实施，观测资料是否整编分析。

（5）白蚁（害堤动物）防治工作是否有效实施，工程是否达到无蚁害（无害堤动物）堤坝标准并通过达标验收。

（6）管理单位是否收集并妥善保存堤防相关的工程资料和运行管理资料。

根据以上几方面的评价结论，可将堤防工程运行管理分为三类：

（1）堤防工程维护良好，运行管理正常，运行管理评价为好。

（2）堤防工程维护尚可，运行管理基本正常，运行管理要求的大部分内容已按相关要求做到，运行管理评价为较好。

（3）运行管理要求的大部分内容未按相关要求做到，或运行管理存在严重影响堤防安全的缺陷，运行管理评价为差。

7.2.5 堤防工程安全复核

堤防工程安全复核包括：防洪安全复核、渗流安全复核、结构安全复核、交叉建筑物安全影响复核，评价结果分为A、B、C三级，其中，A级为安全可靠；B级为基本安全，但有缺陷；C级为不安全。

1. 防洪安全复核

防洪安全复核应根据堤防工程原设计洪（潮）水位和堤防工程建成后的洪（潮）水情变化、堤防工程所在河段的河道演变情况进行设计洪（潮）水面线复核，并考虑堤防工程保护范围内经济社会发展情况，评价堤防工程现状防洪能力是否满足现行有关标准要求。防洪安全复核应明确给出以下结论：

（1）原堤防工程设计防洪标准和堤防级别是否需要修改。

（2）堤防的实际防洪能力是否满足国家现行标准的要求。

堤防工程安全评价时，如论证得出堤防工程防洪标准和堤防级别与原设计不同，则需要按照修改后的现状防洪标准和级别来进行安全评价。通过计算复核，堤防防洪安全一般存在两种情况，一种是堤防实际防洪能力能够满足国家现行标准的要求，另一种是堤防的实际防洪能力不能够满足国家现行标准的要求。在进行堤防工程防洪安全复核时，我们可采用分级来界定不同情况下对应的堤防防洪安全状况，分级原则如下：

（1）堤顶高程均满足标准要求，防洪安全定为 A 级。

（2）堤顶高程不满足标准要求，但欠高不大于 0.3m，防洪安全定为 B 级。

（3）不满足 A 级和 B 级条件的，防洪安全定为 C 级。

选择欠高在 0.3m 以内作为 B 级的设定标准，是基于堤防的安全加高值来考虑的。根据有关规定，堤顶高程应按设计洪水位或设计潮水位加堤顶超高确定，堤顶超高由设计波浪爬高、设计风壅水面高度和安全加高值三部分组成，其中设计洪（潮）水位加设计波浪爬高和设计风壅水面高度是设计洪（潮）水实际到达的高度，安全加高值只是一种安全储备。由表 7.2 可知，当堤防按不允许越浪设计时，1～5 级堤防的最小安全加高值为 0.5m；当堤防按允许越浪设计时，1～5 级堤防的最小安全加高值为 0.3m。当局部堤段堤顶高程欠高在 0.3m 以内时，不论按允许越浪或不允许越浪设计，1～5 级堤防的堤顶（防浪墙顶）高程均高于设计洪（潮）水实际到达的高度，可认为是基本安全的，只是安全储备较小或没有安全储备。由于堤防工程不同于水库，其水头相对较低，失事影响相对更小，堤顶高程不满足标准要求时，补救及抢险也相对更加容易，因此，可考虑将堤顶高程不满足标准要求但欠高在 0.3m 以内的堤防工程防洪安全定为 B 级。

表 7.2　堤防工程的安全加高值

堤防工程的级别		1	2	3	4	5
安全加高值/m	不允许越浪的堤防	1.0	0.8	0.7	0.6	0.5
	允许越浪的堤防	0.5	0.4	0.4	0.3	0.3

2. 渗流安全复核

渗流安全复核应分析堤防当前实际渗流状态和已有渗流控制设施能否满足现行有关标准安全要求。渗流安全复核包括以下内容：

（1）复核工程的防渗与反滤排水设施是否完善，设计、施工是否满足现行有关标准要求。

（2）针对工程运行中发生过的异常渗流现象进行分析，判断是否影响工程安全。

（3）分析工程现状条件下各防渗和反滤排水设施的工作状态，并预测在不利设计工况运行时的渗流安全性。

渗流安全复核方法主要有：现场检查法、监测资料分析法、计算分析法等。现场检查法对工程现场进行检查，当发生以下现象时可认为堤防的渗流状态不安全或存在严重渗流隐患：①堤身、堤基及穿堤建筑物周边的渗流量在相同条件下不断增大、渗漏水出现浑浊或可疑物质、出水位置升高或移动等；②堤身临背水坡湿软、塌陷、出水，堤脚严重冒水翻砂、松软隆起或塌陷，外江出现漏水漩涡、铺盖产生严重塌坑或裂缝等；③堤身与穿堤建筑物接合部严重漏水，渗漏水浑浊等。监测资料分析法是根据渗透压力、渗流量及其变化规律，判断堤防渗流的安危程度。计算分析法则根据工程现状的具体情况、地质条件和渗透系数等，按现行有关标准进行复核计算，当有监测资料时，应与监测资料比较分析，判断堤防渗流的安全状况。

渗流安全复核的分级原则如下：

（1）渗透坡降和覆盖层盖重满足相关标准的要求，且运行中无渗流异常现象的，其渗流安全定为 A 级。

（2）渗透坡降和覆盖层盖重满足相关标准的要求，运行中存在局部渗流异常现象但不影响堤防安全的，其渗流安全定为 B 级。

（3）渗透坡降和覆盖层盖重不满足相关标准的要求，或工程已出现严重渗流异常现象的，其渗流安全定为 C 级。

3. 结构安全复核

结构安全复核应分析现状堤防能否满足现行有关标准的结构安全性要求，复核重点应为运行中曾出现或可能出现结构失稳的险工、险段。结构安全评价应得出如下明确结论：

（1）堤防的结构安全是否满足标准要求。

（2）堤防是否存在危及安全的变形和隐患。

结构安全复核应选取典型断面进行，复核计算与现场检查、补充勘查、试验检测和监测资料分析相结合，其中计算参数按堤防现状选定。

土堤结构安全复核主要包括：

（1）堤顶宽度和堤身坡度。

（2）临背水堤坡稳定性。

（3）堤坡、堤脚的抗冲稳定性。

防洪墙结构安全复核主要包括：

（1）墙体强度。

（2）墙体变形和稳定性。

堤岸防护工程结构安全复核主要包括：

（1）防护体强度。

（2）防护体抗冲稳定性。

结构安全评价分级原则如下：

（1）结构安全均满足标准要求，且未发现危及安全的变形和隐患的，其结构安全定为 A 级。

（2）结构安全不满足标准要求，但抗滑、抗倾覆稳定安全系数能满足工程级别降低一级的相应要求，同时未发现危及安全的变形和隐患，其结构安全定为 B 级。

（3）不满足 A 级和 B 级条件的，其结构安全定为 C 级。

4. 交叉建筑物安全影响复核

交叉建筑物安全影响复核目的是评价交叉建筑物（构筑物）对堤防安全的影响，作为堤防安全综合评价及分类的依据之一。交叉建筑物分为穿堤建筑物和跨堤建筑物，穿堤建筑物包括涵、闸、泵站、管道等，跨堤建筑物包括桥梁、渡槽、管道、线缆等。对穿堤的各类建筑物应按现状进行验算和复核，确保满足下列要求：

（1）满足防洪要求。

（2）运用状况良好。

（3）结构强度满足要求。

（4）周边填土的厚度和密实度满足设计要求。

（5）分段的接头和止水良好。

（6）外周与土堤接触部能满足渗透稳定要求。

交叉建筑物安全影响评价分级原则如下：

（1）交叉建筑物安全性满足相关标准要求，未发现异常现象，其安全影响评定为 A 级。

（2）交叉建筑物安全性满足相关标准要求，与堤身接合部存在局部缺陷，但不影响堤防安全，交叉建筑物安全影响评定为 B 级。

（3）交叉建筑物安全性不满足相关标准要求，或与堤身接合部存在安全隐患，影响堤防安全，交叉建筑物安全影响评定为 C 级。

7.2.6　堤防工程安全综合评价

堤防工程安全综合评价是依据工程质量、运行管理、防洪安全、结构安全、渗流安全、交叉建筑物安全影响评价结果进行综合分析，评定堤防工程安全类别。堤防工程安全综合评价可对堤防工程总体评价分类，也可分堤段或分桩号进行。堤防工程安全综合评价结果分为三类：一类堤防安全可靠，能按设计正常运行；二类堤防基本安全，应在加强监控下运行，并及时对局部缺陷进行处理；三类堤防不安全，属病险堤防，应尽早除险加固。对评定为二、三类的堤防，应提出加固处理建议，其中三类堤防在未除险加固前，必须采取相应的应急措施，确保工程安全运用。

堤防工程安全综合评价分类原则如下：

（1）防洪安全、结构安全、渗流安全、交叉建筑物安全影响评价均达到 A 级的，为一类堤防。

（2）防洪安全、结构安全、渗流安全、交叉建筑物安全影响评价均达到 A 级和 B 级的，为二类堤防。

（3）防洪安全、结构安全、渗流安全、交叉建筑物安全影响评价中有一项以上（含一项）是 C 级的，为三类堤防。

（4）防洪安全、结构安全、渗流安全、交叉建筑物安全影响评价中有一至二项是 B 级（不含防洪安全），其余均达到 A 级，同时堤防工程质量优良且运行管理好的，可升为一类堤防，但要限期将 B 级升级。

对于其中的第（4）点，主要是考虑堤防工程线路长，要完全避免缺陷是很难做到的，对一些质量优良且运行管理好的堤防工程（如 1 级、2 级堤防），如仅因存在部分不影响工程安全的局部缺陷就将其列为二类堤防，则堤防管理单位将难以接受，因此可考虑将其升为一类堤防，但要求管理单位限期解决存在的问题。

堤防作为重要的水利工程设施，定期开展安全评价是十分必要的。随着全球气候变暖、气象灾害事件频仍以及我国经济社会的快速发展，堤防工程的安全管理工作将越来越得到各级政府部门的重视，可以预见，今后堤防工程安全评价将越来越普遍。

7.3　基于群组决策的土坝安全评价方法研究

7.3.1　土坝安全评价体系建立

在分析土坝结构特征和破坏机理的基础上，构建土坝安全评价体系。为了使评价方法具有可操作性，依据《水库大坝安全评价导则》（SL 258—2017）对土坝安全评价的规定，并结合实际工程出险分析，选取 26 个影响土坝安全评价的子因素指标，形成由目标层、准则层、指标层 3 个层次构成的安全评价指标体系，见图 7.2。

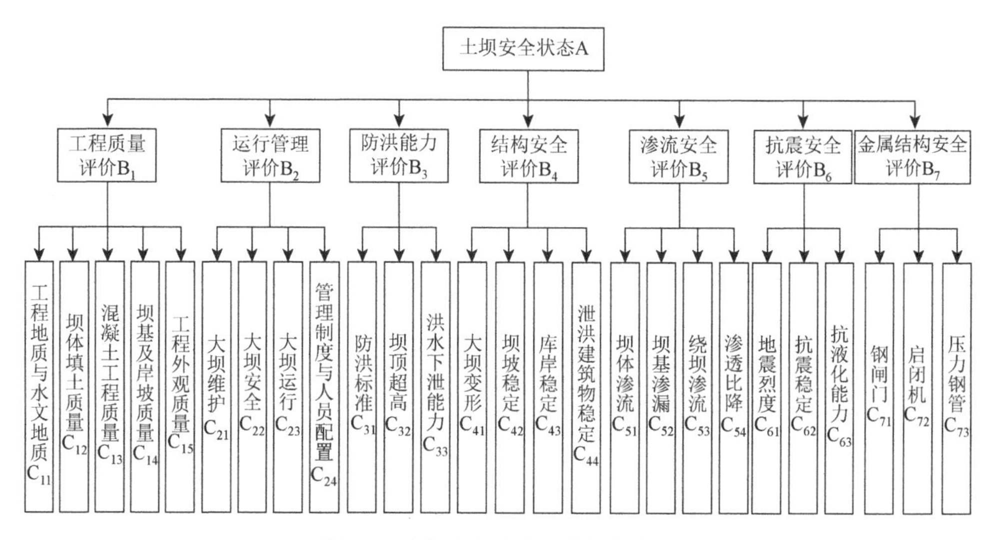

图 7.2　土坝安全综合评价指标体系

7.3.2　改进 AHP-熵权法组合优化赋权

层次分析法（analytic hierarchy process，AHP）具有系统性强、逻辑清晰、可靠性较高等特点，在各种系统决策问题中应用广泛。但对于复杂且专业性强的问题，受不完备信息和个人偏好影响，单个专家容易判断失真或误判。因此，在引进不同专业背景的专家组成群决策，通过 AHP 得到指标主观权重的基础上，借鉴传递熵的思想，用熵表示专家给出指标权重的不确定性和各专家与理想专家的水平差异。构建专家自身客观权重熵模型，评定专家给出的信息质量，确定各专家权重的贡献度，最后融合处理主观、客观权重。这一思想是利用专家自身客观权重对基于 AHP 的指标主观权重进行修正，提高权重的合理性和精确性。

1. 基于改进 AHP 的主观权重

自 Saaty 提出 AHP 以来，该方法在决策问题上得到广泛的应用，但同时被认为 1～9 标度中各等级之间关系存在不合理性，一些学者提出各种“互反型”和“互补型”标度，比如指数 a^n 标度、$9^{n/9}$ 标度、0.1～0.9 标度。对 AHP 中的不同标度采用保序性、一致性、标度均匀性、标度可记忆性、标度可感知性、标度权重拟合性 6 个标准进行研究后，建议对精度要求较高的多准则排序问题采用基于自然指数 $e^{0/5}$～$e^{8/5}$ 的标度（表 7.3）。

表 7.3　1～9 标度和自然指数标度对比

重要程度	标度	
	1～9 标度	自然指数标度
同等重要	1	$e^{0/5}$
明显重要	3	$e^{2/5}$
很重要	5	$e^{4/5}$
非常重要	7	$e^{6/5}$
极端重要	9	$e^{8/5}$
处于上述两相邻判断之间	2、4、6、8	$e^{1/5}$、$e^{3/5}$、$e^{5/5}$、$e^{7/5}$

本节采用自然指数标度计算权重，步骤如下：

a. 假设有 m 个专家，根据专家 k 意见，将评价对象同层元素 $X_1,X_2,\cdots,X_n$ 两两比较，采用 $e^{0/5}\sim e^{8/5}$ 标度进行赋值，构造出符合下列要求的判断矩阵 $\boldsymbol{A}=(a_{ijk})_{n\times n}$：

$$a_{ijk}=\begin{cases}\dfrac{1}{a_{ijk}} & i\neq j\\ 1 & i=j\end{cases} \tag{7.1}$$

式中，a_{ijk} 为第 i 个因素相对于第 j 个因素的重要程度的比较标度，$a_{ijk}>0$。

b. 通过和法近似求解判断矩阵 $\boldsymbol{A}$ 的特征向量。首先归一化处理判断矩阵，将得到的矩阵按行相加得到特征向量；对特征向量归一化处理，即得专家 k 的各个指标主观权重：

$$W_{ik}=\frac{w_{ik}}{\sum_{i=1}^{n}w_{ik}}\qquad (i=1,2,\cdots,n) \tag{7.2}$$

其中，

$$w_{ik}=\sum_{j=1}^{n}S_{ijk}$$

$$S_{ijk}=\frac{a_{ijk}}{\sum_{l=i}^{n}a_{ljk}}$$

式中，S_{ijk} 为元素 a_{ijk} 归一化结果；w_{ik} 为归一化后的元素 S_{ijk} 按行相加的结果；W_{ik} 为归一化后的主观权重，则专家 k 的主观权重向量为 $\boldsymbol{W}_k=(W_{1k},W_{2k},\cdots,W_{nk})^{\mathrm{T}}$。

c. 分别对专家组中 m 个专家意见确定指标的主观权重向量，形成主观权重矩阵如下：

$$\boldsymbol{W}=\left(\boldsymbol{W}_1,\boldsymbol{W}_2,\cdots,\boldsymbol{W}_m\right)=\begin{bmatrix} W_{11} & W_{12} & \cdots & W_{1m} \\ W_{21} & W_{22} & \cdots & W_{2m} \\ \vdots & \vdots & & \vdots \\ W_{n1} & W_{n2} & \cdots & W_{nm} \end{bmatrix} \tag{7.3}$$

2. 基于熵权法的专家自身客观权重

建立熵模型步骤如下：

a.由式（7.3）专家组对指标的主观权重评价结果是$\boldsymbol{W}_{n\times m}$。假定存在一个理想的最优专家$S^*$，其主观权重向量为$\boldsymbol{W}^*=(W_1^*,W_2^*,\cdots,W_n^*)^{\mathrm{T}}$。

b. 确定专家主观权重水平向量。通过各专家主观权重结果与最优专家S^*主观权重结果的差异大小衡量其给出的主观权重质量的好坏，第 k 个专家的主观权重水平向量$\boldsymbol{E}_k$为

$$\boldsymbol{E}_k=(e_{k1},e_{k2},\cdots,e_{kn}) \qquad (k=1,2,\cdots,m) \tag{7.4}$$

其中，

$$e_{ik}=1-\frac{\left|W_{ik}-\bar{W}_{ik}\right|}{\max(W_{ik})} \qquad (i=1,2,\cdots,n)$$

式中，$\bar{W}_{ik}$为W_{ik}的平均值。

c. 建立专家自身客观权重的熵模型：

$$H_k=\sum_{i=1}^{n}h_{ik} \qquad (k=1,2,\cdots,m) \tag{7.5}$$

其中，

$$h_{ik}=\begin{cases} -e_{ik}\ln e_{ik} & \dfrac{1}{\mathrm{e}}\leqslant e_{ik}\leqslant 1 \\ \dfrac{2}{\mathrm{e}}-e_{ik}\left|\ln e_{ik}\right| & 0\leqslant e_{ik}\leqslant\dfrac{1}{\mathrm{e}} \end{cases}$$

式中，H_k为专家 k 主观权重的不确定度；h_{ik}为专家 k 对第 i 个指标的主观权重熵值。

d. 确定专家自身客观权重。专家评价结果的不确定度 H_k 越大，说明该专家评价结果的可信度越低；反之，则越高。专家客观权重 C_k 可表示为

$$C_k=\frac{1/H_k}{\sum\limits_{k=1}^{m}1/H_k} \qquad (k=1,2,\cdots,m) \tag{7.6}$$

C_k越大，表示专家 i 的意见在评价结果中比重越大。

3. 改进 AHP-熵权法组合优化赋权

采用改进 AHP 计算的主观权重矩阵为$\boldsymbol{W}$，采用熵权法计算的专家权重向量

为 $\boldsymbol{C}=(C_1,C_2,\cdots,C_m)^{\mathrm{T}}$，基于加权融合获得的组合优化权重为

$$\boldsymbol{\beta}^*=\boldsymbol{W}\cdot\boldsymbol{C}=(\beta_1^*,\beta_2^*,\cdots,\beta_n^*)^{\mathrm{T}} \tag{7.7}$$

7.3.3　土坝安全评价

1. 安全分类和评价标准

根据《水库大坝安全评价导则》（SL 258—2017），土坝安全分类划分为三类。大坝安全的综合评价是在现状安全检查和监测资料的基础上，根据防洪能力、渗流安全、结构安全、抗震安全、金属结构安全等专项复核成果，并参考工程质量与大坝运行管理评价结论，对大坝安全进行综合评价，评定其类别，见表 7.4。底层指标与表 7.4 相对应，划分为 A、B、C 三级，分别对应安全、基本安全、不安全。

表 7.4　大坝安全评定分类

安全类别	等级	评分	评定标准	备注
一类坝	A	85～100	大坝现状防洪能力满足 GB 50202—2018 和 SL 252 要求，无明显工程质量缺陷，各项复核计算结果均满足规范要求，安全监测等管理设施完善，维修养护到位，管理规范，能按设计标准正常运行	准则层中的防洪能力、结构安全、渗流安全、抗震安全、金属结构安全评价结果均达到 A 级，且工程质量合格、运行管理规范
二类坝	B	60～85	大坝现状防洪能力不满足 GB 50202—2018 和 SL 252 要求，但满足水利部颁布的水利枢纽工程除险加固近期非常运用洪水标准；大坝整体结构安全、渗流安全、抗震安全满足规范要求，安全性态基本正常，但存在工程质量缺陷，或安全监测等管理设施不完善，维修养护不到位，管理不规范。在一定运用控制条件下才能安全运行	准则层中的防洪能力、结构安全、渗流安全、抗震安全、金属结构安全评价结果有一项以上（含一项）评为 B 级，或者以上均达到 A 级，但存在工程质量缺陷或运行管理不规范的
三类坝	C	0～60	大坝现状防洪能力不满足水利部颁布的水利枢纽工程除险加固近期非常运用洪水标准，或工程存在严重的质量缺陷与安全隐患，不能按设计正常运行	准则层中的防洪能力、结构安全、渗流安全、抗震安全、金属结构安全评价结果有一项以上（含一项）评为 C 级

2. 专家评分

邀请水工、地质、水文、金属结构等专业的专家组成专家组（专家组专家数量应为单数）到现场进行检查，并在查阅大坝现状安全检查报告和监测资料分析

报告，以及各分项安全复核评价报告的基础上，独立对上述所列的大坝评价指标的安全状况进行评分。在综合各个专家评分的方法上可以选择简单的算术平均法。算术平均法默认所有专家评分的权重都相等，鉴于专家不可能对所有专业领域都能熟练掌握，不同专家对同一个评价对象的评价结果是存在重要性差异的。所以仍然采用前述的熵权法，假定存在一个理想的最优专家，对专家评分结果进行权重结算，再与对应的评分相乘，得到综合评分，使评价结果更为合理。

3. 安全类别评估计算

现行规范《水库大坝安全评价导则》（SL 258—2017）偏安全地以防洪能力、结构安全、渗流安全、抗震安全、金属结构安全等单项评价的最低等级来确定大坝的安全类别，某一单项评价对最终结果具有决定权，造成评定结果与实际情况存在较大出入。而根据各类不同因素对大坝安全影响程度的不同，赋予不同权重，通过一定手段把不同因素的多源信息进行融合，对大坝进行综合评价的方法，更加科学、合理，得到的结果更加符合大坝的实际安全状态。

底层指标综合得分与相应权重相乘，得到准则层的得分：

$$D=\sum_{i=1}^{n}W_iC_i \tag{7.8}$$

式中，D 为准则层的得分值；W_i 为第 i 个底层指标的权重；C_i 为第 i 个底层指标的得分值。

目标层评分的计算则采用准则层各指标加权得到：

$$F=\sum_{j=1}^{n}W_jD \tag{7.9}$$

式中，F 为目标层的评分值；W_j 为第 j 个准则层指标的权重。

7.3.4　工程应用

1. 工程概况

银盏水库位于广东省清远市清城区东南 20km，位于北江二级支流银盏河上游，为中型水利工程。1959 年 11 月动工兴建，分四期续建，1987 年完成工程，2000 年进行除险加固，水库集雨面积 28.4km^2，总库容 2547.3 万 m^3。正常水位 58.00m，相应库容 2333 万 m^3。工程等别为Ⅲ等，防洪标准按 50 年一遇洪水设计，2000 年一遇洪水校核。银盏水库工程由大坝、溢洪道、输水涵管、坝后电站等建筑物组成。水库大坝为均质土坝，大坝长 280m，坝顶宽 6.5m，坝顶高程 64.67m，最大坝高 41.67m。迎水坡为干砌石护坡；背水坡为草皮护坡。溢洪道位于大坝右端，由两扇弧形钢闸门控制。输水涵管为坝内填埋式钢筋混凝土压力管，管道内径 1.2m。

2. 指标组合优化权重

根据土坝评价层次体系和改进 AHP-熵权法组合优化权重的计算方法，计算各指标层和准则层各要素的权重。

首先邀请 5 位不同专业专家对指标按 $e^{0/5}\sim e^{8/5}$ 标度的 AHP 进行两两比较赋值，按式（7.1）建立判断矩阵，然后按式（7.2）进行和法近似计算得到主观权重，经计算，指标层 C 对准则层 B、准则层 B 对目标层 A 均满足一致性检验要求；根据得到的主观权重，按式（7.4）计算主观权重水平向量，进而按式（7.5）计算得到主观权重的不确定度，根据式（7.6）确定专家自身客观权重。最后根据式（7.7）将 AHP 得到的专家主观权重和熵权法计算的专家意见客观权重融合计算，得到优化后的权重结果，见表 7.5。

表 7.5　指标组合优化权重结果

目标层	准则层	准则层权重	指标层	指标层组合优化权重
A	B_1	0.120	C_{11}	0.236
			C_{12}	0.260
			C_{13}	0.178
			C_{14}	0.200
			C_{15}	0.127
	B_2	0.091	C_{21}	0.271
			C_{22}	0.308
			C_{23}	0.231
			C_{24}	0.190
	B_3	0.185	C_{31}	0.439
			C_{32}	0.252
			C_{33}	0.309
	B_4	0.191	C_{41}	0.274
			C_{42}	0.305
			C_{43}	0.196
			C_{44}	0.226
	B_5	0.166	C_{51}	0.299
			C_{52}	0.286
			C_{53}	0.172
			C_{54}	0.243

续表

目标层	准则层	准则层权重	指标层	指标层组合优化权重
A	B_6	0.111	C_{61}	0.456
			C_{62}	0.322
			C_{63}	0.222
	B_7	0.136	C_{71}	0.283
			C_{72}	0.336
			C_{73}	0.380

在土坝安全评价中，准则层指标权重大小依次是结构安全、防洪能力、渗流安全、金属结构安全、工程质量、抗震安全、运行管理。

3. 综合评价

确定了指标权重后，专家组在充分了解工程状态的基础上，结合现场检查、质量检测和单项安全复核结果报告，以及自身丰富的工程评价经验，对底层指标进行评分，见表 7.6。

表 7.6　专家评分结果

指标	专家评分				
	专家 1	专家 2	专家 3	专家 4	专家 5
C_{11}	71	65	82	75	78
C_{12}	35	42	50	55	48
C_{13}	62	55	69	55	50
C_{14}	45	65	60	55	50
C_{15}	68	77	83	60	72
C_{21}	87	74	79	80	70
C_{22}	72	88	80	76	84
C_{23}	65	75	83	71	77
C_{24}	90	84	76	80	87
C_{31}	75	84	90	80	88
C_{32}	75	89	78	84	80
C_{33}	84	89	80	78	81
C_{41}	87	81	74	78	64
C_{42}	65	71	83	91	78
C_{43}	40	46	54	37	61
C_{44}	64	84	75	71	77
C_{51}	55	47	40	67	50
C_{52}	87	83	72	76	67

续表

指标	专家评分				
	专家 1	专家 2	专家 3	专家 4	专家 5
C_{53}	65	89	75	86	70
C_{54}	54	25	34	41	44
C_{61}	62	73	66	78	82
C_{62}	88	67	74	82	69
C_{63}	78	75	84	80	73
C_{71}	79	83	91	69	75
C_{72}	65	71	81	76	73
C_{73}	75	65	78	69	82

然后计算专家评分熵权重如下：

$$\boldsymbol{\alpha}=\begin{pmatrix}\boldsymbol{\alpha}_{B_1}\\ \boldsymbol{\alpha}_{B_2}\\ \boldsymbol{\alpha}_{B_3}\\ \boldsymbol{\alpha}_{B_4}\\ \boldsymbol{\alpha}_{B_5}\\ \boldsymbol{\alpha}_{B_6}\\ \boldsymbol{\alpha}_{B_7}\end{pmatrix}=\begin{bmatrix}0.164 & 0.180 & 0.150 & 0.223 & 0.283\\ 0.104 & 0.253 & 0.196 & 0.263 & 0.184\\ 0.141 & 0.152 & 0.185 & 0.211 & 0.311\\ 0.127 & 0.236 & 0.301 & 0.173 & 0.163\\ 0.146 & 0.151 & 0.221 & 0.224 & 0.258\\ 0.149 & 0.255 & 0.220 & 0.229 & 0.147\\ 0.285 & 0.196 & 0.126 & 0.165 & 0.227\end{bmatrix}$$

以群决策方法计算综合评分，更能代表工程安全的实际状态。基于熵权法的综合评分需以表 7.6 的评分和上述专家熵权重相乘。得到熵权法和算术平均法计算的综合评分结果见表 7.7。

表 7.7　指标综合评分

目标层	准则层	等级	准则层综合评分		指标层	指标层综合评分	
			熵权法	算术平均法		熵权法	算术平均法
A	B_1	C	59.69	60.17	C_{11}	74.5	73.3
					C_{12}	46.7	45.5
					C_{13}	56.8	60.3
					C_{14}	54.5	56.3
					C_{15}	71.2	72.0
	B_2	B	78.80	78.67	C_{21}	77.2	80.0
					C_{22}	80.9	79.0
					C_{23}	74.8	73.5
					C_{24}	82.5	82.5
	B_3	B	82.71	82.17	C_{31}	84.2	82.3
					C_{32}	81.1	81.5
					C_{33}	81.8	82.8

续表

目标层	准则层	等级	准则层综合评分		指标层	指标层综合评分	
			熵权法	算术平均法		熵权法	算术平均法
A	B_4	B	71.33	70.78	C_{41}	76.4	80.0
					C_{42}	78.4	77.5
					C_{43}	48.5	44.3
					C_{44}	75.4	73.5
	B_5	C	59.94	61.24	C_{51}	51.9	52.3
					C_{52}	75.5	79.5
					C_{53}	76.8	78.8
					C_{54}	39.7	38.5
	B_6	B	74.62	74.43	C_{61}	72.3	69.8
					C_{62}	75.4	77.8
					C_{63}	78.3	79.3
	B_7	B	74.62	74.73	C_{71}	78.7	80.5
					C_{72}	71.8	73.3
					C_{73}	74.0	71.8

以表 7.7 得到的各个指标的综合评分与表 7.5 对应的权重，按照式（7.8）可计算得到准则层综合评分，结果见图 7.3。鉴于该工程检测结果中坝体填土渗透系数大于规范规定，输水涵管直穿坝体，老化严重、存在渗漏现象且带病工作，根据专家群组决策，准则层工程质量评价 B_1 综合得分按熵权法计算结果为 59.69，为 C 级，质量不合格；若按算术平均法计算结果为 60.17，为 B 级，则为合格；渗流安全评价 B_5 得分按熵权法计算结果为 59.94，属于 C 级；若按算术平均法计算结果为 61.24，则为 B 级。

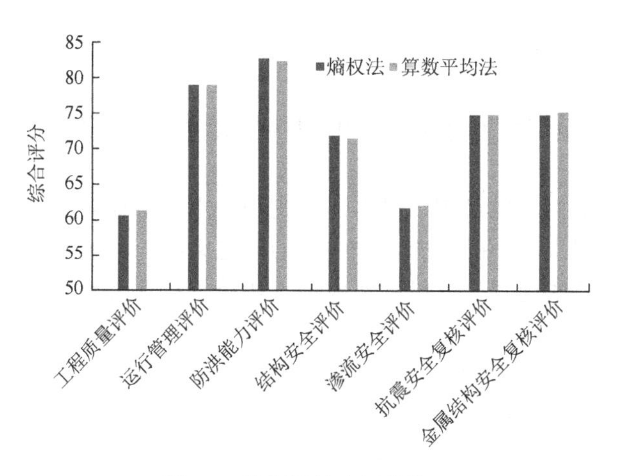

图 7.3　准则层综合评分情况

在得到准则层综合评分的基础上按式（7.9）计算得到总目标土坝安全状态的总得分，为 71.64 分。但根据表 7.4 的评价标准，按熵权法土坝工程质量不合格，有一项评为 C，则土坝综合评为“三类坝”，若按算术平均法，则评价结果为“二类坝”。与该工程安全鉴定结果与熵权法结果相同，为“三类坝”，熵权法评价结果和工程的安全鉴定结果对比表见表 7.8。

表 7.8　土坝安全综合评价结果对比表

序号	评价项目	工程安全鉴定结果	本研究评价结果
1	工程质量	不合格	不合格
2	运行管理	好	中等
3	防洪能力	A	B
4	结构安全	C	B
5	渗流安全	C	C
6	抗震安全	A	B
7	金属结构安全	B	B

按照规范方法进行的安全评价，由于是定性评价，无法确定工程及各单项所处的类别在该评级中的水平。按照表 7.5 本研究对各准则层的评价结果，结合表 7.4 中的各自的综合评分和工程实际安全状态，工程质量、渗流安全均为 B 级，但这两项的评分与 B 差距较小，主要是因为坝体填土渗流系数达不到规范要求，以及坝体中输水涵管的老化渗漏。后续应进行除险加固，通过坝体灌浆、改建输水管道等工程措施，消除隐患，使该项提升到 B 级标准。因此，本例中通过群组决策得到专家对工程各单项评价结果的综合评分，能更准确地评判土坝的安全状态，对工程后续运行管理和风险防范措施制定的指导性更强。

7.4　基于改进 FCE 的土坝安全评价方法研究

土坝主要是由挡水建筑物、泄水建筑物和输水建筑物等部分组成，是一个受多因素影响的多层次、不确定的、非线性的动态系统，其安全评价方法的研究一直是一个相当复杂的问题，一般数值模拟、传统规范评价等方法难以全面反映土坝的实际安全情况，而模糊综合评价法（fuzzy comprehensive evaluation，FCE）对于解决难以用精确的数学和力学函数来表达的复杂非线性综合评价问题有独特的优势，因此也可以用于对土坝进行综合评价。本节在上述得到的改进 AHP-熵权法组合优化权重的基础上，针对 FCE 算子优化问题，提出一种基于改进 FCE 的土坝安全综合评价方法，并将其用于具体工程的安全评价。

7.4.1 基于全优型合成算子的模糊综合评价法

由于土坝属于复杂系统，对其评价需要考虑多重因素影响，前述已采用自然指数标度的改进 AHP 和熵权法分别得到指标的主观权重和专家自身客观权重，在此基础上，开展土坝模糊综合评价研究。

模糊综合评价步骤如下：

a. 首先把评价因素按属性划分 n 个子集 $U=\{U_1,U_2,\cdots,U_n\}$，$U_i\cap U_j=\varnothing(i\neq j)$。

b. 根据评价目标要求，建立 s 个评语集 $V=\{V_1,V_2,\cdots,V_s\}$。

c. 按单层次模糊评价。子集 U_i 中每个因素 u_{ij} 相对于子集 U_i 的权重为根据式（7.7）获得土坝评价指标的权重向量 $\boldsymbol{\beta}^*=(\beta_1^*,\beta_2^*,\cdots,\beta_n^*)^{\mathrm{T}}$，其单因素评价矩阵为 $\boldsymbol{R}_{n\times s}$，则子集 U_i 的单因素模糊综合评价结果 $\boldsymbol{B}_i$ 为

$$\boldsymbol{B}_i=\boldsymbol{\beta}^*\circ\boldsymbol{R}_{n\times s}=(b_{i1},b_{i2},\cdots,b_{is}) \tag{7.10}$$

式中，b_{is} 为模糊算子。

d. 综合评价。每一个子集 U_i 看成为一个综合因素，$\boldsymbol{B}_i$ 为其单因素评价结果，则隶属关系矩阵 $\boldsymbol{R}_{n\times s}$ 为

$$\boldsymbol{R}_{n\times s}=\begin{bmatrix}\boldsymbol{B}_1\\\boldsymbol{B}_2\\\vdots\\\boldsymbol{B}_n\end{bmatrix}=\begin{bmatrix}b_{11}&b_{12}&\cdots&b_{1s}\\b_{21}&b_{22}&\cdots&b_{2s}\\\vdots&\vdots&&\vdots\\b_{n1}&b_{n2}&\cdots&b_{ns}\end{bmatrix}=\begin{bmatrix}r_{11}&r_{12}&\cdots&r_{1s}\\r_{21}&r_{22}&\cdots&r_{2s}\\\vdots&\vdots&&\vdots\\r_{n1}&r_{n2}&\cdots&r_{ns}\end{bmatrix} \tag{7.11}$$

式中，r_{ij} 为因素对应的隶属度。

则模糊综合评价结果为

$$\boldsymbol{\beta}^*\circ\boldsymbol{R}_{n\times s}=(\beta_1^*,\beta_2^*,\cdots,\beta_n^*)\circ\begin{bmatrix}r_{11}&r_{12}&\cdots&r_{1s}\\r_{21}&r_{22}&\cdots&r_{2s}\\\vdots&\vdots&&\vdots\\r_{n1}&r_{n2}&\cdots&r_{ns}\end{bmatrix} \tag{7.12}$$

评价指标可以分为定量指标和定性指标，由于评价指标体系的指标水平边界的模糊性，为了得到更准确的评价，采用下式其隶属函数：

$$r(x)_{n1}=\begin{cases}1 & 0\leqslant x\leqslant d_1\\\dfrac{d_2-x}{d_2-d_1} & d_1<x<d_2\\0 & x\geqslant d_2\end{cases} \tag{7.13}$$

$$r(x)_{ns}=\begin{cases}0 & x\leqslant d_{s-1} \text{ 或 } x\geqslant d_{s+1}\\ \dfrac{x-d_s}{d_s-d_{s-1}} & d_{s-1}<x<d_s\\ 1 & x=d_s\\ \dfrac{d_{s+1}-x}{d_{s+1}-d_s} & d_s<x<d_{s+1}\end{cases} \tag{7.14}$$

$$r(x)_{n4}=\begin{cases}0 & x\leqslant d_3\\ \dfrac{x-d_3}{d_4-d_3} & d_3<x<d_4\\ 1 & x\geqslant d_4\end{cases} \tag{7.15}$$

式中，x 为指标层各评价指标的实测值；d_s 为对应大坝评价分级的标准值。

常用的 Fuzzy 合成算子有主因素决定型 M（∧，∨）、主因素突出型 M（·，∨）、不均衡平均型 M（∧，⊕）、加权平均型 M（·，⊕）。其中 M（∧，∨）、M（·，∨）、M（∧，⊕）可以突出最不利因素，但容易忽略其他信息，而 M（·，⊕）对所有因素依据权重大小均衡兼顾，但同时也会削弱一些起决定作用的不利因素的影响。因此，需要对 Fuzzy 合成算子进行改造，根据郭瑞等提出的全优型合成算子，则可同时考虑主因素突出型合成算子 M（·，∨）和加权平均型合成算子 M（·，⊕），还可以避免计算时需考虑选择不同合成算子的问题，因为在取隶属度最大值的过程中暗含了对主因素突出型合成算子和加权平均型合成算子的选择过程。其综合决策向量的元素表达式如下：

$$\boldsymbol{b}_j=\max\left(\frac{\sum_{i=1}^{n}\boldsymbol{\beta}_i^{*}r_{ij}}{\sum_{j=1}^{s}\left(\sum_{i=1}^{n}\boldsymbol{\beta}_i^{*}r_{ij}\right)},\frac{\vee_{i=1}^{n}\boldsymbol{\beta}_i^{*}r_{ij}}{\sum_{j=1}^{s}\left(\vee_{i=1}^{n}\boldsymbol{\beta}_i^{*}r_{ij}\right)}\right) \tag{7.16}$$

式中，$\sum_{i=1}^{n}\boldsymbol{\beta}_i^{*}r_{ij}\Big/\sum_{j=1}^{s}\left(\sum_{i=1}^{n}\boldsymbol{\beta}_i^{*}r_{ij}\right)$ 为采用加权平均型合成算子 M（·，⊕）得到的评价对象归一化的综合隶属度；$\vee_{i=1}^{n}\boldsymbol{\beta}_i^{*}r_{ij}\Big/\sum_{j=1}^{s}\left(\vee_{i=1}^{n}\boldsymbol{\beta}_i^{*}r_{ij}\right)$ 为采用主因素突出型合成算子 M（·，∨）得到的评价对象归一化的综合隶属度。

在土坝风险模糊综合评价中，全优型合成算子可以避免有利因素对整体评价成果起到决定性的影响，同时还突出不利因素的影响，能够真实反映土坝安全的特点，从而得到准确的评价结果。

7.4.2　土坝安全风险模糊综合评价

现行的土坝安全评价规范《水库大坝安全评价导则》(SL 258—2017) 中大坝等级只分为 A、B、C 三个等级，只能体现大坝的安全、基本安全、不安全三个形态特征。且以防洪能力、结构安全、渗流安全、抗震安全、金属结构安全等单项评价等级来确定土坝安全类别，如果各单项安全评价结果均达到 A 级，且工程质量合格、运行管理规范，则评为一类坝；如以上单项安全评价结果有一项以上（含一项）评为 B 级，或者以上均达到 A 级，但存在工程质量缺陷或运行管理不规范的，评为二类坝；如单项安全评价结果有一项以上（含一项）评为 C 级，则为三类坝。该体系经过多年应用，比较成熟，有据可依，可操作性性较好。但也存在分类界限模糊、仅有 A、B、C 三级分级偏粗、定性评价尚未定量、难以实现工程性态的整体综合定量评价的问题。

张国栋等 (2008) 将水库大坝的安全评价等级分为了五个级别，将 C 级细化，重新划分大坝的安全等级，大坝的安全风险严重程度分为无病险、一般性病险、较重大病险、严重病险和极严重病险五级。本节认为 C 级过于细化，各分级界限不好确定，为了能够对各状态给予比较准确的判断，因此将 C 级分为 C1、C2 两级，大坝的安全评价等级分为四个级别，并引入风险概念，对四种状态用 0～4 数字进行风险度量，以便将定性判断转化为定量评价，从而更准确地评判工程所处安全风险状态。不同的分级以及定性定量描述如表 7.9 所示，得到土坝风险评价集（隶属函数的阈值）为 $V=\{v_{\mathrm{A}}, v_{\mathrm{B}}, v_{\mathrm{C}}\}=\{1.5, 4, 7\}$。

表 7.9　土坝安全评价分类

安全类别	划分等级	风险等级	定性描述	定量描述
一类坝	A	低风险	各项安全系数大大超过规范要求；历史和现状条件下未出现过工程性态异常；安全保障体系落实	[0，1.5)
二类坝	B	一般风险	各项安全系数满足规范要求，但富裕度不大；历史和现状应用中未出现过重大的工程性态异常；安全保障体系较落实；工程有可能出现一些局部的小事故，能够很快处置	[1.5，4)
三类坝	C1	较大风险	安全系数不满足规范要求；工程存在较严重的缺陷和隐患，可导致较严重但不会导致溃坝的较大事故，可以较快控制	[4，7)
	C2	重大风险	安全系数严重不满足规范要求；工程存在严重的缺陷和隐患；曾发生过严重事故，又未曾彻底处理；有迹象表明有可能发生溃坝事件	[7，10]

土坝的各子系统及各指标的评价等级标准也按表 7.7 的标准执行，以 0～4 的区间数值定量各指标。按 7.4.1 节方法确定总目标的模糊隶属度向量后，一般由最大隶属度原则，根据土坝安全状态总目标隶属度向量中最大值的位置直接对应土坝的安全类别；针对不同情况，也可先采用加权平均原则来确定土坝的综合风险度，再根据风险等级对应的安全类别进行评定。

7.4.3　工程应用

1. 工程概况

广东省怀集县新湾水电站兴建于 1998 年 11 月，2007 年 8 月竣工，担负着发电、灌溉、防洪等任务。坝址以上流域面积 273km^2，总库容 6060 万 m^3。1000 年一遇校核洪水位为176.16m。50 年一遇设计洪水位为174.80m。正常蓄水位173.00m。建筑物主要有砌石重力坝（主坝，坝顶高程 175.55m，最大坝高 55.55m）、均质土坝（副坝，坝顶高程 176.50m，最大坝高 44.5m）、引水系统等。经过多年运用，存在的主要问题为副坝左右端坝体浸润线偏高，存在湿斑现象；土坝下游坝坡抗滑稳定系数不符合规范要求；近库路面有裂缝等。

2. 建立模糊评价矩阵

表 7.3 已得到改进 AHP-熵权法组合优化权重的结果，具体权重集如下：

指标层权重集：$\beta_{B_1}^* =(0.236, 0.260, 0.178, 0.200, 0.127)$；$\beta_{B_2}^* =(0.271, 0.308, 0.231, 0.190)$；$\beta_{B_3}^* =(0.439, 0.252, 0.309)$；$\beta_{B_4}^* =(0.274, 0.305, 0.196, 0.226)$；$\beta_{B_5}^* =(0.299, 0.286, 0.172, 0.243)$；$\beta_{B_6}^* =(0.456, 0.322, 0.222)$；$\beta_{B_7}^* =(0.283, 0.336, 0.380)$。

准则层对目标层权重集：$\beta_{A}^* =(0.120, 0.091, 0.185, 0.191, 0.166, 0.111, 0.136)$。

按照工程的安全评价报告相关数据和结论，参照各指标的定性或定量评价标准，隶属函数阈值（1.5, 4, 7）。根据专家对大坝实际情况的评分，采用熵权法计算专家评分权重，进行加权综合得到大坝各指标的综合评分为 $U=\{3.13, 3.41, 1.77, 4.84, 3.88, 2.95, 2.40, 2.88, 2.99, 1.00, 1.74, 2.62, 1.88, 2.52, 5.09, 2.09, 5.47, 3.63, 3.35, 5.00, 0.73, 1.00, 1.40, 2.11, 1.96, 2.09\}$。根据式（7.13）、式（7.14）、式（7.15），确定底层指标模糊隶属度矩阵如下：

$$\boldsymbol{R}_{B_1}=\begin{bmatrix} 0.348 & 0.652 & 0.000 & 0.000 \\ 0.237 & 0.763 & 0.000 & 0.000 \\ 0.894 & 0.106 & 0.000 & 0.000 \\ 0.000 & 0.718 & 0.282 & 0.000 \\ 0.049 & 0.951 & 0.000 & 0.000 \end{bmatrix},\quad \boldsymbol{R}_{B_2}=\begin{bmatrix} 0.422 & 0.578 & 0.000 & 0.000 \\ 0.638 & 0.362 & 0.000 & 0.000 \\ 0.447 & 0.553 & 0.000 & 0.000 \\ 0.403 & 0.597 & 0.000 & 0.000 \end{bmatrix},$$

$$\boldsymbol{R}_{\mathrm{B}_3}=\begin{bmatrix}1.000 & 0.000 & 0.000 & 0.000\\0.905 & 0.095 & 0.000 & 0.000\\0.553 & 0.447 & 0.000 & 0.000\end{bmatrix},\quad \boldsymbol{R}_{\mathrm{B}_4}=\begin{bmatrix}0.847 & 0.153 & 0.000 & 0.000\\0.591 & 0.409 & 0.000 & 0.000\\0.000 & 0.636 & 0.364 & 0.000\\0.764 & 0.236 & 0.000 & 0.000\end{bmatrix},$$

$$\boldsymbol{R}_{\mathrm{B}_5}=\begin{bmatrix}0.000 & 0.509 & 0.491 & 0.000\\0.146 & 0.854 & 0.000 & 0.000\\0.261 & 0.739 & 0.000 & 0.000\\0.000 & 0.668 & 0.332 & 0.000\end{bmatrix},\quad \boldsymbol{R}_{\mathrm{B}_6}=\begin{bmatrix}1.000 & 0.000 & 0.000 & 0.000\\1.000 & 0.000 & 0.000 & 0.000\\1.000 & 0.000 & 0.000 & 0.000\end{bmatrix},$$

$$\boldsymbol{R}_{\mathrm{B}_7}=\begin{bmatrix}0.756 & 0.244 & 0.000 & 0.000\\0.817 & 0.183 & 0.000 & 0.000\\0.764 & 0.236 & 0.000 & 0.000\end{bmatrix}$$

3. 综合评价分析

根据得到的权重和隶属度分别按照加权平均型算子、主因素突出型算子和全优型合成算子对土坝各层所属安全等级进行模糊综合运算，对应的准则层隶属度为$\boldsymbol{W}_{\mathrm{Bjq}}$、$\boldsymbol{W}_{\mathrm{Bzt}}$、$\boldsymbol{W}_{\mathrm{Bqy}}$，总目标隶属度分别为$\boldsymbol{W}_{\mathrm{Ajq}}$、$\boldsymbol{W}_{\mathrm{Azt}}$、$\boldsymbol{W}_{\mathrm{Aqy}}$。

$$\boldsymbol{W}_{\mathrm{Bjq}}=\begin{bmatrix}0.308 & 0.635 & 0.056 & 0.000\\0.491 & 0.509 & 0.000 & 0.000\\0.838 & 0.162 & 0.000 & 0.000\\0.585 & 0.344 & 0.071 & 0.000\\0.087 & 0.686 & 0.228 & 0.000\\1.000 & 0.000 & 0.000 & 0.000\\0.779 & 0.221 & 0.000 & 0.000\end{bmatrix},\quad \boldsymbol{W}_{\mathrm{Bzt}}=\begin{bmatrix}0.384 & 0.480 & 0.136 & 0.000\\0.557 & 0.443 & 0.000 & 0.000\\0.761 & 0.239 & 0.000 & 0.000\\0.542 & 0.291 & 0.166 & 0.000\\0.103 & 0.560 & 0.337 & 0.000\\1.000 & 0.000 & 0.000 & 0.000\\0.764 & 0.236 & 0.000 & 0.000\end{bmatrix},$$

$$\boldsymbol{W}_{\mathrm{Bqy}}=\begin{bmatrix}0.332 & 0.550 & 0.118 & 0.000\\0.522 & 0.478 & 0.000 & 0.000\\0.778 & 0.222 & 0.000 & 0.000\\0.534 & 0.314 & 0.152 & 0.000\\0.091 & 0.609 & 0.300 & 0.000\\1.000 & 0.000 & 0.000 & 0.000\\0.767 & 0.233 & 0.000 & 0.000\end{bmatrix},\quad \begin{aligned}\boldsymbol{W}_{\mathrm{Ajq}}&=(0.580\quad 0.362\quad 0.058\quad 0.000)\\\boldsymbol{W}_{\mathrm{Azt}}&=(0.485\quad 0.321\quad 0.194\quad 0.000)\\\boldsymbol{W}_{\mathrm{Aqy}}&=(0.476\quad 0.335\quad 0.189\quad 0.000)\end{aligned}$$

由以上可以看到，总目标的隶属度按照最大隶属度原则进行判定，采用三种算子计算的最大隶属度均对应 A 级，为低风险等级，判定大坝安全类别为“一类坝”。进一步分析，采用加权平均型算子计算的总隶属度在低风险等级 A 和较大风险等级 C1 分别为 0.580，0.058；而主因素突出型的为 0.485，0.194；全优型的为 0.476，0.189。因此，采用加权平均型得到的隶属度与其他两种方法的结果差别较大，更偏向于较低的风险等级，可信度较低，因此，排除该方法。

若总目标采用加权平均原则进行判定，首先按照风险等级的评分标准为：{低风险，一般风险，较大风险，重大风险}对应的风险度分别为：{1.5, 4, 7, 10}，分别与主因素突出型隶属度 $\boldsymbol{W}_{\mathrm{Azt}}$ 和全优型隶属度 $\boldsymbol{W}_{\mathrm{Aqy}}$ 加权平均，对应的风险度分别为 3.367，3.377，落在一般风险区间内，对应的安全等级为 B 级，安全类别为“二类坝”。这与该工程安全鉴定结果为“二类坝”是一致的，说明结果可信。

从以上算例可以看到加权平均型算子和主因素突出型算子都具有一定的偏向性。主因素突出型算子通过剔除有利因子，间接放大了不利因子的对最终结果的影响；加权平均型算子对所有因素均衡兼顾，整体性较好，但有时也体现不出最不利因子对最终结果的决定性影响，易造成误判。全优型合成算子则可以兼顾不利因素的影响和避免有利因素对结果造成过多的影响。另外，采用最大隶属度原则进行直接评价得到的土坝安全类别结果与实际情况不符，而采用加权综合原则得到综合风险度，并据此确定安全类别时，更能反映土坝安全状态的实际情况。

7.5　基于组合赋权和云模型的堤防安全评价方法研究

前述土坝安全评价建立了专家群组定量化决策评价模型，考虑群组决策专家意见质量存在差别，使堤坝的评价由定性的单项评价，转变为定量的综合评价；然后基于模糊数学理论，建立了改进模糊综合评价模型，考虑了堤坝作为一个复杂动态非线性系统模糊性问题，但由于方法的局限，得到的是一个确定的综合风险度，所以该方法仍无法体现出堤防安全的模糊性和概率性的特点，体现不出模糊的本质。

李德毅教授于 1995 年提出云模型理论，该理论在各种复杂的综合评价研究中得到应用。首先以现行堤防安全评价相关规范为基础，构建了由 5 个一级评价指标，22 个二级评价指标，11 个三级评价指标组成的层次指标体系。在此基础上，建立组合优化赋权模型对改进群组 G1 法和熵权法计算的权重进行组合赋权。通过引进云模型理论，把堤防安全评价的三种安全类别转化为对应的云评语，以浮动云和综合云计算得到堤防安全状态总目标云参数和云图，直观确定堤防的安全类别。基于组合赋权和云模型的方法更好地将模糊性和随机性结合起来，可为堤防安全综合评价和除险加固提供更为科学合理的依据。

7.5.1　基于云模型的安全评价方法

1. 云模型理论

云模型在模糊综合评价中可以替代隶属函数，弥补常规模糊评价中无法综合反映模糊性、不确定性和随机性的不足。

云模型的基本定义：假设一个论域 $U=\{x\}$，A 是论域 U 中的模糊集合，对于任意元素 x 都存在一个具有稳定倾向性的随机数 $\mu_A(x)$，称为 x 对 A 的隶属度函数，$\mu_A(x)$ 在论域上的分布函数即称为隶属云，也称为云。

期望 E_x、熵 E_n 和超熵 H_e 是描述云的三个数值，可以构建出由大量云滴构成的全部虚拟云形态，并实现云计算。云模型通过正向云发生器和逆向云发生器实现计算。正向云发生器是通过输入数字特征 E_x、E_n、H_e 和生成云滴的个数 N，可以生成由 N 个云滴组成的、确定度为 μ 的正态分布云图，从而把定性概念转换为定量信息，而逆向云发生器正好相反。堤防安全评价主要实现从定性到定量表示之间的不确定性的转化，适用于正向云计算。

根据虚拟云理论，若指标互相独立，采用浮动云计算，见式（7.17）；反之，采用综合云计算，见式（7.18）。

$$\begin{cases} E_x = \dfrac{E_{x1}\times\omega_1 + E_{x2}\times\omega_2 + \cdots + E_{xn}\times\omega_n}{\omega_1+\omega_2+\cdots+\omega_n} \\ E_n = \dfrac{\omega_1^2}{\omega_1^2+\omega_2^2+\cdots+\omega_n^2}\times E_{n1} + \dfrac{\omega_1^2}{\omega_1^2+\omega_2^2+\cdots+\omega_n^2}\times E_{n2} + \cdots + \dfrac{\omega_1^2}{\omega_1^2+\omega_2^2+\cdots+\omega_n^2}\times E_{nn} \\ H_e = \dfrac{\omega_1^2}{\omega_1^2+\omega_2^2+\cdots+\omega_n^2}\times H_{e1} + \dfrac{\omega_1^2}{\omega_1^2+\omega_2^2+\cdots+\omega_n^2}\times H_{e2} + \cdots + \dfrac{\omega_1^2}{\omega_1^2+\omega_2^2+\cdots+\omega_n^2}\times H_{en} \end{cases} \tag{7.17}$$

$$\begin{cases} E_x = \dfrac{E_{x1}\times E_{n1}\times\omega_1 + E_{x2}\times E_{n2}\times\omega_2 + \cdots + E_{xn}\times E_{nn}\times\omega_n}{E_{n1}\omega_1 + E_{n2}\omega_2 + \cdots + E_{nn}\omega_n} \\ E_n = E_{n1}\omega_1 + E_{n2}\omega_2 + \cdots + E_{nn}\omega_n \\ H_e = \dfrac{H_{e1}\times E_{n1}\times\omega_1 + H_{e2}\times E_{n2}\times\omega_2 + \cdots + H_{en}\times E_{nn}\times\omega_n}{E_{n1}\omega_1 + E_{n2}\omega_2 + \cdots + E_{nn}\omega_n} \end{cases} \tag{7.18}$$

式中，ω 为指标权重。

2. 评价指标赋权方法

1）改进群组 G1 法赋权

采用改进群组 G1 法获取参评专家对各个指标的主观权重，该法在传统 G1 法的基础上，利用序关系相似度给每位专家赋权，体现了不同专家知识经验的差异性。为了充分发挥专家群组决策的优点，提高效率，结合堤防安全评价实际要求，根据工程的级别及复杂性，参评专家人数建议在 5（含）～9（含）人的单数。

该方法相比于层次分析法具有显著优势，无需构建判断矩阵，也不用进行一致性检验，且计算量较少。特别是在堤防安全评价应用中，由于评价指标较多，使用层次分析法工作量大，权重难以确定。而采用改进群组 G1 法具有保序性，且对同层次元素个数没有限制，计算量较层次分析法成倍减少。

（1）确定各指标权重。

步骤 1：专家 i 按照指标的重要性程度由大到小进行排序，确定序关系。指标 X_i 的重要性程度大于指标 X_j，则记为 $X_i > X_j$。

步骤 2：专家 i 给出相邻指标间相对重要程度之比的理性赋值。指标 X_{k-1} 与 X_k 相对重要程度之比 ω_{k-1}/ω_k 的理性赋值分别为 $r_k = \omega_{k-1}/\omega_k$，$k = m, m-1, m-2, \cdots, 3, 2, 1$ 确定 r_k 的标准如表 7.10 所示。

表 7.10　r_k 的赋值参考表

r_k 赋值	说明
1	指标 X_{k-1} 与指标 X_k 同样重要
1.2	指标 X_{k-1} 比指标 X_k 稍微重要
1.4	指标 X_{k-1} 比指标 X_k 明显重要
1.6	指标 X_{k-1} 比指标 X_k 强烈重要
1.8	指标 X_{k-1} 比指标 X_k 极端重要

步骤 3：根据 r_k 确定第 m 个指标的权重 ω_k 为：$\omega_k = \left(1 + \sum_{k=2}^{m}\prod_{i=k}^{m} r_i\right)^{-1}$。

步骤 4：第 $m-1, m-2, \cdots, 3, 2, 1$ 个指标的权重 $\omega_{k-1} = r_k\omega_k$。

（2）确定每位专家的权重。

步骤 5：给出等价序关系。根据①中专家组成员给出的序关系共确定出 i 类序关系，并确定出等价序关系。

步骤 6：对序关系进行编号，制作序关系相似度表，序关系的编号与某位专家的序关系编号一致。

步骤 7：计算“序关系相似度”。以步骤 2 中专家的序关系为参考序关系，根据以多胜少的原则进行打分，占多数的专家均得 3 分，占少数的专家得 1 分。若所有专家意见一致，每位专家得 2 分。

步骤 8：确定专家权重。定义每位专家的总得分为其序关系相似度 p_i。序关系相似度反映了大多数专家的意见，并赋予较大的权重，专家权重 $\alpha_i = p_i / \sum_{i=1}^{m} p_i$，$i = 1, 2, \cdots, n$。

（3）计算改进群组 G1 法指标综合权重。

步骤 9：计算第 i 位专家关于原指标 $X_k(k=1,2,\cdots,n)$ 的权重 ω_{ik}^* $(i=1,2,\cdots,m;$ $k=1,2,\cdots,n)$，综合权重 $\omega_k^*=\sum_{i=1}^{m}\alpha_i\omega_{ik}^*$，则综合权重向量为 $\boldsymbol{\omega}_k^*=(\omega_1^*,\ \omega_2^*,\cdots,\ \omega_n^*)^{\mathrm{T}}$。

2）熵权法赋权

在完成现场检查、检测，以及各专项安全复核报告的基础上，邀请专家组对各个评价指标进行评分，以解决大部分评价指标无法量化的问题。假定对评价对象的认识与专家群体具有最高一致性的专家作为理想的最优专家。根据待评专家给出的评价结果与最优专家的评价结果的差距来表示其可信度。其差距大小可用熵来表示，通过建立熵模型计算出指标熵权重。

步骤 1：m 个专家组成的专家组对 n 个指标评分矩阵为 $\boldsymbol{S}_{m\times n}$。$s_{ij}$ $(i=1,2,\cdots,m;j=1,2,\cdots,n)$ 为第 i 个评价专家对第 j 个评价指标的评分值，专家在一次评价过程中的评价结果为 $\boldsymbol{s}_i=(s_{i1},s_{i2},\cdots,s_{im})^{\mathrm{T}}$。假定存在一个理想的最优指标评分向量为 $\boldsymbol{s}^{\boldsymbol{\cdot}}=(s_1^*,s_2^*,\cdots,s_n^*)^{\mathrm{T}}$。

步骤 2：各专家指标评分质量的优劣以其评分结果与最优评分的差异大小来衡量。第 i 个专家指标评分的水平向量 $\boldsymbol{E}_i$ 为

$$\boldsymbol{E}_i=(e_{i1},e_{i2},\cdots,e_{im}) \tag{7.19}$$

其中，

$$e_{ik}=1-\frac{\left|s_{ik}-\overline{s}_{ik}\right|}{\max(s_{ik})}\quad (i=1,2,\cdots,m;\ \ k=1,2,\cdots,j)$$

式中，$\overline{s}_{ik}$ 为 s_{ik} 的平均值。

步骤 3：建立专家指标评分权重的熵模型，衡量评价结果的不确定性。

$$H_i=\sum_{j=1}^{n}h_{ij}\quad (i=1,2,\cdots,m;j=1,2,\cdots,n) \tag{7.20}$$

其中，

$$h_{ij}=\begin{cases}-e_{ij}\ln e_{ij} & \dfrac{1}{\mathrm{e}}\leqslant e_{ij}\leqslant 1\\ \dfrac{2}{\mathrm{e}}-e_{ij}\left|\ln e_{ij}\right| & 0\leqslant e_{ij}\leqslant\dfrac{1}{\mathrm{e}}\end{cases}$$

式中，H_i 为专家 i 指标评分权重的不确定度的熵值。

步骤 4：确定专家指标评分权重。专家指标评分结果的不确定度 H_i 越大，说明该专家指标评分结果的可信度越低；反之，则越高。专家指标评分权重为

$$c_i = \frac{1/H_i}{\sum_{i=1}^{n} 1/H_i} \quad (i=1,2,\cdots,n) \tag{7.21}$$

c_i越大，表示专家 i 的意见在评价结果中比重越大。

3）组合优化赋权

为了充分发挥专家经验并对改进群组 G1 法指标的权重进行优化，使最终的权重信息量更大，使最终权重更加合理，以组合权重 β_i 分别与改进群组 G1 法权重 ω_k^*、熵权法权重 c_i 之间的偏差平方和最小为目标建立如式（7.22）的组合优化赋权模型，以求得最终权重。

$$\begin{cases} \min\theta = \left\{ \sum_{i=1}^{n} \left[\gamma_i \left(\frac{1}{2}(\beta_i - \omega_k^*)^2 \right) + (1-\gamma_i) \left(\frac{1}{2}(\beta_i - c_i)^2 \right) \right] \right\} \\ \text{s.t.} \quad \beta_i \geqslant 0, \sum_{i=0}^{n} \beta_i = 1 \end{cases} \tag{7.22}$$

式中，γ_i 为第 i 个指标的经验因子，反映了决策者对改进群组 G1 法权重 ω_k^* 和熵权法权重 c_i 的偏好程度，$0.5 < \gamma_i \leqslant 1$ 表示更倾向于前者，而 $0 \leqslant \gamma_i \leqslant 0.5$ 表示更倾向于后者。

构造拉格朗日函数求式（7.23）的极值：

$$L(\beta_i, \lambda) = \sum_{i=1}^{n} \left[\gamma_i \left(\frac{1}{2}(\beta_i - \omega_i)^2 \right) + (1-\gamma_i) \left(\frac{1}{2}(\beta_i - S_i)^2 \right) \right] - \lambda \left(\sum_{i=1}^{n} \beta_i - 1 \right) \tag{7.23}$$

对 β_i、λ 分别求一阶偏导，令偏导为 0，并联立计算得到：

$$\beta_i = \gamma_i \omega_i + (1-\gamma_i) S_i \tag{7.24}$$

最终求出组合权重向量 $\boldsymbol{\beta} = (\beta_1, \beta_2, \beta_3, \cdots, \beta_n)$。

3. 堤防安全状态评价指标体系构建

大部分堤防安全评价方法由于没有与现行标准建立严格的对应关系，导致在实际工作中，可操作性不强。为了避免堤防安全评价指标选取主要以经验为主或存在一定的随意性而导致实际评价工作中可操作性不强的问题，本次评价指标按 2015 年颁布实施的《堤防工程安全评价导则》（SL/Z 679—2015）和相关研究文献进行科学提炼，从而构建出完整的指标体系。总目标为堤防安全状态，一级指标为运行管理、工程质量、防洪能力、渗流安全和结构安全 5 个指标，一级指标下面按评价内容划分二级指标，共 22 个，三级指标 11 个，见图 7.4 所示。

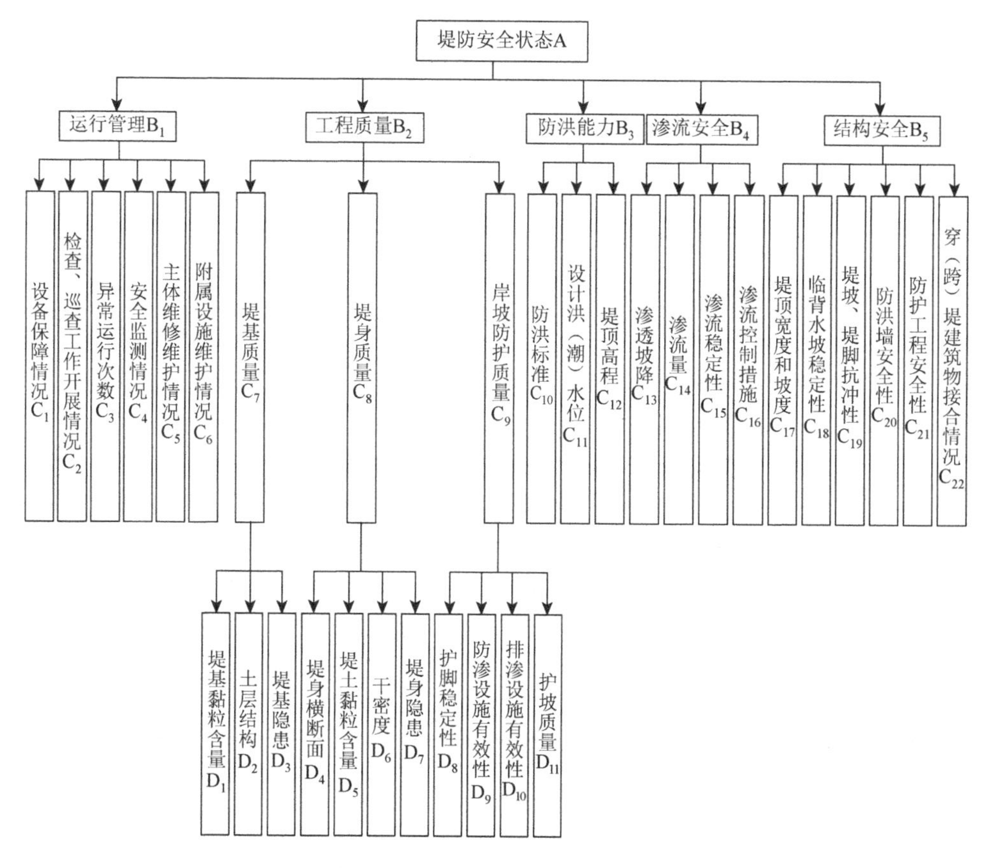

图 7.4　堤防安全评价指标体系

4. 堤防安全类别和评价标准

1）堤防安全类别

根据《堤防工程安全评价导则》（SL/Z 679—2015），堤防安全类别分为三类：一类为安全，二类为基本安全，三类为不安全，以标度[0, 10]为安全区间。根据堤防安全的特点，一类堤防要求比较苛刻，对应的评分区间也较小，以此类推，三个安全类别从大到小分别对应标度区间[8.5, 10]、[6, 8.5)、[0, 6)，为了与云模型衔接，标度区间需按式（7.25）转化为评语云模型，见表 7.11。

$$
\begin{cases}
E_x = (C_{\max} + C_{\min}) / 2 \\
E_n = (C_{\max} - C_{\min}) / 6 \\
H_e = k
\end{cases}
\tag{7.25}
$$

式中，$C_{\max}$、$C_{\min}$ 为评语云的双边约束，k 为一个常数，反映评语的模糊程度。

表 7.11　堤防安全类别评价标准

安全类别	标度区间	评语云模型（E_x, E_n, H_e）
安全	[8.5, 10]	（9.25, 0.25, 0.05）
基本安全	[6, 8.5）	（7.25, 0.417, 0.08）
不安全	[0, 6）	（3, 1, 0.1）

2）评价指标安全等级划分

以前述的评价指标体系对堤防进行安全状态评价，所列三级指标中有 3 个为定性指标，二级指标中有 12 个为定量指标，无论定性还是定量指标，首先需对指标进行定量化，以便后续分析。

根据《堤防工程安全评价导则》（SL/Z 679—2015），指标的等级也分为安全、基本安全、不安全三级，并参照云模型的标度区间确定了具体的得分区间，以便后续专家进行评分。不同安全等级的分界点具体参考堤防工程的设计、验收、评价等相关规范对指标的规定或描述，结合工程经验，按照可操作原则进行划分，见表 7.12。

表 7.12　指标等级划分

指标层	安全等级、评分区间、评语云模型			备注
	安全[8.5, 10]（9.25, 0.25, 0.05）	基本安全[6, 8.5）（7.25, 0.417, 0.08）	不安全[0, 6）（3, 1, 0.1）	
设备保障情况 C_1	按要求维护，设备正常运行	基本按要求维护，主要设备能保持正常运转	未维护，设备大部分异常	参考 SL/Z 679—2015 运行管理检查及评价中对管理设施和设备的规定
检查、巡查工作开展情况 C_2	按要求检查、巡查，频次高，内容全面，记录准确	基本按要求检查、巡查，频次一般	基本不检查、巡查，无记录	参考 SL/Z 679—2015 运行管理检查及评价中对安全检查的规定
异常运行次数 C_3	无	1～2 次	2 次以上	参考 SL/Z 679—2015 运行管理检查及评价中对堤防异常运行记录及处置的规定
安全监测情况 C_4	安全监测设施符合规范要求且有效，每年按要求整编观测资料	安全监测设施基本符合规范要求且主要监测参数有效，有整编资料	安全监测设施基本失效，无整编资料	参考 SL/Z 679—2015 运行管理检查及评价中对安全检测资料的规定
主体维修维护情况 C_5	工程完整，及时维护，效果好，无抢修	工程完整，有维护，效果一般，1～2 次抢修	工程不完整，无维护，抢修 2 次以上	参考 SL/Z 679—2015 运行管理检查及评价中对管养的规定
附属设施维护情况 C_6	及时维护，效果好	有维护，效果一般	无维护，附属设施基本失效	参考 SL/Z 679—2015 运行管理检查及评价中对附属设施养护修理的规定

续表

指标层		安全等级、评分区间、评语云模型			备注
		安全[8.5, 10]（9.25, 0.25, 0.05）	基本安全[6, 8.5）（7.25, 0.417, 0.08）	不安全[0, 6）（3, 1, 0.1）	
堤基质量 C_7	堤基黏粒含量 D_1	25%～35%	10%～25%	＜10%，＞35%	参考 GB 50286—2013 堤身设计中对筑堤材料黏粒的规定
	土层结构 D_2	以黏性土为主的多元结构，或上部为黏性土底部为岩基	以砂性土为主的多元结构	大部为砂性土或软弱地基	参考 GB 50286—2013 堤基处理中关于土层结构的描述
	堤基隐患 D_3	无洞穴和裂缝等险点	有洞穴，不发育，无贯穿裂缝	明显的洞穴，且发育，并有贯穿裂缝或遇水可贯穿裂缝	参考 GB 50286—2013 堤基质量中对堤基隐患的规定
堤身质量 C_8	堤身横断面 D_4	符合规范要求	基本符合规范要求	堤顶高程、宽度和坡度均有较大变化	参考 GB 50286—2013 堤身设计中对土堤结构的规定
	堤土黏粒含量 D_5	25%～35%	10%～25%	＜10%，＞35%	参考 GB 50286—2013 堤身设计中对筑堤材料黏粒的规定
	干密度 D_6	（0.85～1]	（0.6～0.85]	（0～0.6]	参考 GB 50286—2013 堤身设计中对填筑标准的规定
	堤身隐患 D_7	无沉陷、滑动、渗水、洞穴和裂缝等险点	有沉陷、滑动、渗水、洞穴，不发育，无贯穿裂缝	明显的沉陷、滑动、渗水、洞穴，且发育，并有贯穿裂缝或遇水可能贯穿裂缝	参考 SL/Z 679—2015 堤身质量中对堤身隐患的规定
岸坡防护质量 C_9	护脚稳定性 D_8	稳定，无崩岸，滑坡，裂缝	基本稳定，轻微崩岸或滑坡或裂缝，不影响安全	不稳定，大范围崩岸或滑坡或裂缝，存在安全隐患	参考 SL/Z 679—2015 堤（岸）坡防护工程质量中对护脚稳定评价的规定
	防渗设施有效性 D_9	防渗设施完好，且能正常发挥作用	防渗设施有损坏，能发挥作用	防渗设施损坏，已失效	参考 SL/Z 679—2015 堤（岸）坡防护工程质量中对防渗设施评价的规定
	排渗设施有效性 D_{10}	排渗设施完好，且能正常发挥作用	排渗设施有损坏，能发挥作用	排渗设施损坏，已失效	参考 SL/Z 679—2015 堤（岸）坡防护工程质量中对排渗评价的规定
	护坡质量 D_{11}	平整无陷坑、滑动，勾缝、垫层、止水均完好	勾缝有开裂、止水有破损现象	坡面不平整，有较大范围陷坑、滑动	参考 SL/Z 679—2015、SL 634—2012 对护坡表面质量评价的规定
防洪标准 C_{10}		符合原设计和相关规范标准	基本符合原设计和相关规范标准	与原设计和相关规范有较大差距	参考 GB 50286—2013 工程级别及设计标准中对防洪标准的规定

续表

指标层	安全等级、评分区间、评语云模型			备注
	安全[8.5, 10] （9.25, 0.25, 0.05）	基本安全[6, 8.5) （7.25, 0.417, 0.08）	不安全[0, 6) （3, 1, 0.1）	
设计洪（潮）水位 C_{11}	符合原设计和相关规范标准	基本符合原设计和相关规范标准	与原设计和相关规范有较大差距	参考 SL/Z 679—2015 防洪标准复核中对设计洪（潮）水位的规定
堤顶高程 C_{12}	校核结果与设计值对比≤0.2m	校核结果与设计值对比0.2～1m	校核结果与设计值对比＞1m	参考 GB 50286—2013 工程级别及设计标准中对设计洪（潮）水位加安全超高的规定
渗透坡降 C_{13}	≤0.25	0.25～0.5	＞0.5	参考 GB 50286—2013 工程级别及设计标准中对渗透坡降的规定
渗流量 C_{14}	≤1Q 设	1～1.5Q 设	＞1.5Q 设	参考 SL/Z 679—2015 渗流安全性复核中对渗流量评价的规定
渗流稳定性 C_{15}	随洪（超）水位稳定变化，渗流清澈，背水坡无出逸点	随洪（超）水位变化，局部渗流点有异常	严重异常，有洞穴漏水或集中渗漏通道	参考 SL/Z 679—2015 渗流安全性复核中对渗流稳定评价的规定
渗流控制措施 C_{16}	有渗流控制措施，运行良好	有渗流控制措施，局部有缺陷，但不影响安全	无渗流控制措施，且有渗流不稳定	参考 SL/Z 679—2015 渗流安全性复核中对渗流控制评价的规定
堤顶宽度和坡度 C_{17}	堤顶宽度不小于 8m，坡度不陡于 1∶3	堤顶宽度不小于 6m，坡度在 1∶3～1∶2.5 之间	堤顶宽度不小于 3m，坡度在大于 1∶2.5 之间	参考 GB 50286—2013 堤身设计中对土堤堤顶结构的规定
临背水坡稳定性 C_{18}	安全系数≥全系数	安全系数 1.05～1.3	安全系数＜1.05	参考 GB 50286—2013 工程级别及设计标准中对抗滑稳定系数的规定
堤坡、堤脚抗冲性 C_{19}	迎流顶冲堤段有防冲体，且体积不小于设计要求	迎流顶冲堤段有防冲体，体积小于设计要求	无防冲体	参考 SL/Z 679—2015 结构安全中对堤坡、堤脚抗冲评价的规定
防洪墙安全性 C_{20}	强度符合设计要求，墙体完整，无裂缝，无变形、失稳	墙体有轻微破损，有微小裂缝，但无变形、失稳	墙体有肉眼可见裂缝，且发生倾斜	参考 SL/Z 679—2015、GB 50286—2013 对防洪墙评价和设计的规定
防护工程安全性 C_{21}	防护体完整、无塌陷和剥落	防护体有剥落，主体结构基本完好	防护体不完整，且塌陷或存在裂缝，受河水冲蚀严重	参考 SL/Z 679—2015 结构安全中对防护工程评价的规定
穿（跨）堤建筑物接合情况 C_{22}	安全复核满足规范要求，无异常，有防渗措施，有应急处置措施	安全复核满足规范要求，无影响安全的局部缺陷，有防渗措施，有应急处置措施	安全复核不满足规范要求，或接合部存在安全隐患，无应急处置措施	参考 SL/Z 679—2015 对交叉建筑物（构筑物）连接段评价的规定，GB 50286—2013 穿堤建筑物（构筑物）设计要求

7.5.2 工程应用

位于珠江航道左侧某段长度5.040km的堤防，主要堤段为土质堤身、部分堤段为混凝土挡墙，防洪标准200年一遇，为一级堤防。珠江堤防支涌入口和交叉建筑物较多，主要为水闸、涵管等，评价范围内交叉建筑物共计3宗，其中水闸2宗、涵管1宗。经过多年的运行，部分堤段存在堤顶二级平台开裂、堤防回填料流失、堤面下陷、浆砌石挡墙砂浆脱落，以及水闸附近堤防存在缺口，未合龙，不达标等问题。为掌握珠江堤防质量安全现状，进一步查明质量安全问题，需全面准确评价珠江堤防安全现状，并提出安全建议，增强堤防防灾减灾能力和风险管理能力。

1. 组合优化赋权结果

邀请5位具有水利不同专业背景的专家组成专家组，并对各个指标的重要度和安全状态给出意见。在此基础上，对前述一、二、三级指标分别根据改进群组G1法和熵权法的步骤计算权重，得到改进群组G1法权重和熵权法权重。

根据式（7.21）对上述计算的改进群组G1法的权重和熵权法权重进行组合计算，考虑到定性指标和定量指标的不同，定量指标由于有定量的复核结果，客观性较强，反映在最终的权重中，其所占比重应较大，定量指标的γ_i为0.4，定性指标γ_i为0.6。根据上述计算的求出最终组合权重向量如下：

一级指标组合权重：β_B =（0.161, 0.250, 0.245, 0.179, 0.210）。

二级指标组合权重：β_C =（0.161, 0.163, 0.182, 0.192, 0.203, 0.099, 0.347, 0.351, 0.302, 0.313, 0.321, 0.366, 0.292, 0.199, 0.285, 0.223, 0.164, 0.120, 0.174, 0.192, 0.106, 0.244）。

三级指标组合权重：β_D =（0.352, 0.383, 0.265, 0.309, 0.216, 0.224, 0.352, 0.321, 0.183, 0.255, 0.241）。

2. 云模型安全状态计算分析

首先把专家组对各个指标评分转换为对应的评语云模型，比如专家对某个指标给出的评分为7，位于[6, 8.5）区间，则根据表8得到对应的评语云模型为（7.25, 0.417, 0.08）；然后进行各个专家评价意见的融合，计算得到专家组对该指标的云模型参数；最后从底层指标往上计算，二级、三级指标之间相互独立，采用式（7.17）进行浮动云计算。

三级指标云评语(E_x, E_n, H_e)：D_1 =（7.584, 0.407, 0.08），D_2 =（8.088, 0.342, 0.07），

D_3 =（6.116, 0.584, 0.09），D_4 =（4.132, 0.918, 0.10），D_5 =（5.785, 0.571, 0.09），D_6 =（6.639, 0.464, 0.08），D_7 =（4.077, 0.925, 0.10），D_8 =（6.576, 0.487, 0.08），D_9 =（8.100, 0.341, 0.07），D_{10} =（8.100, 0.341, 0.07），D_{11} =（4.350, 0.860, 0.10）。

二级指标云评语（E_x, E_n, H_e）: C_1 =(4.404, 0.720, 0.09)，C_2 =(4.297, 0.880, 0.10)，C_3 =（7.911, 0.337, 0.07），C_4 =（4.967, 0.675, 0.09），C_5 =（5.023, 0.665, 0.09），C_6 =（3.563, 0.955, 0.10），C_7 =（7.363, 0.422, 0.08），C_8 =（5.036, 0.638, 0.09），C_9 =（6.078, 0.457, 0.08），C_{10} =（7.250, 0.417, 0.08），C_{11} =（5.984, 0.654, 0.09），C_{12} =（3.618, 0.944, 0.10），C_{13} =（8.658, 0.283, 0.07），C_{14} =（7.741, 0.395, 0.08），C_{15} =（7.178, 0.419, 0.08），C_{16} =（8.343, 0.302, 0.06），C_{17} =（5.685, 0.610, 0.09），C_{18} =（7.250, 0.417, 0.08），C_{19} =（7.962, 0.365, 0.07），C_{20} =（8.105, 0.339, 0.07），C_{21} =（8.180, 0.328, 0.06），C_{22} =（4.975, 0.689, 0.09）。

一级指标云评语（E_x, E_n, H_e）: B_1 =(5.174, 0.662, 0.09)，B_2 =(6.282, 0.511, 0.08)，B_3 =（5.513, 0.701, 0.09），B_4 =(7.983, 0.358, 0.07)，B_5 =(6.825, 0.495, 0.08)。

从上述云评语中可以看到，三级指标中，堤身断面 D_4、堤土黏粒含量 D_5、堤身隐患 D_7、护坡质量 D_{11} 评级为“不安全”，其余均为“基本安全”；二级指标中，设备保障情况 C_1、检查、巡查工作开展情况 C_2、安全监测情况 C_4、主体维修维护情况 C_5、附属设施维护情况 C_6、堤身质量 C_8、设计洪（潮）水位 C_{11}、堤顶高程 C_{12}、堤顶宽度和坡度 C_{17}、穿堤建筑物结构安全性评级 C_{22} 为“不安全”，其余均为“基本安全”；一级指标中，运行管理 B_1、工程质量 B_2、防洪能力 B_3、结构安全 B_5 评级为“基本安全”，渗流安全 B_4 评级为“安全”。

由于一级指标综合性较高，影响因素较多，将上述一级指标云评语（E_x, E_n, H_e）与其对应的组合优化权重 β_B 按照采用式（7.18）进行综合云计算，从而得到堤防安全状态的总目标云模型参数 A（E_x, E_n, H_e）=（7.217, 0.434, 0.12）。通过 MATLAB 编程作图，得到堤防安全状态一级指标和总目标的云图（见图 7.5 和图 7.6），其中蓝色云图为与表 7.11 对应的基础安全等级云图。

一级指标中，运行管理由于堤防的日常管理维护、安全监测等存在较大不足，最终评为“不安全”；防洪能力则由于沉降较大，堤防高程低于设计规范要求，因此存在严重的安全隐患，最终评为“不安全”。值得注意的是，工程质量虽为“基本安全”，但评分较低，部分“云滴”落入“不安全”的范围（图 7.5）。主要原因为堤防的建成时间长，建设标准较低，经过多年运行，其中堤身断面、堤土黏粒含量、堤身隐患、护坡质量存在安全性降低的问题，指标值偏低。根据总目标的云参数，该堤防的安全状态云图基本落入了“基本安全”范围，因此，鉴定为二类堤防，与堤防的实际情况一致。根据安全评价结论，该段堤防应加强运行管理中设备的保障维护、安全监测，及时对堤防及其附属设施进行维护；针对堤防高度和穿堤建筑物结构安全不足等问题，应及时进行除险加固处理。

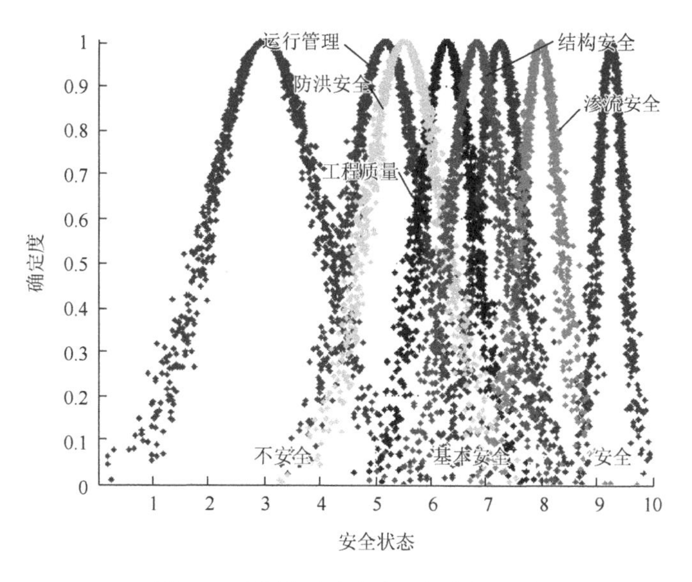

图 7.5　某堤防安全状态一级指标云图

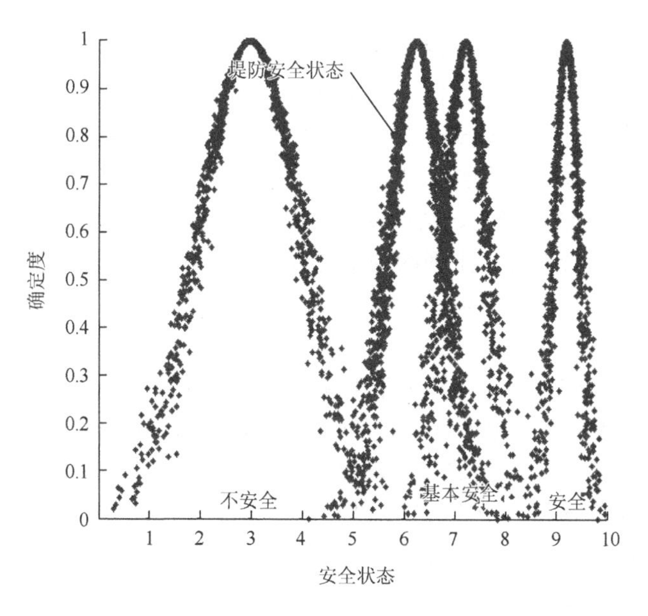

图 7.6　某堤防安全状态总目标云图

在上述例子中，分析了 5 个一级指标的安全状态云图，锁定对堤防安全状态影响较大的因素，针对性地提出处理措施。根据最终获取的堤防安全状态云图，可以直观确定堤防所处的安全状态，对应进行安全分类，验证结果的合理性。相较于常规的层次分析法、模糊数学理论等，在堤防安全状态进行综合评价中采用云模型理论，能充分发挥模糊性和随机性的特点，较好地体现堤防安全风险的主客观性。以改进群组 G1 法和熵权法进行组合赋权，考虑专家间、指标间的关联性，解决堤防评价中面临的科学指标体系构建、赋权以及专家群组决策融合等问题。

7.6 本章小结

（1）针对此前国内缺乏相应的堤防安全评价技术标准的情况，编制了《堤防工程评价导则》，以指导和规范堤防工程安全评价工作。对工程质量评价、运行管理评价、防洪安全复核、渗流安全复核、结构安全复核、工程安全综合评价等内容进行规定，并将交叉建筑物的安全评价纳入堤防安全综合评价结论当中。

（2）开展了基于群组决策的土坝安全评价方法研究，依据《水库大坝安全评价导则》（SL 258—2017）构建 26 个评价指标构成指标层组成的安全评价指标体系，从土坝综合评价定量化方法研究出发，以专家群组决策为基础，通过引入基于自然指数标度 $e^{0/5}\sim e^{8/5}$ 的改进 AHP，计算专家给出的各个指标的主观权重，再构建熵模型，以专家的主观权重为分析对象，研究不同专家给出的主观权重的相对重要度，确定出对应的专家自身意见权重，对主观权重进行组合优化，以便提高权重结果的合理性。与专家给出的评分加权综合，得到各指标的综合评分，向上计算得到各准则层分项的综合得分。最后根据现行《水库大坝安全评价导则》（SL 258—2017）对防洪能力、结构安全、渗流安全、抗震安全、金属结构安全等单项评价的最低等级来确定土坝的安全类别。通过计算得到了土坝安全定量化综合评分，定量地确定出各单项评价的等级。

（3）引进模糊数学理论，通过综合加权平均算子和主因素突出性算子的优点得到一种全优型模糊算子，将其用于土坝安全综合评价。对现行规范的 A、B、C 三级标准过粗、各分级界限不好确定的情况进行优化，在引进风险理论的基础上，将 C 细分为 C_1、C_2 两级，最终将土坝安全类别分为四个风险等级，并赋予不同的风险度。不仅对各状态给予比较准确的判断，同时将土坝安全等级评价转变为风险模糊综合评价，相对于一般数值模拟、传统规范评价等方法，能更全面反映土坝的实际安全情况。

（4）在现行堤防安全评价相关规范基础上，构建了堤防安全评价层次指标体系，研究了改进群组 G1 法和熵权法对指标的组合优化赋权。通过引入云模型理论，建立堤防的云评语模型，堤防安全评价的安全类别转化为对应的云评语，计算得到堤防安全状态总目标云参数和云图，直观确定出堤防真实的安全状态，据此确定其安全类别，并对堤防安全状态发展的趋势作出分析。

参考文献

白登海，王立凤，孙洁，等，2002. 福州八一水库-尚干断裂的高密度电法和瞬变电磁法试验探测[J]. 地震地质，24（4）：557-564.

蔡新，严伟，李益，等，2012. 灰色理论在堤防安全评价中的应用[J]. 水力发电学报，31（1）：62-66.

苌坡，陈建生，王霜，等，2014. 温度场反分析法确定大坝渗漏通道位置[J]. 人民黄河，36（11）：131-134.

陈建生，董海洲，陈亮，2003. 采用环境同位素方法研究北江大堤石角段基岩渗漏通道[J]. 水科学进展，14（1）：57-61.

陈建生，董海洲，吴庆林，等，2005. 虚拟热源法研究坝基裂隙岩体渗漏通道[J]. 岩石力学与工程学报，24（22）：4019-4024.

陈建生，李兴文，赵维炳，2000. 堤防管涌产生集中渗漏通道机理与探测方法研究[J]. 水利学报，31（9）：48-54.

陈建生，王媛，赵维炳，1999. 孔中同位素示踪方法研究裂隙岩体渗流[J]. 水利学报，30（11）：20-24.

陈晓瑞，陈小林，赵帅军，2015. 应用水力层析法对渗漏通道进行成像[J]. 河南科学，33（6）：970-976.

戴前伟，张彬，冯德山，等，2010. 水库渗漏通道的伪随机流场法与双频激电法综合探查[J]. 地球物理学进展，25（4）：1453-1458.

董海洲，寇丁文，彭虎跃，2013a. 基于分布式光纤温度监测系统的集中渗漏通道流速计算模型[J]. 岩土工程学报，35（9）：1717-1721.

董海洲，罗日洪，张令，2013b. 岩石单裂隙渗流-传热模型及其参数敏感性分析[J]. 河海大学学报（自然科学版），41（1）：42-47.

董海洲，罗日洪，张令，等，2012. 坝基双集中渗漏通道传热模型及流速反演研究[J]. 四川大学学报（工程科学版），44（3）：36-41.

冯成会，郑洪标，2013. CCTV 检测与评估技术在水库排水涵管检测中的应用[J]. 测绘通报，（S2）：131-134.

葛双成，李小平，邵长云，等，2008. 地震折射和电阻率法在水库坝址勘察中的应用[J].地球物理学进展，23（4）：1299-1303.

顾慰祖，陆家驹，谢民，等，2002. 乌兰布和沙漠北部地下水资源的环境同位素探讨[J].水科学进展，13（3）：326-332.

郝永红，叶天齐，韩宝平，等，2008. 运用水力层析法对含水层裂隙带成像[J]. 水文地质工程地质，35（6）：6-11.

何金平，李珍照，李民，等，2004. 大坝 CT 技术[J]. 仪器仪表学报，25（s4）：700-702.

胡建平，刘亚莲，2013. 基于突变理论的土石坝综合安全评价[J]. 水力发电，39（7）：33-35.

蒋川东，林君，秦胜武，等，2012. 磁共振方法在堤坝渗漏探测中的实验[J]. 吉林大学学报（地球科学版），42（3）：858-863.
李端有，陈鹏霄，王志旺，2000. 温度示踪法渗流监测技术在长江堤防渗流监测中的应用初探[J]. 长江科学院院报，17（S1）：48-51.
彭艺艺，陈勇民，周永潮，2011. 基于声纳技术的截流深井淤积研究[J]. 中国给水排水，27（5）：6-8.
宋先海，颜钟，王京涛，2012. 高密度电法在大幕山水库渗漏隐患探测中的应用[J]. 人民长江，43（3）：46-47，51.
谭界雄，杜国平，高大水，等，2012. 声呐探测白云水电站大坝渗漏点的应用研究[J].人民长江，43（1）：36-37，54.
田锋，王国群，2006. 西北地区水库土石坝渗流隐患探地雷达图像特征分析[J]. 物探与化探，30（6）：554-557.
王书增，谭春，陈刚，等，2005. 面波法在堤坝隐患勘查中的应用[J]. 地球物理学进展，20（1）：262-266.
徐云乾，2014. CCTV 和三维激光扫描技术在水利工程输排水管道隐患探测中的应用[J]. 中国农村水利水电，（3）：68-70.
许州，王天宇，杨善，等，2016. CCTV 用于成都市锦兴路排水管道探测与评估[J]. 中国给水排水，32（14）：114-118.
杨德玮，盛金保，彭雪辉，2016. 堤防工程单元堤安全等级评判及风险估计[J]. 水电能源科学，34（2）：77-81.
余志雄，薛桂玉，周洪波，等，2004. 大坝 CT 技术研究概况与进展[J]. 岩石力学与工程学报，23（8）：1394-1397.
袁明道，刘金涛，徐云乾，等，2018. 基于声纳、雷达和管道内窥仪的多手段管道淤积检测[J]. 无损检测，40（10）：73-76.
张国栋，李雷，彭雪辉，2008. 基于大坝安全鉴定和专家经验的病险程度评价技术[J].中国安全科学学报，18（9）：158-166.
张建清，徐磊，李鹏，等，2018. 综合物探技术在大坝渗漏探测中的试验研究[J]. 地球物理学进展，33（1）：432-440.
张伟，甘伏平，魏巍，等，2019. 综合物探方法在淮河滨河浅滩岩溶塌陷调查中的应用研究[J]. 地球物理学进展，34（2）：832-839.
郑灿堂，2005. 应用自然电场法检测土坝渗漏隐患的技术[J]. 地球物理学进展，20（3）：854-858.
郑智杰，张伟，曾洁，等，2017. 综合物探方法在碳质灰岩库区岩溶渗漏带调查中的应用研究[J]. 地球物理学进展，32（5）：2268-2273.
朱昌平，殷冬梅，王琦，2007. 大坝 CT 技术研究进展[J]. 声学技术，26（4）：646-650.
Aksoy E，Türkmen İ，Turan M，2005. Tectonics and sedimentation in convergent margin basins：an example from the Tertiary Elazığ basin，Eastern Turkey[J]. Journal of Asian Earth Sciences，25（3）：459-472.
Burgman J O S，Eriksson E，Kostov L，et al.，1979. Application of oxygen-18 and deuterium for investigating the origin of groundwater in connection with a dam project in Zambia[C]// Proceedings of an International Symposium on Isotope Hydrology. Vienna：IAEA：27-42.

Chauhan S S，Bowles S D，2003. Dam Safety Risk Assessment with Uncertainty Analysis[C]//Proceedings of the Australian Committee on Large Dams Risk Workshop. Launceston：Australian Committee on Large Dams.

Coelho B Z，Rohe A，Aboufirass A，et al.，2018. Assessment of dike safety with in the framework of large deformation analysis with the material point method[C]//EUMGE2018.

Constantz J，Stonestrom D A，2003. Heat as a tracer of water movement near streams[R]//Heat as a Tool for Studying the Movement of Ground Water Near Streams. United States Geological Survey Circular 1260：1-6.

Drost W，Klotz D，Koch A，et al.，1968. Point dilution methods of investigating groundwater flow by means of radioisotopes[J]. Water Resources Research，4（1）：125-126.

Halevy E，Moser H，Zellhofer O，et al.，1967. Borehole dilution techniques：A critical review[C]//Proceedings of an International Symposium on Isotope Hydrology. Vienna：IAEA：531-564.

Loke M H，Barker R D，1995. Improvement to the Zohdy method for the inversion of resistivity sounding and pseudosection data[J]. Computer and Geosciences，21（2）：321-332.

Mansure A J，Reiter M，1979. A vertical groundwater movement correction for heat flow[J]. Journal of Geophysical Research：Solid Earth，84（B7）：3490-3496.

Mayne P W，Kulhawy F H，Kay J N，1990. Observations on the development of pore-water stresses during piezocone penetration in clays[J]. Canadian Geotechnical Journal，27（4）： 418-428.

Park J H，Kim T H，Han K Y，2016. Hazard Evaluation of Levee by Two-Dimensional Hydraulic Analysis[J]. Journal of Wetlands Research，18（1）：45-57.

Payne B R，1970. Water balance of Lake Chala and its relation to groundwater from tritium and stable isotope data[J]. Journal of Hydrology，11（1）：47-58.

Saaty T L，1980. The analytic hierarchy process （AHP）[J]. The Journal of the Operational Research Society，41（11）: 1073-1076.

Stallman R W，1963. Computation of ground-water velocity from temperature data[R]//Methods of collecting and interpreting ground-water data. United States Geological Survey Water Supply Papers 1544：36-46.

Stichler W，Moser H，1979. An example of exchange between lake and groundwater[C]//Proceedings of an International Symposium on Isotopes in Lake Studies. Vienna：IAEA：740.

Vuillet M，Peyras L，Carvajal C，et al.，2013. Levee performance evaluation based on subjective probabilities[J]. European Journal of Environmental and Civil Engineering，17（5）：329-349.

West L J，Odling N E，2007. Characterization of a multilayer aquifer using open well dilution tests[J]. Ground Water，45（1）：78-84.

Zupan J，Gasteiger J，1993. Neural Networks for Chemists：An introduction[M]. New York：VCH Publishers.